数据分析与决策技术丛书

Hands-on Data Analysis and Data Mining with Python, Third Edition

Python数据分析与挖掘实战

第3版

张春福 白婧 张良均 范林元 吴建平◎著

机械工业出版社
CHINA MACHINE PRESS

图书在版编目（CIP）数据

Python 数据分析与挖掘实战 / 张春福等著 . -- 3 版 .
北京：机械工业出版社, 2024. 10. --（数据分析与决
策技术丛书）. -- ISBN 978-7-111-76479-3

Ⅰ. TP312.8
中国国家版本馆 CIP 数据核字第 2024U94H93 号

机械工业出版社（北京市百万庄大街 22 号　邮政编码 100037）
策划编辑：杨福川　　　　　　　　　　责任编辑：杨福川
责任校对：甘慧彤　张雨霏　景　飞　　责任印制：常天培
北京机工印刷厂有限公司印刷
2025 年 1 月第 3 版第 1 次印刷
186mm × 240mm · 25.25 印张 · 457 千字
标准书号：ISBN 978-7-111-76479-3
定价：89.00 元

电话服务　　　　　　　　　　　网络服务
客服电话：010-88361066　　　机 工 官 网：www.cmpbook.com
　　　　　010-88379833　　　机 工 官 博：weibo.com/cmp1952
　　　　　010-68326294　　　金 书 网：www.golden-book.com
封底无防伪标均为盗版　　机工教育服务网：www.cmpedu.com

为什么要写本书

数据挖掘是从大量数据（包括文本）中挖掘出隐含的、先前未知的、对决策有潜在价值的关系、模式和趋势，并用这些知识和规则建立用于决策支持的模型，提供预测性决策支持的方法、工具和过程。数据挖掘有助于企业发现业务的趋势，揭示已知的事实，预测未知的结果，已成为企业保持竞争力的必要方法。

在云时代和数字经济时代背景下，大数据技术的重要性与日俱增。大数据已经成为各行各业不可或缺的生产要素，其应用预示着生产率增长和消费者剩余的新浪潮。大数据分析技术不仅可以帮助企业高效地获取、管理和处理海量数据，还可以为企业的决策提供积极的辅助。作为数据存储和挖掘分析的前沿技术，大数据分析在物联网、云计算、移动互联网等战略性新兴产业中得到了广泛应用。大数据在国内的商业价值已经显现，具有实践经验的大数据分析人才已成为企业争夺的焦点。

为了满足不断增长的大数据分析人才需求，越来越多的大学开始开设大数据分析课程，将其作为数学与统计学专业的重要课程。该课程采用理论与实践相结合的教学方式，为学生提供一个真实的学习和实践环境，让他们能够更快地掌握数据挖掘知识，积累职业经验，以便为未来的数字经济和新质生产力的发展做好准备。

本书主要特色

本书作者从实践出发，结合大量真实的数据挖掘项目案例及教学经验，深入浅出地介绍数据挖掘过程中的有关任务：数据探索、数据预处理、分类与预测、聚类分析、时序预测、关联规则挖掘、智能推荐、离群点检测等。因此，本书的编排以达成某个应用的挖掘目标为前提，先介绍案例背景，提出挖掘目标，再阐述分析方法与过程，最后完成模型构建。在介绍建模过程时穿插操作训练，把相关的知识点嵌入相应的操作过程中。为方便读者轻松地获取真实的实验环境，本书使用大家熟知的 Python 语言对样本数据进行处理。

为了帮助读者更好地使用本书，本书配有原始数据文件、Python 程序代码等案例资源，以及 PPT 课件、教学大纲、教学进度表和教案等教学资源，读者可以从泰迪云教材网站（https://book.tipdm.org）免费下载。

本书适用对象

❏ 开设数据挖掘课程的高校的教师和学生。

目前，国内不少高校将数据挖掘引入本科教学中，在数学、计算机、自动化、电子信息、金融等专业开设了数据挖掘技术相关的课程，但因为单纯的理论教学过于抽象，学生理解起来往往比较困难，教学效果不甚理想。本书提供的基于实战案例和建模实践的教学方式，能够使师生充分发挥互动性和创造性，理论联系实际，获得更好的教学效果。

❏ 需求分析及系统设计人员。

这类人员可以在理解数据挖掘原理及建模过程的基础上，结合数据挖掘案例完成精确营销、客户分群、交叉销售、流失分析、客户信用记分、欺诈发现、智能推荐等数据挖掘应用的需求分析和设计。

❏ 数据挖掘开发人员。

这类人员可以在理解数据挖掘应用需求和设计方案的基础上，结合本书提供的第三方接口快速完成数据挖掘应用的编程实现。

❏ 从事数据挖掘应用研究的科研人员。

许多科研院所为了更好地管理科研工作，纷纷开发了适应自身特点的科研业务管理系统，并在使用过程中积累了大量的科研数据。但是，这些科研业务管理系统一般没有对数据进行深入分析，对数据所隐藏的价值也没有充分挖掘和利用。科研人员需要利用数据挖掘建模工具及相关方法论来深挖科研信息的价值，从而提高科研水平。

❏ 关注高级数据分析的人员。

业务报告和商业智能解决方案对有关人员了解过去和现在的状况是非常有用的。同时，数据挖掘的预测分析解决方案还能使这类人员预见未来的发展状况，让他们所在的机构能够先发制人，而不是处于被动。数据挖掘的预测分析解决方案可以将复杂的统计方法和机器学习技术应用到数据之中，通过预测分析技术来揭示隐藏在交易系统或企业资源计划（ERP）、结构数据库和普通文件中的模式与趋势，从而为这类人员的决策提供科学依据。

如何阅读本书

本书共 13 章，分为基础篇、实战篇、提高篇。基础篇介绍了数据挖掘的基本原理；实战篇介绍了一些真实案例，通过深入浅出地剖析案例，使读者获得数据挖掘项目经验，同时快速领悟看似难懂的数据挖掘理论；提高篇介绍了一个去编程的 TipDM 大数据挖掘建模平台，向读者展示了平台流程化的思维，以使读者加深对数据挖掘流程的理解。读者在阅读过程中，应充分利用本书配套资源（见泰迪云教材网站）中的建模数据，借助相关的数据挖掘建模工具，通过上机实验，快速理解相关知识与理论。

基础篇（第 1~5 章）

第 1 章是数据挖掘基础；第 2 章对本书用到的数据挖掘建模工具 Python 语言进行简单介绍；第 3~5 章介绍数据挖掘的建模过程，包括数据探索、数据预处理及挖掘建模的常用算法与原理。

实战篇（第 6~12 章）

重点对数据挖掘技术在房地产、零售和互联网等行业的应用进行分析。在案例结构组织上，本书是按照先介绍案例背景与挖掘目标，再阐述分析方法与过程，最后完成模型构建的顺序进行的，并在建模过程的关键环节穿插实现代码。最后通过上机实践，加深读者对案例应用中的数据挖掘技术的理解。

提高篇（第 13 章）

重点讲解 TipDM 大数据挖掘建模平台的使用方法，先介绍了平台中各个模块的功能，再以商超客户价值分析案例为例，介绍如何使用平台快速搭建数据挖掘项目，展示平台去编程化、流程化的特点。

第 3 版更新内容

本书在第 2 版的基础上进行了代码与内容的全方位升级。在代码方面，由 Python 3.6

升级至 Python 3.10，充分考虑了 Python 语言未来的发展。在内容方面，对基础篇、实战篇、提高篇均进行了升级。

基础篇的具体升级内容如下。

1）在 2.3 节中增加了对深度学习框架和 XGBoost 的说明。

2）在 4.1 节中增加了重复值处理的内容。

实战篇的具体升级内容如下。

1）使用新的案例"第 6 章 房屋租金影响因素分析与预测"替换第 2 版的"第 6 章 财政收入影响因素分析及预测"。

2）使用新的案例"第 7 章 商超客户价值分析"替换第 2 版的"第 7 章 航空公司客户价值分析"。

3）使用新的案例"第 11 章 电视产品个性化推荐"替换第 2 版的"第 11 章 电子商务网站用户行为分析及服务推荐"。

4）使用新的案例"第 12 章 天问一号事件中的网民评论情感分析"替换第 2 版的"第 12 章 电商产品评论数据情感分析"。

提高篇的具体升级内容如下。

使用新的案例"第 13 章 基于 TipDM 大数据挖掘建模平台实现商超客户价值分析"替换第 2 版的"第 13 章 基于 Python 引擎的开源数据挖掘建模平台（TipDM）"。

勘误与支持

我们已经尽最大努力避免在文本和代码中出现错误，但是由于水平有限，编写时间仓促，书中难免出现一些疏漏和不足的地方。如果你有更多的宝贵意见，欢迎在泰迪学社微信公众号（TipDataMining）回复"图书反馈"进行反馈。更多有关本系列图书的信息可以在泰迪云教材网站查阅。

张良均

目　　录 *Contents*

基 础 篇

Chapter 1 第 1 章

数据挖掘基础

当今社会，网络和信息技术开始渗透到人类日常生活的方方面面，产生的数据量也呈现出指数型增长的态势。现有数据的量级已经远远超越了目前人力所能处理的范畴。如何管理和使用这些数据逐渐成为数据科学领域中一个全新的研究课题。

1.1 某知名连锁餐饮企业的困惑

国内某餐饮连锁有限公司（以下简称 T 餐饮）成立于 1998 年，主要经营粤菜，兼具湘菜、川菜等菜系，至今已经发展成为在国内具有一定知名度、美誉度，多品牌、立体化的大型餐饮连锁企业。该公司拥有员工 1000 多人，拥有 16 家直营分店，经营总面积近 13000 平方米，年营业额近亿元。旗下各分店均坐落在繁华市区主干道，雅致的装潢，配以精致的饰品、灯具、器物，菜品精美，服务规范。

近年来，与其他行业一样，餐饮行业也遇到了原材料成本升高、人力成本升高、房租成本升高等问题，使得整个行业的利润率急剧下降。人力成本和房租成本的上升是必然趋势，如何在保持产品质量的同时提高企业经营效率，成为 T 餐饮急需解决的问题。从 2000 年开始，T 餐饮通过加强信息化管理来提高经营效率，目前已上线的管理系统包括以下几个：

（1）客户关系管理系统

该系统详细记录了每位顾客的喜好，为顾客提供个性化服务，满足顾客的个性化需求。比如，企业能随时查询今天哪位顾客过生日或其他纪念日，根据顾客的价值分类给予相应关怀，如送鲜花、生日蛋糕、寿面等以提高顾客的忠诚度。通过本系统，还可以对顾客行为进行深入分析，包括顾客价值分析、新顾客分析与发展，并根据其价值情况将有关信息提供给管理者，为企业提供决策支持。

（2）前厅管理系统

该系统通过掌上电脑无线点菜方式，改变了传统"饭店点菜、下单、结账，一支笔、一张纸，服务员来回跑"的局面，可以快速完成点菜过程。通过厨房自动送达信息，服务员不再需要手写点菜单，点菜速度加快，同时传菜部也轻松不少，菜单会通过电脑自动打印出来，降低了差错率，也不存在因厨房人员看不清服务员字迹而出现错误的问题。

（3）后厨管理系统

信息化技术可实现后厨与前厅无障碍沟通，顾客菜单可瞬间传到厨房。服务员只需单击掌上电脑的发送键，即可将顾客的菜单传送到收银管理系统中。系统根据菜单发出指令，设在厨房等处的打印机会立即打印出相应的菜单，然后厨师按菜单做菜。与此同时，收银台也会打印出一张同样的菜单，将它放在顾客桌上，作为顾客查询及结账的凭据，使顾客清楚消费明细。

（4）财务管理系统

该系统完成销售统计、销售分析、财务审计，实现对日常经营的管理。通过报表，企业管理者可以很容易地掌握前台的销售情况，从而实现对财务的控制。通过表格和图形，可以显示餐厅的销售情况，如菜品排行榜、日顾客流量、日销售收入分析等；通过统计每天的出菜情况，可以了解哪些是滞销菜品，哪些是畅销菜品，从而了解顾客的口味，有针对性地制定一套既适合餐饮企业发展又能迎合顾客口味的菜肴体系和定价策略。

（5）物资管理系统

该系统主要完成对物资的进销存管理，实际上就是一套集采购管理（入库、供应商管理、账款管理）、销售（通过配菜卡与前台销售联动）、盘存于一体的物流管理系统。对于连锁企业，还涉及统一配送管理等。

通过以上的信息化建设，T 餐饮已经积累了大量的历史数据，那么有没有一种方法可以帮助它从这些数据中洞察商机，并在同质化的市场竞争中找到市场中以前并不存在的"漏"和"缺"？

1.2 从餐饮服务到数据挖掘

企业经营的目的之一就是盈利，而餐饮企业盈利的核心就是菜品和顾客，也就是它提供的产品和服务对象。企业经营者每天都在想推出什么样的菜系和种类会吸引更多的顾客，顾客的喜好究竟是什么，在不同的时段是不是有不同的畅销菜品，当把几种不同的菜品组合在一起推出时是不是能够得到更好的效果，未来一段时间菜品的原材料应该采购多少……

T餐饮的经营者想尽快解决这些问题，既能使自己的菜品更加符合现有顾客的口味，吸引更多的新顾客，又能根据不同的情况和环境转换自己的经营策略。T餐饮在经营过程中，通过分析历史数据，总结出以下一些行之有效的经验：

1）在点餐过程中，由有经验的服务员根据顾客特点进行菜品推荐，一方面可以提高菜品的销量，另一方面可以减少顾客点餐的时间和频率，提升顾客体验。

2）根据菜品的历史销售情况，综合考虑节假日、气候和竞争对手等影响因素，对菜品销量进行预测，以便提前准备原材料。

3）定期对菜品的销售情况进行统计，分类统计出好评菜和差评菜，为促销活动和新菜品推出提供支持。

4）根据就餐频率和消费金额对顾客的就餐行为进行评分，筛选出优质顾客，定期回访并送去关怀。

上述措施的实施都依赖于企业已有业务系统中保存的数据，但是目前如果想要从这些数据中挖掘有关产品和顾客的特点以及能够产生价值的规律，则还要更多地依赖于管理人员的个人经验。如果有一套能够从业务数据中自动或半自动地发现相关知识和解决方案的工具或系统，将极大地提高企业的决策水平和竞争能力。数据挖掘正是如此。它能够利用各种分析工具在大量数据中寻找规律和发现模型与数据之间的关系，是统计学、数据库技术和人工智能技术的综合。

这种分析方法可避免"人治"的随意性，避免企业管理仅依赖个人领导力而带来的风险和不确定性，从而实现精细化营销与经营管理。

1.3 数据挖掘的基本任务

数据挖掘的基本任务包括利用分类与预测、聚类分析、关联规则、时序模式、离群点检测、智能推荐等方法，帮助企业提取数据中蕴含的商业价值，以提高企业的竞争力。

对餐饮企业而言，数据挖掘的基本任务是采集各类菜品销量、成本单价、会员消费、促销活动等内部数据，以及天气、节假日、竞争对手、周边商业氛围等外部数据，之后利用数据分析手段，实现菜品智能推荐、促销效果分析、客户价值分析、新店选址优化、热销/滞销菜品分析和销量预测，最后将这些分析结果推送给管理者及有关服务人员，为降低运营成本、提升盈利能力、实现精准营销、策划促销活动等提供智能服务支持。

1.4　数据挖掘的建模过程

从本节开始，将以餐饮行业的数据挖掘应用为例，详细介绍数据挖掘的建模过程，如图 1-1 所示。

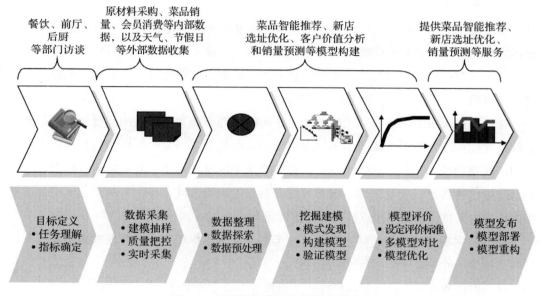

图 1-1　餐饮行业数据挖掘的建模过程

1.4.1　目标定义

针对具体的数据挖掘应用需求，首先要明确挖掘目标是什么，系统完成后能达到什么样的效果。因此，我们必须分析应用领域（包括应用中的各种知识和应用目标），了解相关领域的情况，熟悉背景知识，弄清用户需求。要想充分发挥数据挖掘的价值，必须要对数据挖掘目标有清晰明确的认识，即决定到底要干什么。

针对餐饮行业的数据挖掘应用，可定义如下挖掘目标：

1）实现动态菜品智能推荐，帮助顾客快速发现自己感兴趣的菜品，同时确保推荐给顾客的菜品也是餐饮企业期望顾客消费的菜品，实现餐饮消费者和餐饮企业的双赢。

2）对餐饮顾客进行细分，了解不同顾客的贡献度和消费特征，分析哪些顾客是最有价值的、哪些顾客是最需要关注的，对不同价值的顾客采取不同的营销策略，将有限的资源投放到最有价值的顾客身上，实现精准化营销。

3）基于菜品的历史销售情况，综合考虑节假日、天气和竞争对手等影响因素，对菜品销量进行预测，方便餐饮企业准备原材料。

4）基于餐饮大数据，优化新店选址，并对新店潜在顾客的口味偏好进行分析，以便及时进行菜式调整。

1.4.2　数据采集

在明确了数据挖掘的目标后，接下来就需要从业务系统中抽取一个与挖掘目标相关的样本数据子集。抽取数据的标准，一是相关性，二是可靠性，三是有效性，而不是动用全部企业数据。通过对数据样本的精选，不仅能减少数据处理量，节省系统资源，而且能让我们想要寻找的规律更好地突显出来。

进行数据采集，一定要严把质量关。任何时候都不能忽视数据的质量，即使是从一个数据仓库中进行数据采集，也不要忘记检查数据质量。因为数据挖掘是要探索企业运作的内在规律性，一旦原始数据有误，将很难从中探索其规律。若真的从中探索出什么"规律性"，再依此去指导工作，则很可能会对相关决策造成误导。若从正在运行的系统中进行数据采集，则更要注意数据的完整性和有效性。

衡量数据质量的标准包括：资料完整无缺，各类指标项齐全；数据准确无误，反映的都是正常（而不是异常）状态下的水平。

对获取的数据可继续执行抽样操作。抽样的方式多种多样，常见的抽样方式如下：

1）随机抽样：在采用随机抽样方式时，数据集中的每一组观测值都有相同的被抽取的概率。如按 10% 的比例对一个数据集进行随机抽样，则每一组观测值都有 10% 的机会被抽取到。

2）等距抽样：如果按 5% 的比例对一个有 100 组观测值的数据集进行等距抽样，则有 100/5 = 20 个数据被取到，那么等距抽样方式是取第 20、40、60、80、100 组这 5 组观测值。

3）分层抽样：在这种抽样操作中，首先将样本总体分成若干层次（或者说分成若干个子集）。每个层次中的观测值都具有相同的被抽取的概率，但对不同的层次可设定不同的概率。这样的抽样结果通常具有更好的代表性，进而使模型具有更好的拟合精度。

4）按起始顺序抽样：这种抽样方式是从输入数据集的起始处开始抽样。对抽样的数量可以给定一个百分比，或者直接给定要选取的观测值的组数。

5）分类抽样：前述几种抽样方式并不考虑抽取样本的具体取值。分类抽样则依据某种属性的取值来选择数据子集，如按客户名称分类、按地址区域分类等。分类抽样的选取方式就是前面所述的几种方式，只是抽样以类为单位。

基于 1.4.1 节定义的针对餐饮行业的数据挖掘目标，需从客户关系管理系统、前厅管理系统、后厨管理系统、财务管理系统和物资管理系统中抽取用于建模和分析的餐饮数据，主要包括如下内容：

- ❑ 餐饮企业信息：名称、位置、规模、联系方式、部门、人员以及角色等。
- ❑ 餐饮客户信息：姓名、联系方式、消费时间、消费金额等。
- ❑ 餐饮企业菜品信息：菜品名称、菜品单价、菜品成本、所属部门等。
- ❑ 菜品销量数据：菜品名称、销售日期、销售金额、销售份数。
- ❑ 原材料供应商资料及商品数据：供应商姓名、联系方式、商品名称、客户评价信息。
- ❑ 促销活动数据：促销日期、促销内容以及促销描述等。
- ❑ 外部数据：天气、节假日、竞争对手以及周边商业氛围等。

1.4.3　数据探索

前面所叙述的数据采集很多都是基于人们对如何实现数据挖掘目标的先验认识而进行操作的。当我们拿到一个样本数据集后，它是否达到我们原来设想的要求、其中有没有什么明显的规律和趋势、有没有出现从未设想过的数据状态、属性之间有什么相关性、可分成怎样的类别……都是要首先探索的内容。

对所抽取的样本数据进行探索、审核和必要的加工处理，能保证最终的挖掘模型的质量。可以说，挖掘模型的质量不会超过抽取样本的质量。数据探索和预处理的目的是保证样本数据的质量，从而为保证模型质量打下基础。

针对 1.4.2 节采集的餐饮数据，数据探索主要包括异常值分析、缺失值分析、相关分析、周期性分析等，详见第 3 章。

1.4.4 数据预处理

当采样数据维度过大时，进行降维处理、缺失值处理等是数据预处理要解决的问题。

由于采样数据中常常包含许多含有噪声、不完整甚至不一致的数据，因此必须对数据挖掘所涉及的数据对象进行预处理。那么如何对数据进行预处理以改善数据质量，并最终达到改进数据挖掘结果的目的呢？

针对采集的餐饮数据，数据预处理主要包括数据筛选、数据变量转换、缺失值处理、坏数据处理、数据标准化、主成分分析、属性选择、数据归约等，详见第 4 章。

1.4.5 挖掘建模

样本抽取完成并预处理后，接下来要考虑的问题是：本次建模属于数据挖掘应用中的哪类问题（分类、聚类、关联规则、时序模式或智能推荐），选用哪种算法进行模型构建。

这一步是数据挖掘工作的核心环节。针对餐饮行业的数据挖掘应用，挖掘建模主要包括基于关联规则算法的动态菜品智能推荐、基于聚类算法的餐饮客户价值分析、基于分类与预测算法的菜品销量预测、基于整体优化的新店选址。

以菜品销量预测为例，模型构建是综合考虑节假日、天气和竞争对手等采样数据轨迹而对菜品历史销量的概括，它反映的是采样数据内部结构的一般特征，并与该采样数据的具体结构基本吻合。模型的具体化就是菜品销量预测公式，该公式可以产生与观察值具有相似结构的输出，即预测值。

1.4.6 模型评价

在建模时会得到一系列的分析结果，模型评价的目的之一就是从这些分析结果中自动找出一个最好的模型，另外就是要根据业务对模型进行解释和应用。

对分类与预测模型和聚类分析模型的评价方法是不同的，具体评价方法见第 5 章。

1.5 常用的数据挖掘建模工具

数据挖掘是一个反复探索的过程，只有将数据挖掘工具提供的技术和实施经验与企业的业务逻辑和需求紧密结合，并在实施过程中不断磨合，才能取得好的效果。下面简单介绍几种常用的数据挖掘建模工具。

（1）SAS Enterprise Miner

Enterprise Miner（EM）是 SAS 推出的一个集成数据挖掘系统，它允许使用和比较不同的技术，同时还集成了复杂的数据库管理软件。使用时，首先在一个工作空间（Workspace）中按照一定的顺序添加各种可以实现不同功能的节点，然后对不同节点进行相应的设置，最后运行整个工作流程（Workflow），便可以得到相应的结果。

（2）IBM SPSS Modeler

IBM SPSS Modeler 原名 Clementine，2009 年被 IBM 收购后对产品的性能和功能进行了大幅改进和提升。它封装了最先进的统计学和数据挖掘技术来获得预测知识，并将相应的决策方案部署到现有的业务系统和业务过程中，从而提高企业的效益。IBM SPSS Modeler 拥有直观的操作界面、自动化的数据准备能力和成熟的预测分析模型，结合商业技术可以快速建立预测性模型。

（3）SQL Server

Microsoft SQL Server 集成了数据挖掘组件 Analysis Servers，使得用户可以充分利用 SQL Server 的数据库管理功能，实现数据挖掘与数据库的无缝集成。SQL Server 2008 提供了决策树算法、聚类分析算法、朴素贝叶斯算法、关联规则算法、时序算法、神经网络算法、线性回归算法等常用的数据挖掘算法，但是它是基于 SQL Server 平台进行模型预测的，平台移植性相对较差。

（4）Python

Python 是一种面向对象的解释型计算机程序设计语言，它拥有高效的高级数据结构，并且能够用简单又高效的方式进行面向对象编程。Python 并不提供专门的数据挖掘环境，但它提供众多的扩展库，例如，它提供了 3 个十分经典的科学计算扩展库——NumPy、SciPy 和 Matplotlib，它们分别为 Python 提供了快速数组处理、数值运算以及绘图功能。scikit-learn 库中包含很多分类器的实现以及聚类相关算法。正因为有了这些扩展库，Python 才能成为数据挖掘的常用语言。

（5）WEKA

WEKA（Waikato Environment for Knowledge Analysis）是一款知名度较高的开源机器学习和数据挖掘软件。高级用户可以通过 Java 编程和命令行来调用其分析组件。同时，WEKA 也为普通用户提供了图形化界面，称为 WEKA Knowledge Flow Environment 和 WEKA Explorer，可以实现预处理、分类、聚类、关联规则、文本挖掘、可视化等功能。

（6）KNIME

KNIME（Konstanz Information Miner）是基于 Java 开发的，可以扩展使用 WEKA 中的挖掘算法。KNIME 采用类似数据流（Data Flow）的方式来建立挖掘流程。挖掘流程由一系列功能节点组成，每个节点有输入 / 输出端口，用于接收数据或模型、导出结果。

（7）RapidMiner

RapidMiner 也叫 YALE（Yet Another Learning Environment），提供了图形化界面，采用类似 Windows 资源管理器中的树状结构来组织分析组件，树上的每个节点表示不同的运算符（Operator）。YALE 提供了大量的运算符，包括数据处理、变换、探索、建模、评估等各个环节。YALE 是用 Java 开发的，且基于 WEKA 构建，可以调用 WEKA 中的各种分析组件。RapidMiner 有拓展的套件 Radoop，可以和 Hadoop 集成，在 Hadoop 集群上运行任务。

（8）TipDM 大数据挖掘建模平台

TipDM 大数据挖掘建模平台是基于 Java 语言开发、用于数据挖掘建模的平台。它采用 B/S 结构，用户不需要下载客户端，通过浏览器即可进行访问。平台支持数据挖掘所需的主要流程：数据探索（相关性分析、主成分分析、周期性分析等），数据预处理（特征构造、记录选择、缺失值处理等），模型（聚类模型、分类模型、回归模型等）构建，模型评价（R-Squared、混淆矩阵、ROC 曲线等）。用户可以在没有 Python 编程基础的情况下，通过拖曳的方式进行操作，将数据输入 / 输出、数据预处理、挖掘建模、模型评价等环节通过流程化的方式进行连接，以达到数据分析与数据挖掘的目的。

1.6　小结

本章从一个知名餐饮企业经营过程中存在的困惑出发，引出数据挖掘的概念、基本任务、建模过程及常用工具。

如何帮助企业从数据中洞察商机、提取价值，是现阶段几乎所有企业都关心的问题。本章通过发生在身边的案例，由浅入深地引出深奥的数据挖掘理论，让读者在不知不觉中感悟到数据挖掘的非凡魅力。本案例也将贯穿到后续第 3～5 章的理论介绍中。

第 2 章 *Chapter 2*

Python 数据分析简介

  Python 是一门简单易学且功能强大的编程语言。它拥有高效的高级数据结构，能够用简单且高效的方式进行面向对象编程。Python 优雅的语法和动态类型，再结合它的解释性，使其在大多数平台的许多领域成为编写脚本或开发应用程序的理想语言。

  要认识 Python，首先得明确一点：Python 是一门编程语言。这就意味着，至少从原则上来说它能够完成 MATLAB 做的所有事情（大不了从头开始编写），而且大多数情况下，相同功能的 Python 代码会比 MATLAB 代码更加简洁易懂；而另一方面，因为它是一门编程语言，所以它能够完成很多 MATLAB 不能做的事情，如开发网页、开发游戏、编写脚本来采集数据等。

  Python 以开发效率著称，致力于以最短的代码完成同一个任务，但它的运行效率为人诟病。不过，Python 也被称为"胶水语言"，它允许我们把耗时的核心部分用 C/C++ 等更高效率的语言编写，然后由它来"黏合"，这在很大程度上解决了 Python 的运行效率问题。事实上，在大多数数据任务上，Python 的运行效率已经可以媲美 C/C++ 语言了。

  本书致力于讲述用 Python 进行数据挖掘这一部分功能，而这部分功能仅仅是 Python 强大功能中的冰山一角。随着 NumPy、SciPy、Matplotlib、pandas 等众多程序库的开发，Python 在科学领域占据了越来越重要的地位，包括科学计算、数学建模、数据挖掘，甚至可以预见，未来 Python 将会成为科学领域编程语言的主流。图 2-1 是 TIOBE 编程语言排行榜，该排行榜每月会更新一次，可以看出目前 Python 是最受欢迎的编程语言。

2024 年 1 月	2023 年 1 月	改变	编程语言		评级	改变
1	1			Python	13.97%	-2.39%
2	2			C	11.44%	-4.81%
3	3			C++	9.96%	-2.95%
4	4			Java	7.87%	-4.34%
5	5			C#	7.16%	+1.43%
6	7	∧		JavaScript	2.77%	-0.11%
7	10	∧		PHP	1.79%	+0.40%
8	6	∨		Visual Basic	1.60%	-3.04%
9	8	∨		SQL	1.46%	-1.04%
10	20	∧		Scratch	1.44%	+0.86%
11	12	∧		Go	1.38%	+0.23%
12	27	∧		Fortran	1.09%	+0.64%
13	17	∧		Delphi/Object Pascal	1.09%	+0.36%
14	15	∧		MATLAB	0.97%	+0.06%
15	9	∨		Assembly language	0.92%	-0.68%

图 2-1　2024 年 1 月 TIOBE 编程语言排行榜（每月更新一次）⊖

2.1　搭建 Python 开发平台

Python 可应用于多种平台，包括 Windows、Linux 和 Mac OS X 等，并且拥有诸多的版本。搭建 Python 开发平台时需要谨慎选择平台和对应的版本。

2.1.1　需要考虑的问题

Python 官网：https://www.python.org/。

搭建 Python 开发平台时有几个问题需要考虑：第一个问题是选择什么操作系统，Windows 还是 Linux；第二个问题是选择哪个 Python 版本，Python 2.x 还是 Python 3.x。首先来回答第二个问题。Python 3.x 是对 Python 2.x 的一个较大的更新，可以认为 Python 3.x 什么都好，就是它的部分代码不兼容 Python 2.x 的代码。

然后来回答第一个问题，主要是在 Windows 和 Linux 之间选择。Python 是跨平台的语

⊖ Programming Community Index：http://www.tiobe.com/index.php/content/paperinfo/tpci/index.html。

言，它的脚本可以跨平台运行，然而不同的平台运行效率是不同的。一般来说，Linux 系统下的运行速度会比 Windows 系统快，特别是数据分析和挖掘任务。此外，在 Linux 系统下搭建 Python 环境相对容易一些，很多 Linux 发行版自带了 Python 程序，并且在 Linux 系统下更容易解决第三方库的依赖问题。当然，Linux 系统的操作门槛较高，刚入门的读者可以先在 Windows 系统下熟悉相关操作，然后再考虑迁移到 Linux 系统下。

2.1.2　基础平台的搭建

搭建基础平台的第一步是 Python 核心程序的安装，我们将分别介绍 Windows 系统和 Linux 系统下的安装。后面再介绍一个 Python 的科学计算发行版——Anaconda。

1. 在 Windows 系统下安装 Python

在 Windows 系统下安装 Python 比较容易，直接到官方网站下载相应的安装包来安装即可，和一般软件的安装无异，在此不再赘述。安装包还分 32 位和 64 位版本，请读者自行选择适合的版本。

2. 在 Linux 系统下安装 Python

大多数 Linux 发行版，如 CentOs、Debian、Ubuntu 等，都已经自带了 Python 2.x 的主程序，但 Python 3.x 版本的主程序需要另外安装。

3. Anaconda

安装 Python 核心程序只是第一步，为了实现更丰富的科学计算功能，还需要安装一些第三方扩展库，这对于一般读者来说可能显得比较麻烦，尤其是在 Windows 系统下安装还可能出现各种错误。幸好，已经有人专门将科学计算所需要的模块都编译好并打包，以发行版的形式供用户使用。Anaconda 就是其中一个常用的科学计算发行版。

Anaconda 的特点如下：

1）包含众多流行的科学、数学、工程、数据分析的 Python 包。

2）完全开源和免费。

3）额外的加速、优化是收费的，但对于学术用途可以申请免费的 License。

4）全平台支持：Linux、Windows、Mac；支持 Python 2.7 和 Python 3.X，其中最新的 Anaconda 已支持 Python 3.11（截止到 2024 年 2 月）。

因此，推荐初学者（尤其是使用 Windows 系统的读者）安装此 Python 发行版。读者只需要到官方网站下载安装包安装即可，官网网址：https://www.anaconda.com/。

安装好 Python 后，只需要在命令窗口输入 python 就可以进入 Python 环境，Python 3.6.1 在 Windows 系统下的启动界面如图 2-2 所示。

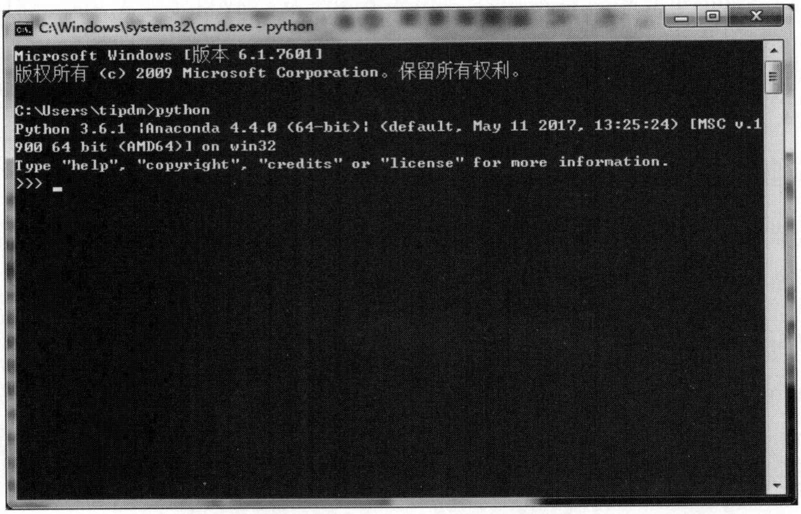

图 2-2　Python 3.6.1 在 Windows 系统下的启动界面

2.2　Python 使用入门

此处对 Python 的基本使用方法做一个简单的介绍。限于篇幅，本文只针对本书涉及的数据挖掘案例所用到的代码进行基本讲解。如果你是初步接触 Python，并且使用 Python 的目的就是数据挖掘，那么本节的介绍已经够用了。如果你需要进一步了解 Python，或者需要运行更加复杂的任务，那么请自行阅读相应的 Python 教程。

2.2.1　运行方式

本节示例代码使用的 Python 版本为 Python 3.6。运行 Python 代码有两种方式：一种方式是启动 Python，然后在命令窗口下直接输入相应的命令；另一种方式是将完整的代码写成 .py 脚本，如 hello.py，然后在对应的路径下通过 python hello.py 执行。hello.py 脚本中的代码如下：

```
# hello.py
print('Hello World!')
```

脚本的执行结果如图 2-3 所示。

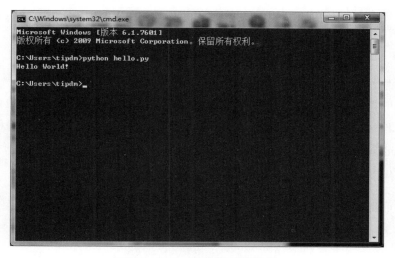

图 2-3　hello.py 脚本执行结果

在编写脚本的时候，可以添加适当的注释。在每一行中，可以用井号"#"来添加注释，添加单行注释的方法如下：

```
a = 2 + 3   # 这句命令的意思是将2+3的结果赋值给a
```

如果注释有多行，可以在两个 "'''"（三个英文状态单引号）之间添加注释内容。添加多行注释的方法如下：

```
a = 2 + 3
'''
这里是Python的多行注释。
这里是Python的多行注释。
'''
```

如果脚本中带有中文（中文注释或者中文字符串），那么需要在文件头注明编码，还要将脚本保存为 utf-8 编码格式。注明编码的方法如下：

```
# -*- coding: utf-8 -*
print('世界，你好！')
```

2.2.2　基本命令

1. 基本运算

初步认识 Python 时，可以把它当作一个方便的计算器。读者可以打开 Python，试着输入代码清单 2-1 所示的命令。

代码清单 2-1　Python 基本运算

```
a = 2
a * 2
a ** 2
```

代码清单 2-1 所示的命令是 Python 的几个基本运算，第一个命令是赋值运算，第二个命令是乘法运算，最后一个命令是幂运算（即 a^2），这些基本上是所有编程语言通用的。不过 Python 支持多重赋值，方法如下：

```
a, b, c = 2, 3, 4
```

这句多重赋值命令相当于如下命令：

```
a = 2
b = 3
c = 4
```

Python 支持对字符串的灵活操作，如代码清单 2-2 所示。

代码清单 2-2　Python 字符串操作

```
s = 'I like python'
s + ' very much'    # 将s与' very much'拼接，得到'I like python very much'
s.split(' ')        # 将s以空格分割，得到列表['I', 'like', 'python']
```

2. 判断与循环

判断与循环是所有编程语言的基本命令，Python 的判断语句格式如下：

```
if 条件1:
    语句2
elif 条件3:
    语句4
else:
    语句5
```

需要特别指出的是，Python 一般不用花括号 {}，也没有 end 语句，它用缩进对齐作为语句的层次标记。同一层次的缩进量要一一对应，否则会报错。下面是一个错误的缩进示例，如代码清单 2-3 所示。

代码清单 2-3　错误的缩进

```
if a==1:
    print(a)            # 缩进两个空格
else:
        print('a不等于1') # 缩进三个空格
```

不管是哪种语言，正确的缩进都是一个优雅的编程习惯。

相应的，Python 的循环有 while 循环和 for 循环，while 循环如代码清单 2-4 所示。

代码清单 2-4　while 循环

```
s,k = 0,0
while k < 101:             # 该循环过程就是求1+2+3+···+100
    k = k + 1
    s = s + k
print(s)
```

for 循环如代码清单 2-5 所示。

代码清单 2-5　for 循环

```
s = 0
for k in range(101):      # 该循环过程也是求1+2+3+···+100
    s = s + k
print(s)
```

这里我们看到了 in 和 range 语法。in 是一个非常方便而且非常直观的语法，用来判断一个元素是否在列表 / 元组中；range 用来生成连续的序列，一般语法为 range(a, b, c)，表示以 a 为首项、c 为公差且不超过 b–1 的等差数列，如代码清单 2-6 所示。

代码清单 2-6　使用 range 生成等差数列

```
s = 0
if s in range(4):
    print('s在0, 1, 2, 3中')
if s not in range(1, 4, 1):
    print('s不在1, 2, 3中')
```

3. 函数

Python 用 def 来自定义函数，如代码清单 2-7 所示。

代码清单 2-7　自定义函数

```
def add2(x):
    return x+2
print(add2(1))            # 输出结果为3
```

与一般编程语言不同的是，Python 的函数返回值可以是各种形式，如返回列表，甚至返回多个值，如代码清单 2-8 所示。

代码清单 2-8　返回列表和返回多个值的自定义函数

```
def add2(x = 0, y = 0):    # 定义函数，同时定义参数的默认值
```

```
    return [x+2, y+2]        # 返回值是一个列表
def add3(x, y):
    return x+3, y+3          # 双重返回
a, b = add3(1,2)             # 此时a=4,b=5
```

有时候，用 def 来正式地定义 add2() 这类简单的函数显得稍有点麻烦。Python 支持用 lambda 对简单的功能定义"行内函数"，这有点像 MATLAB 中的"匿名函数"，如代码清单 2-9 所示。

代码清单 2-9　使用 lambda 定义函数

```
f = lambda x : x + 2          # 定义函数f(x)=x+2
g = lambda x, y: x + y        # 定义函数g(x,y)=x+y
```

2.2.3　数据结构

Python 有 4 个内建的数据结构——List（列表）、Tuple（元组）、Dictionary（字典）以及 Set（集合），它们可以统称为容器（Container），因为它们实际上是一些"东西"组合而成的结构，而这些"东西"可以是数字、字符、列表或者它们的组合。通俗来说，容器里边是什么都行，而且容器里边的元素类型不要求相同。

1. 列表 / 元组

列表和元组都是序列结构，它们本身很相似，但又有一些不同的地方。

从外形上看，列表与元组存在一些区别。列表是用方括号标记的，如 a = [1, 2, 3]，而元组是用圆括号标记的，如 b = (4, 5, 6)。访问列表和元组中的元素的方式是一样的，如 a[0] 等于 1，b[2] 等于 6，等等。刚刚已经谈到，容器里边是什么都行，因此，以下定义也是成立的：

```
c = [1, 'abc', [1, 2]]
'''
c是一个列表，列表的第一个元素是整型1，第二个是字符串'abc'，第三个是列表[1, 2]
'''
```

从功能上看，列表与元组的区别在于：列表可以被修改，而元组不可以。比如，对于 a = [1, 2, 3]，那么执行语句 a[0] = 0，就会将列表 a 修改为 [0, 2, 3]；而对于元组 b = (4, 5, 6)，执行语句 b[0] = 1 则会报错。需要注意的是，如果已经有了一个列表 a，想复制 a 并命名为变量 b，那么 b = a 是无效的，这时候 b 仅仅是 a 的别名（或者说引用），修改 b 也会修改 a。正确的复制方法应该是 b = a[:]。

跟列表有关的函数是 list，跟元组有关的函数是 tuple，它们的用法和功能几乎一样，都是将某个对象转换为列表 / 元组，如 list('ab') 的结果是 ['a', 'b']，tuple([1, 2]) 的结果是 (1, 2)。一些常见的与列表 / 元组相关的函数如表 2-1 所示。

表 2-1 与列表 / 元组相关的函数

函　　数	功　　能	函　　数	功　　能
cmp(a, b)	比较两个列表 / 元组的元素	min(a)	返回列表 / 元组元素最小值
len(a)	列表 / 元组元素个数	sum(a)	将列表 / 元组中的元素求和
max(a)	返回列表 / 元组元素最大值	sorted(a)	对列表的元素进行升序排序

此外，列表本身自带了很多实用的方法（元组不允许修改，因此方法很少），如表 2-2 所示。

表 2-2 列表相关的方法

函　　数	功　　能
a.append(1)	将 1 添加到列表 a 末尾
a.count(1)	统计列表 a 中元素 1 出现的次数
a.extend([1, 2])	将列表 [1, 2] 的内容追加到列表 a 的末尾
a.index(1)	从列表 a 中找出第一个 1 的索引位置
a.insert(2, 1)	将 1 插入列表 a 中索引为 2 的位置
a.pop(1)	移除列表 a 中索引为 1 的元素

最后，不能不提的是"列表解析"这一功能，它能够简化我们对列表内元素逐一进行操作的代码。使用 append 函数对列表元素进行操作，如代码清单 2-10 所示。

代码清单 2-10 使用 append 函数对列表元素进行操作

```
a = [1, 2, 3]
b = []
for i in a:
    b.append(i + 2)
```

使用列表解析进行简化，如代码清单 2-11 所示。

代码清单 2-11 使用列表解析进行简化

```
a = [1, 2, 3]
b = [i+2 for i in a]
```

这样的语法不仅方便，而且直观。这充分体现了 Python 语法的人性化。在本书中，我们将会较多地用到这样简洁的代码。

2. 字典

Python 引入了"自编"这一方便的概念。从数学的角度来讲，它实际上是一个映射。通俗来讲，它也相当于一个列表，然而它的"下标"不再是以 0 开头的数字，而是自己定义的"键"（Key）。

创建一个字典的基本方法如下：

```
d = {'today':20, 'tomorrow':30}
```

这里的 today、tomorrow 就是字典的"键"，它在整个字典中必须是唯一的，而 20、30 就是"键"对应的值。访问字典中的元素的方法也很直观，如代码清单 2-12 所示。

代码清单 2-12　访问字典中的元素

```
d['today']          # 该值为20
d['tomorrow']       # 该值为30
```

要创建一个字典，还有其他一些比较方便的方法，如通过 dict() 函数转换，或者通过 dict.fromkeys() 函数创建，如代码清单 2-13 所示。

代码清单 2-13　通过 dict 或者 dict.fromkeys 创建字典

```
dict([['today', 20], ['tomorrow', 30]])   # 也相当于{'today':20, 'tomorrow':30}
dict.fromkeys(['today', 'tomorrow'], 20) # 相当于{'today':20, 'tomorrow':20}
```

很多字典相关的函数和方法与列表的相同，这里不再赘述。

3. 集合

Python 内置了集合这一数据结构，它的概念跟数学中的集合的概念基本上一致。集合跟列表的区别在于：①它的元素是不重复的，而且是无序的；②它不支持索引。一般我们通过花括号 {} 或者 set() 函数来创建一个集合，如代码清单 2-14 所示。

代码清单 2-14　创建集合

```
s = {1, 2, 2, 3}        # 注意2会自动去重，得到{1, 2, 3}
s = set([1, 2, 2, 3])   # 同样地，它将列表转换为集合，得到{1, 2, 3}
```

集合具有一定的特殊性（特别是无序性），因此它有一些特别的运算，如代码清单 2-15 所示。

代码清单 2-15　集合运算

```
a = t | s                    # t和s的并集
b = t & s                    # t和s的交集
c = t - s                    # 求差集（项在t中，但不在s中）
d = t ^ s                    # 对称差集（项在t或s中，但不会同时出现在二者中）
```

在本书中，集合这一对象并不常用，所以这里仅仅简单地介绍一下，并不进行详细的说明，如果读者会进一步使用集合这一对象，请自行搜索相关教程。

4. 函数式编程

函数式编程（Functional Programming）或者函数程序设计又称泛函编程，是一种编程范型，它将计算机运算视为数学上的函数计算，并且避免使用程序状态以及易变对象。简单来讲，函数式编程是一种"广播式"编程，通常会结合前面提到的 lambda 定义函数用于科学计算中，以便更简洁方便。

在 Python 中，函数式编程主要由几个函数构成：lambda、map、reduce、filter，其中前面已经介绍过 lambda，它主要用来自定义"行内函数"，所以现在我们逐一介绍后面 3 个函数。

（1）map 函数

假设有一个列表 a = [1, 2, 3]，要给列表中的每个元素都加 2 得到一个新列表。利用前面已经谈及的列表解析，我们可以这样写，如代码清单 2-16 所示。

代码清单 2-16　使用列表解析操作列表元素

```
b = [i+2 for i in a]
```

我们也可以利用 map 函数这样写，如代码清单 2-17 所示。

代码清单 2-17　使用 map 函数操作列表元素

```
b = map(lambda x: x+2, a)
b = list(b)                  # 结果是[3, 4, 5]
```

也就是说，我们首先要定义一个函数，然后再用 map 命令将函数逐一应用到（map）列表中的每个元素，最后返回一个数组。map 命令也接收多参数的函数，如 map(lambda x,y: x*y, a, b) 表示将 a、b 两个列表的元素对应相乘，再把结果返回新列表。

也许有的读者会有疑问：有了列表解析，为什么还要用 map 命令呢？虽然列表解析的代码比较短，但是它本质上还是 for 命令，运行效率并不高，而 map 函数实现了相同的功能，且效率更高，从原则上来说，它的运行速度类似于 C 语言的速度。

（2）reduce 函数

reduce 有点像 map，但 map 用于逐一遍历，而 reduce 用于递归计算。在 Python 3.x
中，reduce 函数已经被移出了全局命名空间，被置于 functools 库中，使用时需要通过
from functools import reduce 导入 reduce 函数。先看一个例子，这个例子可以算出 *n* 的阶
乘，如代码清单 2-18 所示。

代码清单 2-18　使用 reduce 函数计算 n 的阶乘

```
from fuctools import reduce #  导入reduce函数
reduce(lambda x,y: x*y, range(1, n+1))
```

其中 range(1, n+1) 相当于给出了一个列表，元素是 1～*n* 这 *n* 个整数。lambda x,y:
x*y 构造了一个二元函数，返回两个参数的乘积。reduce 函数首先将列表的头两个元素作
为函数的参数进行运算，然后将运算结果与第三个数字作为函数的参数，然后再将运算
结果与第四个数字作为函数的参数……依此递推，直到列表结束，返回最终结果。如果
用循环命令，那就要写成如代码清单 2-19 所示的形式。

代码清单 2-19　使用循环命令计算 n 的阶乘

```
s = 1
for i in range(1, n+1):
    s = s * i
```

（3）filter 函数

顾名思义，它是一个过滤器，用来筛选列表中符合条件的元素，如代码清单 2-20
所示。

代码清单 2-20　使用 filter 函数筛选列表元素

```
b = filter(lambda x: x > 5 and x < 8, range(10))
b = list(b)  # 结果是[6, 7]
```

使用 filter 函数时，首先需要一个返回值为 bool 型的函数，如上述"lambda x: x >
5 and x < 8"定义了一个函数，判断 x 是否大于 5 且小于 8，然后将这个函数作用到
range(10) 的每个元素中，如果为 True，则"挑出"那个元素，最后将满足条件的所有元
素组成一个列表并返回。

当然，也可以使用列表解析筛选列表元素，如代码清单 2-21 所示。

代码清单 2-21　使用列表解析筛选列表元素

```
b = [i for i in range(10) if i > 5 and i < 8]
```

它并不比 filter 函数复杂。但是要注意，我们使用 map、reduce 或 filter 函数的最终目的都是兼顾简洁和效率，因为 map、reduce 或 filter 函数的循环速度比 Python 内置的 for 循环或 while 循环要快得多。

2.2.4　库的导入与添加

前面已经讲述了 Python 基本平台的搭建和使用，然而在默认情况下它并不会将所有的功能都加载进来。我们需要把更多的库（或者叫作模块、包等）加载进来，甚至需要安装第三方扩展库，以丰富 Python 的功能，实现我们的目的。

1. 库的导入

Python 本身内置了很多强大的库，如数学相关的 math 库，可以为我们提供更加丰富且复杂的数学运算，如代码清单 2-22 所示。

代码清单 2-22　使用 math 库进行数学运算

```
import math
math.sin(1)              # 计算正弦
math.exp(1)              # 计算指数
math.pi                  # 内置的圆周率常数
```

导入库的方法，除了直接根据库名导入之外，还可以使用别名导入库，如代码清单 2-23 所示。

代码清单 2-23　使用别名导入库

```
import math as m
m.sin(1)                 # 计算正弦
```

此外，如果并不需要导入库中的所有函数，可以通过名称导入指定函数，如代码清单 2-24 所示。

代码清单 2-24　通过名称导入指定函数

```
from math import exp as e  # 只导入math库中的exp函数，并起别名e
e(1)                       # 计算指数
sin(1)                     # 此时sin(1)和math.sin(1)都会出错，因为没被导入
```

当然，可以直接导入库中的所有函数，如代码清单 2-25 所示。

代码清单 2-25 导入库中所有函数

```
# 直接导入math库, 也就是去掉math., 但如果大量地使用这种方法引入第三库, 则很容易引起命名冲突
from math import *
exp(1)
sin(1)
```

我们可以通过 help('modules') 命令来获得已经安装的所有模块名。

2. 导入 future 特征 (针对 Python 2.x)

Python 2.x 与 Python 3.x 之间的差别不仅表现在内核上, 也部分表现在代码的实现中。比如, 在 Python 2.x 中, print 是作为一个语句出现的, 用法为 print a ; 但是在 Python 3.x 中, 它是作为函数出现的, 用法为 print(a)。为了保证兼容性, 本书的基本代码是基于 Python 3.x 的语法编写的, 使用 Python 2.x 的读者可以通过引入 future 特征的方式兼容代码, 如代码清单 2-26 所示。

代码清单 2-26 导入 future 特征

```
# 将print变成函数形式, 即用print(a)格式输出
from __future__ import print_function

# 3.x的3/2=1.5, 3//2才等于1; 2.x中3/2=1
from __future__ import division
```

3. 添加第三方库

Python 自带了很多库, 但不一定可以满足我们的所有需求。就数据分析和数据挖掘而言, 还需要添加一些第三方库来拓展它的功能。这里介绍一下常见的安装第三方库的方法, 如表 2-3 所示。

表 2-3 常见的安装第三方库的方法

思 路	特 点
下载源代码自行安装	安装灵活, 但需要自行解决上级依赖问题
用 pip 命令安装	比较方便, 自动解决上级依赖问题
用 easy_install 命令安装	比较方便, 自动解决上级依赖问题, 比 pip 稍弱
下载编译好的文件包	一般只有 Windows 系统才提供现成的可执行文件包
系统自带的安装方式	Linux 系统或 Mac 系统的软件管理器自带了某些库的安装方式

这些安装方式将在 2.3 节中实际展示。

2.3　Python 数据分析工具

Python 本身的数据分析功能并不强，需要安装一些第三方扩展库来增强其相应的功能。本书用到的库有 NumPy、SciPy、Matplotlib、pandas、StatsModels、scikit-learn、Keras、Gensim 等，下面将对这些库的安装和使用进行简单的介绍。

如果读者安装的是 Anaconda 发行版，那么它已经自带了以下库：NumPy、SciPy、Matplotlib、pandas、scikit-learn。

本节主要是对这些库进行简单的介绍，在后面的章节中会通过各种案例对这些库的使用进行更加深入的说明。读者也可以到官网阅读更加详细的使用教程。

用 Python 进行科学计算是很深的学问，本书只是用到了它的数据分析和挖掘相关的部分功能，所涉及的扩展库如表 2-4 所示。

表 2-4　Python 数据分析与挖掘常用扩展库

扩 展 库	简 介
NumPy	提供数组支持以及数组相关的高效的处理函数
SciPy	提供矩阵支持以及矩阵相关的数值计算模块
Matplotlib	强大的数据可视化工具、作图库
pandas	强大、灵活的数据分析和探索工具
StatsModels	统计建模和计量经济学，包括描述统计、统计模型和推断
scikit-learn	支持回归、分类、聚类等强大的机器学习库
Keras	深度学习库，用于建立神经网络以及深度学习模型
Gensim	用来构建文本主题模型的库，文本挖掘可能会用到
TensorFlow	功能强大、灵活且易于使用的深度学习框架
PyTorch	提供强大的张量计算功能和灵活的深度学习构建模块
PaddlePaddle	功能强大、易用性高的深度学习平台
XGBoost	用于实现 XGBoost 算法

此外，限于篇幅，我们仅仅介绍了本书案例中会用到的一些库，还有一些很实用的库并没有介绍，如涉及图片处理时可以用 Pillow（旧版为 PIL，目前已经被 Pillow 代替）、涉及视频处理时可以用 OpenCV、涉及高精度运算时可以用 GMPY2 等。而对于这些知识，建议读者在遇到相应的问题时，自行到网上搜索相关资料。相信通过对本书的学习，读者解决 Python 相关问题的能力一定会大大提高。

2.3.1 NumPy

Python 并没有提供数组功能。虽然列表可以完成基本的数组功能，但它不是真正的数组，而且在数据量较大时，使用列表的速度就会很慢。为此，NumPy 提供了真正的数组功能以及对数据进行快速处理的函数。NumPy 还是很多更高级的扩展库的依赖库，我们后面介绍的 SciPy、Matplotlib、pandas 等库都依赖于它。值得强调的是，NumPy 内置函数处理数据的速度是 C 语言级别的，因此在编写程序的时候，应当尽量使用其内置函数，避免效率瓶颈（尤其是涉及循环的问题）的出现。

在 Windows 系统中，NumPy 的安装跟普通第三方库的安装一样，可以通过 pip 命令进行，命令如下：

```
pip install numpy
```

也可以自行下载源代码，然后使用如下命令安装：

```
python setup.py install
```

在 Linux 系统下，上述方法也是可行的。此外，很多 Linux 发行版的软件源中都有 Python 常见的库，因此还可以通过 Linux 系统自带的软件管理器安装，如在 Ubuntu 下可以用如下命令安装：

```
sudo apt-get install python-numpy
```

安装完成后，可以使用 NumPy 对数组进行操作，如代码清单 2-27 所示。

代码清单 2-27 使用 NumPy 操作数组

```
# -*- coding: utf-8 -*
import numpy as np                  # 一般以np作为NumPy库的别名
a = np.array([2, 0, 1, 5])         # 创建数组
print(a)                            # 输出数组
print(a[:3])                        # 引用前三个数字（切片）
print(a.min())                      # 输出a的最小值
a.sort()                            # 将a的元素从小到大排序，此操作直接修改a，因此这时候a
                                    # 为[0, 1, 2, 5]
b= np.array([[1, 2, 3], [4, 5, 6]])# 创建二维数组
print(b*b)                          # 输出数组的平方阵，即[[1, 4, 9], [16, 25, 36]]
```

NumPy 是 Python 中相当成熟和常用的库，因此关于它的教程有很多，最值得一看的是其官网的帮助文档，其次还有很多中英文教程，读者遇到相应的问题时，可以查阅相关资料。

参考链接：

❑ http://www.numpy.org。

❑ http://reverland.org/python/2012/08/22/numpy。

2.3.2　SciPy

如果说 NumPy 让 Python 有了 MATLAB 的"味道"，那么 SciPy 就让 Python 真正成为半个 MATLAB。NumPy 提供了多维数组功能，但它只是一般的数组，并不是矩阵，比如当两个数组相乘时，只是对应元素相乘，而不是矩阵乘法。SciPy 提供了真正的矩阵以及大量基于矩阵运算的对象与函数。

SciPy 包含的功能有最优化、线性代数、积分、插值、拟合、特殊函数、快速傅里叶变换、信号处理和图像处理、常微分方程求解和其他科学与工程中常用的计算，显然，这些功能都是挖掘与建模必需的。

SciPy 依赖于 NumPy，因此安装之前得先安装好 NumPy。安装 SciPy 的方法与安装 NumPy 的方法大同小异，需要提及的是，在 Ubuntu 下也可以用类似的命令安装 SciPy，安装命令如下：

```
sudo apt-get install python-scipy
```

安装好 SciPy 后，使用 SciPy 求解非线性方程组和数值积分，如代码清单 2-28 所示。

代码清单 2-28　使用 SciPy 求解非线性方程组和数值积分

```
# -*- coding: utf-8 -*
# 求解非线性方程组2x1-x2^2=1,x1^2-x2=2
from scipy.optimize import fsolve  # 导入求解方程组的函数
def f(x):                          # 定义要求的方程组
    x1 = x[0]
    x2 = x[1]
    return [2*x1 - x2**2 - 1, x1**2 - x2 -2]

result = fsolve(f, [1,1])          # 输入初值[1, 1]并求解
print(result)                      # 输出结果，为array([ 1.91963957,  1.68501606])

# 数值积分
from scipy import integrate        # 导入积分函数
def g(x):                          # 定义被积函数
    return (1-x**2)**0.5

pi_2, err = integrate.quad(g, -1, 1) # 积分结果和误差
print(pi_2 * 2)                      # 由微积分知识知道积分结果为圆周率pi的一半
```

参考链接：

❑ http://www.scipy.org。

❑ http://reverland.org/python/2012/08/24/scipy。

2.3.3 Matplotlib

不论是数据挖掘还是数学建模，都要面对数据可视化的问题。对于 Python 来说，Matplotlib 是最著名的绘图库，主要用于二维绘图，当然也可以进行简单的三维绘图。它不仅提供了一整套和 MATLAB 相似但更为丰富的命令，让我们可以非常快捷地用 Python 实现数据可视化，而且允许输出达到出版质量的多种图像格式。

Matplotlib 的安装并没有什么特别之处，可以通过 "pip install matplotlib" 命令安装或者自行下载源代码安装，在 Ubuntu 下也可以用类似的命令安装，命令如下：

```
sudo apt-get install python-matplotlib
```

需要注意的是，Matplotlib 的上级依赖库相对较多，手动安装的时候，需要逐一把这些依赖库都安装好。下面是一个简单的作图例子，如代码清单 2-29 所示，它基本包含了 Matplotlib 作图的关键要素，作图效果如图 2-4 所示。

代码清单 2-29　Matplotlib 作图示例

```
# -*- coding: utf-8 -*-
import numpy as np
import matplotlib.pyplot as plt               # 导入Matplotlib

x = np.linspace(0, 10, 1000)                  # 作图的变量自变量
y = np.sin(x) + 1                             # 因变量y
z = np.cos(x**2) + 1                          # 因变量z

plt.figure(figsize = (8, 4))                  # 设置图像大小
plt.plot(x,y,label = '$\sin x+1$', color = 'red', linewidth = 2)
                                              # 作图，设置标签、线条颜色、线条大小
plt.plot(x, z, 'b--', label = '$\cos x^2+1$') # 作图，设置标签、线条类型
plt.xlabel('Time(s) ')                        # x轴名称
plt.ylabel('Volt')                            # y轴名称
plt.title('A Simple Example')                 # 标题
plt.ylim(0, 2.2)                              # 显示的y轴范围
plt.legend()                                  # 显示图例
plt.show()                                    # 显示作图结果
```

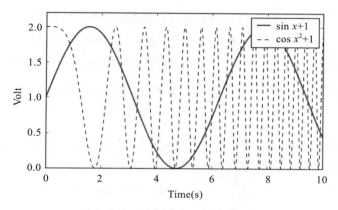

图 2-4　Matplotlib 的作图效果展示

如果读者使用的是中文标签，就会发现中文标签无法正常显示，这是因为 Matplotlib 的默认字体是英文字体，解决方法是在作图之前手动指定默认字体为中文字体，如黑体（Sim-Hei），命令如下：

```
plt.rcParams['font.sans-serif'] = ['SimHei']  # 用来正常显示中文标签
```

其次，保存作图图像时，有可能不能显示负号，对此可以通过以下代码解决：

```
plt.rcParams['axes.unicode_minus'] = False     # 解决保存图像是负号'-'但显示为方块的问题
```

这里有一个小建议：有时间多去 Matplotlib 提供的"画廊"欣赏用它做出的漂亮图片，也许你就会慢慢爱上 Matplotlib 作图了。画廊网址是 http://matplotlib.org/gallery.html。

参考链接：

❑ http://matplotlib.org。

❑ http://reverland.org/python/2012/09/07/matplotlib-tutorial。

2.3.4　pandas

终于谈到本书的主力工具——pandas 了。pandas 是 Python 下最强大的数据分析和探索工具。它包含高级的数据结构和精巧的工具，使得用户在 Python 中处理数据非常快速和简单。pandas 建造在 NumPy 之上，它使得以 NumPy 为中心的应用使用起来更容易。pandas 的名称来自于面板数据（Panel Data）和 Python 数据分析（Data Analysis），它最初作为金融数据分析工具被开发，由 AQR Capital Management 于 2008 年 4 月开发问世，并于 2009 年底开源。

pandas 的功能非常强大，支持类似 SQL 的数据增、删、查、改操作，并且带有丰富的数据处理函数；支持时间序列分析功能；支持灵活处理缺失数据；等等。事实上，单纯地用 pandas 这个工具就足以写一本书，读者可以阅读 pandas 的主要作者之一 Wes Mc-Kinney 写的《利用 Python 进行数据分析》来学习更详细的内容。

1. 安装

pandas 的安装相对来说容易一些，只要安装好 NumPy 之后，就可以直接安装 pandas 了。通过 pip install pandas 命令或下载源码后通过 python setup.py install 命令安装均可。由于我们频繁用到读取和写入 Excel，但默认的 pandas 还不能读写 Excel 文件，因此需要安装 xlrd（读）库和 xlwt（写）库以支持 Excel 的读写。为 Python 添加读取 / 写入 Excel 功能的命令如下：

```
pip install xlrd          # 为Python添加读取Excel的功能
pip install xlwt          # 为Python添加写入Excel的功能
```

2. 使用

在后面的章节中，我们会逐步展示 pandas 的强大功能，而在本节，我们先以简单的例子一睹为快。

首先，pandas 基本的数据结构是 Series 和 DataFrame。Series 顾名思义就是序列，类似一维数组；DataFrame 则相当于一张二维的表格，类似二维数组，它的每一列都是一个 Series。为了定位 Series 中的元素，pandas 提供了 Index 这一对象，每个 Series 都会有一个对应的 Index，用来标记不同的元素，Index 的内容可以是数字，也可以是字母、中文等，它类似于 SQL 中的主键。

类似的，DataFrame 相当于多个带有同样 Index 的 Series 的组合（本质是 Series 的容器），每个 Series 都有一个唯一的表头，用来标识不同的 Series。pandas 中的常用操作如代码清单 2-30 所示。

代码清单 2-30　pandas 中的常用操作

```
# -*- coding: utf-8 -*-
import numpy as np
import pandas as pd                                    # 通常用pd作为pandas的别名

s = pd.Series([1,2,3], index=['a', 'b', 'c'])          # 创建一个序列s
                                                        # 创建一个表
d = pd.DataFrame([[1, 2, 3], [4, 5, 6]], columns=['a', 'b', 'c'])
d2 = pd.DataFrame(s)                                    # 也可以用已有的序列来创建数据框
```

```
d.head()                                    # 预览前5行数据
d.describe()                                # 数据基本统计量

# 读取文件，注意文件的存储路径不能带有中文，否则读取可能出错
pd.read_excel('data.xls')                   # 读取Excel文件，创建DataFrame
pd.read_csv('data.csv', encoding='utf-8')   # 读取文本格式的数据，一般用encoding
                                              指定编码方式
```

由于 pandas 是本书的主力工具，在后面会频繁使用它，因此这里不再详细介绍，后文会更加详尽地讲解 pandas 的使用方法。

参考链接：

❑ http://pandas.pydata.org/pandas-docs/stable/。

2.3.5　StatsModels

pandas 注重数据的读取、处理和探索，而 StatsModels 则更加注重数据的统计建模分析，它使得 Python 有了 R 语言的"味道"。StatsModels 支持与 pandas 进行数据交互，因此，它与 pandas 结合成为 Python 下强大的数据挖掘组合。

安装 StatsModels 相当简单，既可以通过 pip 命令安装，又可以通过源码安装。对于 Windows 用户来说，它的官网上甚至已经有编译好的 exe 文件可供下载。如果手动安装的话，需要自行解决依赖问题，StatsModels 依赖于 pandas（当然也依赖于 pandas 所依赖的库），同时还依赖于 Pasty（一个描述统计的库）。

使用 StatsModels 进行 ADF 平稳性检验，如代码清单 2-31 所示。

代码清单 2-31　使用 StatsModels 进行 ADF 平稳性检验

```
# -*- coding: utf-8 -*-
from statsmodels.tsa.stattools import adfuller as ADF   # 导入ADF检验
import numpy as np

ADF(np.random.rand(100))                                # 返回的结果有ADF值、p值等
```

参考链接：

❑ http://statsmodels.sourceforge.net/stable/index.html。

2.3.6　scikit-learn

从库的名字可以看出，这是一个与机器学习相关的库。确实如此，scikit-learn 是 Python 下强大的机器学习工具包，它提供了完善的机器学习工具箱，包括数据预处理、

分类、回归、聚类、预测、模型分析等。

scikit-learn 依赖于 NumPy、SciPy 和 Matplotlib，因此，只需要提前安装好这几个库，然后安装 scikit-learn 基本就没有什么问题了。安装方法与前几个库的安装方法一样，可以通过 pip install scikit-learn 命令安装，也可以下载源码自行安装。

使用 scikit-learn 创建机器学习模型的示例如代码清单 2-32 所示。

代码清单 2-32　使用 scikit-learn 创建机器学习模型

```
# -*- coding: utf-8 -*-
from sklearn.linear_model import LinearRegression    # 导入线性回归模型
model = LinearRegression()                            # 建立线性回归模型
print(model)
```

1）scikit-learn 为模型提供统一接口：针对训练模型的 model.fit()，针对监督模型的 fit(X, y)，针对非监督模型的 fit(X)。

2）监督模型提供如下接口：

❑ model.predict(X_new)：预测新样本。

❑ model.predict_proba(X_new)：预测概率，仅对某些模型有用（比如 LR）。

❑ model.score()：得分越高，训练效果越好。

3）非监督模型提供如下接口：

❑ model.transform()：从数据中学到新的"基空间"。

❑ model.fit_transform()：从数据中学到新的基并将这个数据按照这组"基"进行转换。

scikit-learn 本身提供了一些实例数据供我们上手学习，比较常见的有安德森鸢尾花卉数据集、手写图像数据集等。安德森鸢尾花卉数据集有 150 个鸢尾花的尺寸观测值，如萼片长度和宽度、花瓣长度和宽度，还有它们的亚属，包括山鸢尾（iris setosa）、变色鸢尾（iris versicolor）和维吉尼亚鸢尾（iris virginica）。导入 iris 数据集并使用该数据训练 SVM 模型，如代码清单 2-33 所示。

代码清单 2-33　导入 iris 数据集并训练 SVM 模型

```
# -*- coding: utf-8 -*-
from sklearn import datasets          # 导入数据集

iris = datasets.load_iris()           # 加载数据集
print(iris.data.shape)                # 查看数据集大小
```

```
from sklearn import svm                    # 导入SVM模型

clf = svm.LinearSVC()                      # 建立线性SVM分类器
clf.fit(iris.data, iris.target)           # 用数据训练模型
clf.predict([[ 5.0,   3.6,   1.3,   0.25]]) # 训练好模型之后，输入新的数据进行预测
clf.coef_                                  # 查看训练好模型的参数
```

参考链接：

❑ http://scikit-learn.org/stable/。

2.3.7　Keras

scikit-learn 已经足够强大了，然而它并没有包含这一强大的模型——人工神经网络。人工神经网络是功能相当强大但是原理又相当简单的模型，在语言处理、图像识别等领域都有重要的作用。近年来逐渐流行的深度学习算法，实质上也是一种神经网络，可见在 Python 中实现神经网络是非常必要的。

本书用 Keras 库来搭建神经网络。事实上，Keras 并非简单的神经网络库，而是一个基于 Theano 的强大的深度学习库，利用它不仅可以搭建普通的神经网络，还可以搭建各种深度学习模型，如自编码器、循环神经网络、递归神经网络、卷积神经网络等。由于它是基于 Theano 的，因此速度也相当快。

Theano 也是 Python 的一个库，它是由深度学习专家 Yoshua Bengio 带领的实验室开发出来的，用来定义、优化和高效地解决多维数组数据对应数学表达式的模拟估计问题。它具有高效实现符号分解、高度优化速度和稳定性等特点，最重要的是它还实现了 GPU 加速，使得密集型数据的处理速度是 CPU 的数十倍。

用 Theano 可以搭建高效的神经网络模型，然而对于普通读者来说它的门槛还是相当高的。Keras 大大简化了搭建各种神经网络模型的步骤，允许普通用户轻松地搭建并求解具有几百个输入节点的深层神经网络，而且定制的自由度非常大，读者甚至因此惊呼：搭建神经网络可以如此简单！

1. 安装

安装 Keras 之前首先需要安装 NumPy、SciPy 和 Theano。安装 Theano 之前首先需要准备一个 C++ 编译器。Linux 系统自带该编译器，因此，在 Linux 系统下安装 Theano 和 Keras 都非常简单，只需要下载源代码，然后用 python setup.py install 安装就行了，具体可以参考官方文档。

可是在 Windows 系统下就没有那么简单了，因为它没有现成的编译环境，一般需要先安装 MinGW（Windows 系统下的 GCC 和 G++），然后再安装 Theano（提前装好 NumPy 等依赖库），最后安装 Keras，如果要实现 GPU 加速，还需要安装和配置 CUDA。限于篇幅，对于 Windows 系统下 Theano 和 Keras 的安装配置，本书不做详细介绍。

值得一提的是，在 Windows 系统下 Keras 的速度会大打折扣，因此，想要在神经网络、深度学习做深入研究的读者，请在 Linux 系统下搭建相应的环境。

参考链接：

❑ http://deeplearning.net/software/theano/install.html#install。

2. 使用

用 Keras 搭建神经网络模型的过程相当简单，也相当直观，就像搭积木一般，通过短短几十行代码，就可以搭建一个非常强大的神经网络模型，甚至深度学习模型。简单搭建一个 MLP（多层感知器），如代码清单 2-34 所示。

代码清单 2-34　搭建一个 MLP（多层感知器）

```
# -*- coding: utf-8 -*-
from keras.models import Sequential
from keras.layers.core import Dense, Dropout, Activation
from keras.optimizers import SGD

model = Sequential()                        # 模型初始化
model.add(Dense(20, 64))                    # 添加输入层（20节点）、第一隐藏层（64节点）的连接
model.add(Activation('tanh'))               # 第一隐藏层用tanh作为激活函数
model.add(Dropout(0.5))                     # 使用Dropout防止过拟合
model.add(Dense(64, 64))                    # 添加第一隐藏层（64节点）、第二隐藏层（64节点）的连接
model.add(Activation('tanh'))               # 第二隐藏层用tanh作为激活函数
model.add(Dropout(0.5))                     # 使用Dropout防止过拟合
model.add(Dense(64, 1))                     # 添加第二隐藏层（64节点）、输出层（1节点）的连接
model.add(Activation('sigmoid'))            # 输出层用sigmoid作为激活函数

sgd = SGD(lr=0.1, decay=1e-6, momentum=0.9, nesterov=True) # 定义求解算法
model.compile(loss='mean_squared_error', optimizer=sgd) # 编译生成模型，损失函数为平
                                                        # 均误差平方和

model.fit(X_train, y_train, nb_epoch=20, batch_size=16) # 训练模型
score = model.evaluate(X_test, y_test, batch_size=16)   # 测试模型
```

需要注意的是，Keras 的预测函数与 scikit-learn 有所差别，Keras 用 model.predict() 方法给出概率，用 model.predict_classes() 给出分类结果。

参考链接：

❑ https://keras.io/。

2.3.8　Gensim

在 Gensim 官网中，Gensim 的简介只有一句话：topic modelling for humans！

Gensim 用于处理语言方面的任务，如文本相似度计算、LDA、Word2Vec 等，这些领域的任务往往需要比较多的背景知识。

在这一节中，我们只是提醒读者存在这么一个库，而且这个库很强大，如果读者想深入了解这个库，可以去阅读官方帮助文档或参考链接。

值得一提的是，Gensim 把 Google 在 2013 年开源的著名的词向量构造工具 Word2Vec 作为子库，因此需要用到 Word2Vec 的读者也可以直接使用 Gensim，而无须自行编译。Gensim 的作者对 Word2Vec 的代码进行了优化，所以它在 Gensim 下的速度比原生的 Word2Vec 还要快。为了实现加速，需要准备 C++ 编译器环境，因此，建议使用 Gensim 的 Word2Vec 的读者在 Linux 系统环境下运行。

下面是一个 Gensim 使用 Word2Vec 的简单例子，如代码清单 2-35 所示。

代码清单 2-35　Gensim 使用 Word2Vec 的简单示例

```
# -*- coding: utf-8 -*-
import gensim, logging
logging.basicConfig(format='%(asctime)s : %(levelname)s : %(message)s', level=
    logging.INFO)
# logging用来输出训练日志

# 分好词的句子，每个句子以词列表的形式输入
sentences = [['first', 'sentence'], ['second', 'sentence']]

# 用以上句子训练词向量模型
model = gensim.models.Word2Vec(sentences, min_count=1)

print(model['sentence'])   # 输出单词sentence的词向量
```

参考链接：

❑ http://radimrehurek.com/gensim/。

2.3.9　TensorFlow

TensorFlow 是一个由 Google 开发的开源框架，旨在支持各种机器学习和深度学习算

法的实现与优化。

TensorFlow 的核心是使用数据流图来表示计算，其中节点表示操作或数学运算，连线表示数据流动。这种图形化的表示方法使得 TensorFlow 能够高效地利用计算资源，包括多核 CPU 和 GPU，甚至分布式计算环境。数据流图的简单示例如图 2-5 所示。首先分别输入值 4 和 2 到两个明确的输入节点 a 和节点 b。节点 c 表示乘法运算，它从节点 a 和节点 b 接收输入值 4 和 2，并将运算结果 8 输出到节点 e。节点 d 表示加法运算，它将计算结果 6 传递给节点 e。最后，该数据流图的终点节点 e 接收输入值 8 和 6，将两者相加，并输出最终结果 14。

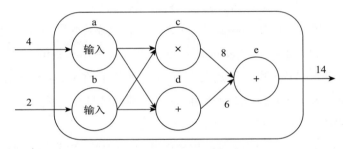

图 2-5　数据流图的简单示例

TensorFlow 提供了丰富的 API，支持多种编程语言，包括 Python、C++ 和 Java。用户可以使用这些 API 来构建、训练和部署各种类型的机器学习模型，从简单的线性回归模型到复杂的深度神经网络模型。

除了核心功能之外，TensorFlow 还提供了各种工具和扩展库，如 TensorBoard 可视化工具、TensorFlow Serving 模型部署工具等，以帮助用户更好地管理和理解机器学习模型。

总之，TensorFlow 是一个功能强大、灵活且易于使用的机器学习框架，被广泛应用于图像识别、自然语言处理、语音识别等领域。

1. 安装

TensorFlow CPU 版本和 TensorFlow GPU 版本是针对不同硬件平台的优化版本。

TensorFlow CPU 版本：TensorFlow 的默认版本，适用于在不具备 GPU 加速的计算机上运行。它使用 CPU 进行计算，能够有效地处理大规模的数据集和复杂的计算任务。TensorFlow CPU 版本具有广泛的兼容性，几乎可以在所有支持 Python 的操作系统上运行。

TensorFlow GPU 版本：专门针对装有支持 CUDA 的 NVIDIA 显卡的计算机而设计

的版本，且该版本针对的是模型训练和推理的优化，而非开发。利用 GPU 的并行计算能力加速深度学习计算。相比 CPU 版本，TensorFlow GPU 版本在训练和推理速度上有明显提升。GPU 版本可以充分利用显卡的多个核心进行并行计算，从而加快模型训练的速度，特别适用于处理大规模的数据集和复杂的神经网络模型。

总之，TensorFlow GPU 版本旨在利用 GPU 的并行计算能力来加速完成深度学习任务，而 TensorFlow CPU 版本则是在没有 GPU 加速的情况下运行的通用版本。两种版本的安装方式如下。

1）安装 TensorFlow CPU 版本。打开命令行终端或 Anaconda Prompt，输入以下命令安装 TensorFlow CPU 版本：pip install tensorflow。

2）安装 TensorFlow GPU 版本。在安装 TensorFlow GPU 版本之前，需要确保以下 4 点。

①检查显卡是否支持：首先要确保使用的显卡支持 CUDA 加速。可以在 NVIDIA 官方网站上查找相应的显卡系列和型号来确认。

②安装 NVIDIA 显卡驱动和 CUDA：首先需要安装与计算机显卡型号匹配的 NVIDIA 显卡驱动和 CUDA。可以在 NVIDIA 官网上下载相应版本的驱动和 CUDA，并按照提示进行安装。

③安装 cuDNN：cuDNN 是 NVIDIA 提供的 GPU 加速库，可用于加速深度学习计算。在安装完成 CUDA 后，需要下载对应版本的 cuDNN 并解压到 CUDA 安装目录中的相应文件夹下。

此外，需要注意的是，不同版本的 TensorFlow GPU、CUDA、cuDNN 和 Python 之间存在严格的对应关系，在安装 TensorFlow GPU 版本时，需要确保 TensorFlow 与 CUDA、cuDNN 和 Python 的版本兼容。一些常用的 TensorFlow GPU 版本与对应的 CUDA、cuDNN 和 Python 版本如表 2-5 所示。

表 2-5　TensorFlow GPU 版本与对应的 CUDA、cuDNN 和 Python 版本

TensorFlow GPU 版本	CUDA 版本	cuDNN 版本	Python 版本
2.7	11.4	8.2.2	3.6-3.10
2.6	11.3	8.1	3.6-3.10
2.5	11.0	8.0	3.6-3.9
2.4	11.0	8.0	3.6-3.8
2.3	10.1	7.6	3.5-3.8

④配置环境变量：将 Python、pip、CUDA 和 cuDNN 的安装路径添加到环境变量中，使其可以在任意路径下访问。在 Windows 系统中，可以通过以下步骤配置环境变量：右键单击计算机，选择属性，在左侧导航栏中选择高级系统设置，在弹出的窗口中选择"环境变量"，在"系统变量"中找到"Path"，双击编辑，将 Python、pip、CUDA 和 cuDNN 的安装路径添加到末尾，多个路径之间用分号隔开。

完成上述操作后，打开命令行终端或 Anaconda Prompt，输入以下命令安装 Tensor-Flow GPU 版本：pip install tensorflow-gpu。

安装完成后，可以验证 TensorFlow 是否成功使用 GPU 加速，如代码清单 2-36 所示。如果输出为 True，则表示 TensorFlow 成功使用 GPU 进行了加速。

代码清单 2-36　安装 TensorFlow GPU 版本

```
import tensorflow as tf
print("GPU available:", tf.test.is_gpu_available())
```

参考链接：

❑ https://www.tensorflow.org/。

2. 使用

TensorFlow 2.0 及其后续版本已经整合了 Keras 高级 API 作为其默认的高级深度学习 API，在充分发挥 TensorFlow 优势的同时，模型构建变得更加简洁、灵活。这使得开发者能够更加高效地进行深度学习模型开发，并且能够快速迭代和实验不同的模型架构。

使用 TensorFlow 的 Keras 高级 API 来构建一个简单的前馈神经网络模型，用于识别 MNIST 数据集中的手写数字。示例包括数据加载，模型构建、编译、训练、评估和预测等，如代码清单 2-37 所示。

代码清单 2-37　构建简单的前馈神经网络模型

```
import tensorflow as tf
from tensorflow.keras import layers, models
import numpy as np

# 加载 MNIST 数据集
mnist = tf.keras.datasets.mnist
(train_images, train_labels), (test_images, test_labels) = mnist.load_data()

# 对数据进行归一化处理
train_images, test_images = train_images / 255.0, test_images / 255.0
```

```
# 构建神经网络模型
model = models.Sequential([
    # 输入层，将 28x28 的图像展平为784维向量
    layers.Flatten(input_shape=(28, 28)),
    layers.Dense(128, activation='relu'),          # 隐藏层，128 个神经元
    layers.Dropout(0.2),                           # Dropout 层，防止过拟合
    layers.Dense(10, activation='softmax')         # 输出层，10个神经元，代表0～9十个
                                                   # 数字的概率分布
])

# 编译模型
model.compile(optimizer='adam', loss='sparse_categorical_crossentropy', metrics=
    ['accuracy'])

# 训练模型
model.fit(train_images, train_labels, epochs=5)

# 评估模型
test_loss, test_acc = model.evaluate(test_images, test_labels, verbose=2)
print('\nTest accuracy:', test_acc)

# 使用模型进行预测
predictions = model.predict(test_images)
```

2.3.10　PyTorch

　　PyTorch 是一个由 Facebook 的人工智能研究团队开发和维护的开源深度学习框架，提供了强大的张量计算功能以及灵活的深度学习构建模块，使得用户可以轻松地构建和训练复杂的神经网络模型。PyTorch 的主要功能介绍如下。

　　1）张量操作：PyTorch 提供了丰富的张量操作函数，可以高效地进行张量运算，并支持 GPU 加速。这使得 PyTorch 成为一个强大的科学计算工具，不仅适用于深度学习任务，还适用于各种数值计算和科学研究。

　　2）动态计算图：PyTorch 使用动态计算图，使得用户可以使用 Python 的控制流语句（如 if、for 循环等）来定义计算图，从而实现更加灵活和动态的模型构建。

　　3）自动微分：PyTorch 提供了自动微分机制，可以自动计算张量操作的梯度，这对于训练神经网络模型来说非常重要。用户可以通过调用 backward() 方法来实现反向传播，从而计算出模型参数的梯度。

　　4）神经网络构建模块：PyTorch 提供了丰富的神经网络构建模块，包括各种类型的

层（全连接层、卷积层、循环神经网络层等）、激活函数、损失函数等。用户可以方便地使用这些模块来构建自己的神经网络模型。

5）模型训练和优化：PyTorch 提供了优化器（如 SGD、Adam 等）以及各种常用的损失函数，可以帮助用户方便地训练和优化模型。

6）模型部署和导出：PyTorch 支持将训练好的模型导出为 ONNX 格式，这使得用户可以将模型部署到其他深度学习框架或者在不同的平台上运行。

7）丰富的工具和库：PyTorch 生态系统中有许多与深度学习相关的工具和库，包括用于计算机视觉任务的 torchvision、用于自然语言处理任务的 torchtext 等。

总之，PyTorch 提供了丰富的功能和很好的灵活性，适用于各种深度学习任务，在学术界和工业界得到广泛应用。

1. 安装

PyTorch CPU 版本和 PyTorch GPU 版本是针对不同硬件平台的优化版本。两种版本的安装方式如下。

1）安装 PyTorch CPU 版本。打开命令行终端或 Anaconda Prompt，输入以下命令安装 PyTorch CPU 版本：pip install torch torchvision。

2）安装 PyTorch GPU 版本。与安装 TensorFlow GPU 版本类似，在安装完 NVIDIA 显卡驱动、CUDA 工具包和 cuDNN 之后，按照代码清单 2-38 安装 PyTorch GPU 版本。

代码清单 2-38　安装 PyTorch GPU 版本

```
# 打开Anaconda Prompt或者命令行窗口，创建一个新的虚拟环境
conda create --name myenv
# 激活虚拟环境
conda activate myenv
# 安装PyTorch GPU版本
pip install torch torchvision torchaudio -f https://download.pytorch.org/whl/
    cu111/torch_stable.html
# 安装完成后，可以使用以下命令测试PyTorch是否正确安装
# 如果输出为True，则表示 PyTorch GPU版本已经正确安装并且可以使用GPU进行计算
python -c "import torch; print(torch.cuda.is_available())"
```

参考链接：

❑ https://pytorch.org/。

2. 使用

使用 PyTorch 构建和训练一个简单的全连接神经网络（多层感知器），用于识别

MNIST 数据集中的手写数字。示例包括数据加载，模型构建、编译、训练、评估和预测等，如代码清单 2-39 所示。

代码清单 2-39　搭建多层感知器模型

```python
import torch
import torch.nn as nn
import torch.optim as optim
from torch.utils.data import DataLoader
from torchvision.datasets import MNIST
from torchvision.transforms import ToTensor
from tqdm import tqdm

# 定义神经网络模型
class MLP(nn.Module):
    def __init__(self, input_size, hidden_size, num_classes):
        super(MLP, self).__init__()
        self.fc1 = nn.Linear(input_size, hidden_size)
        self.relu = nn.ReLU()
        self.fc2 = nn.Linear(hidden_size, num_classes)

    def forward(self, x):
        out = self.fc1(x)
        out = self.relu(out)
        out = self.fc2(out)
        return out

# 设置超参数
input_size = 784
hidden_size = 128
num_classes = 10
learning_rate = 0.001
batch_size = 64
num_epochs = 10

# 加载数据集
train_dataset = MNIST(root='data/', train=True, transform=ToTensor(), download=True)
test_dataset = MNIST(root='data/', train=False, transform=ToTensor())
train_loader = DataLoader(dataset=train_dataset, batch_size=batch_size, shuffle=True)
test_loader = DataLoader(dataset=test_dataset, batch_size=batch_size, shuffle=False)

# 初始化模型和损失函数
model = MLP(input_size, hidden_size, num_classes)
criterion = nn.CrossEntropyLoss()
optimizer = optim.Adam(model.parameters(), lr=learning_rate)

# 训练模型
```

```
for epoch in range(num_epochs):
    total_loss = 0
    for images, labels in tqdm(train_loader):
        images = images.reshape(-1, input_size)
        labels = labels

        # 前向传播和计算损失
        outputs = model(images)
        loss = criterion(outputs, labels)

        # 反向传播和优化
        optimizer.zero_grad()
        loss.backward()
        optimizer.step()

        total_loss += loss.item()

    print(f'Epoch {epoch+1}/{num_epochs}, Loss: {total_loss/len(train_loader):.4f}')

# 在测试集上评估模型
model.eval()
with torch.no_grad():
    correct = 0
    total = 0
    for images, labels in test_loader:
        images = images.reshape(-1, input_size)
        labels = labels
        outputs = model(images)
        _, predicted = torch.max(outputs.data, 1)
        total += labels.size(0)
        correct += (predicted == labels).sum().item()

    accuracy = correct / total
    print(f'Test Accuracy: {accuracy:.4f}')
```

2.3.11　PaddlePaddle

PaddlePaddle（百度深度学习框架）是一个开源的深度学习平台，旨在为用户提供高效、灵活和易用的工具来完成深度学习任务。PaddlePaddle 的主要功能介绍如下。

1）丰富的模型库：PaddlePaddle 提供了丰富的模型库，涉及图像分类、目标检测、语义分割、机器翻译、语音识别等多个领域。这些模型库使得用户可以快速搭建和使用各种复杂的深度学习模型。

2）丰富的预训练模型：PaddlePaddle 作为一个深度学习框架，也提供了丰富的预训练模型。这些预训练模型已经在大规模数据集上进行了训练，可以直接应用于各种具体任务，从而加速模型的训练和优化，并提高模型的效果和泛化能力。

预训练（Pre-training）是一种常见的深度学习技术，它通过在大规模数据集上进行训练来初始化神经网络的参数，从而提高模型的泛化能力和效果。它的目的是通过学习通用的特征表示，为后续的具体任务提供更好的初始化参数。在深度学习领域，预训练的应用十分广泛。例如，在自然语言处理领域，预训练模型可以使用大规模文本语料库来学习通用的词向量表示，从而提高后续 NLP 任务的效果；在计算机视觉领域，预训练模型可以使用大规模图像数据集来学习通用的特征表示，从而提高后续图像分类、目标检测等任务的效果。PaddlePaddle 中的预训练模型及其说明如表 2-6 所示。

表 2-6　预训练模型及其说明

模　型	说　明
ERNIE	基于海量中文语料库的预训练模型，适用于各种中文自然语言处理任务
ResNet	在 ImageNet 等数据集上进行了预训练的深度卷积神经网络，可以用于图像分类、目标检测等任务
MobileNet	基于轻量级卷积神经网络的预训练模型，适用于移动设备等资源有限的场景
DeepLabv3+	基于 DeepLabv3 网络的预训练模型，适用于图像分割和语义分割等任务

3）高性能计算：PaddlePaddle 具备优化后的计算引擎，可以充分利用多核 CPU 和 GPU 资源，提供高性能的计算能力。同时，PaddlePaddle 还支持分布式训练和推理，可以在多台机器上同时进行训练和预测，加速深度学习任务的完成。

4）易用的 API 和工具：PaddlePaddle 提供了简洁易用的 API 和工具，使得用户可以轻松地构建、训练和部署深度学习模型。PaddlePaddle 的 API 设计简洁清晰，能够提高开发效率和代码可读性。此外，PaddlePaddle 还提供了可视化工具，以帮助用户更好地理解模型的训练过程和结果。

5）端到端的深度学习平台：PaddlePaddle 支持从数据处理、模型设计到训练和部署的全流程深度学习任务。用户可以使用 PaddlePaddle 进行数据预处理、模型调优、训练和推理等，无须切换不同的工具或平台，从而提高开发效率。

6）跨平台支持：PaddlePaddle 支持多种操作系统（包括 Linux 和 Windows）、多种编程语言（包括 Python 和 C++），以及多种硬件平台（如 CPU 和 GPU），使得用户可以根据自己的需求选择合适的平台和环境完成深度学习任务。

总之，PaddlePaddle 是一款功能强大、易用性高的深度学习平台，提供了丰富的模型库、高性能计算、易用的 API 和工具，以及端到端的深度学习支持。它可以帮助用户快速构建、训练和部署各种复杂的深度学习模型。

1. 安装

PaddlePaddle CPU 版本和 PaddlePaddle GPU 版本的安装方式如下。

1）安装 PaddlePaddle CPU 版本。打开命令行终端或 Anaconda Prompt，输入以下命令安装 PaddlePaddle CPU 版本：pip install paddlepaddle。

2）安装 PaddlePaddle GPU 版本。与安装 PyTorch GPU 版本类似，只需在激活虚拟环境后，使用以下命令安装 PaddlePaddle GPU 版本：pip install paddlepaddle-gpu。

参考链接：

❏ https://www.paddlepaddle.org.cn/。

2. 使用

使用预训练的 ERNIE 模型进行文本分类。示例包括预训练模型的加载、配置、推理，如代码清单 2-40 所示。

代码清单 2-40　利用 ERNIE 模型进行文本分类

```
import paddle
from paddlenlp.transformers import ErnieTokenizer, ErnieForSequenceClassification

# 加载预训练模型和分词器
model_name = 'ernie-1.0'
tokenizer = ErnieTokenizer.from_pretrained(model_name)
model = ErnieForSequenceClassification.from_pretrained(model_name)

# 配置和初始化模型
model.eval()                                    # 设置为评估模式
label_map = {0: 'Negative', 1: 'Positive'}      # 标签映射

# 输入文本
input_text = "这部电影太精彩了！"

# 分词和转换输入格式
tokens = tokenizer.tokenize(input_text)
input_ids = tokenizer.convert_tokens_to_ids(tokens)
input_tensor = paddle.to_tensor([input_ids])

# 进行推理
output = model(input_tensor)
```

```
probs = paddle.nn.functional.softmax(output, axis=1)
predicted_label = paddle.argmax(probs, axis=1).numpy()[0]

print("预测结果: ", label_map[predicted_label])
```

2.3.12　XGBoost

XGBoost（eXtreme Gradient Boosting）是一种基于梯度提升树的机器学习算法，被广泛应用于分类和回归问题。它是一种集成学习算法，通过集成多个弱分类器来提高预测性能。XGBoost 库是一个开源的机器学习库，用于实现 XGBoost 算法。它提供了高效、灵活且可扩展的实现。XGBoost 的主要功能介绍如下。

1）高性能：XGBoost 使用了优化后的梯度提升算法，通过并行计算和近似算法来提高训练和预测的速度。

2）可扩展性：XGBoost 支持在大规模数据集上进行训练，并能够处理高维特征。

3）正则化：XGBoost 提供了正则化技术，如 L1 和 L2 正则化，以防止过拟合。

4）特征重要性评估：XGBoost 可以通过计算特征的分裂得分或覆盖率来评估特征的重要性。

5）Python 和 R 接口：XGBoost 提供了 Python 和 R 两种主要编程语言的接口，方便用户使用和集成到自己的工作流程中。

1. 安装

在 Windows 系统上使用 pip 安装 XGBoost 的步骤如下。

首先需要确认已经安装了 Visual C++ Build Tools。可以通过以下链接下载并安装：https://visualstudio.microsoft.com/visual-cpp-build-tools/。

打开命令提示符（cmd），输入以下命令安装 XGBoost：pip install xgboost。

如果安装过程中出现错误，可以尝试使用以下命令安装特定版本的 XGBoost：pip install xgboost==0.90。其中，0.90 是 XGBoost 的版本号，可以根据实际需求进行调整。

安装完成后，可以使用以下命令测试是否成功安装 XGBoost：python -c "import xgboost"。如果没有报错，则表示 XGBoost 安装成功。

参考链接：

❑ https://xgboost.ai/。

2. 使用

下面是一个简单的 XGBoost 示例，用于演示如何使用 XGBoost 完成分类任务，如代码清单 2-41 所示。

代码清单 2-41　利用 XGBoost 库搭建分类模型

```python
import xgboost as xgb
from sklearn.datasets import load_breast_cancer
from sklearn.model_selection import train_test_split
from sklearn.metrics import accuracy_score

# 加载数据集
data = load_breast_cancer()
X, y = data.data, data.target

# 划分训练集和测试集
X_train, X_test, y_train, y_test = train_test_split(X, y, test_size=0.2, random_
    state=42)

# 构建 DMatrix 对象
dtrain = xgb.DMatrix(X_train, label=y_train)
dtest = xgb.DMatrix(X_test, label=y_test)

# 设置参数
params = {
    'max_depth': 3, 'eta': 0.1, 'objective': 'binary:logistic', 'eval_metric': 'error'
}

# 训练模型
num_rounds = 100
model = xgb.train(params, dtrain, num_rounds)

# 预测并评估模型
y_pred = model.predict(dtest)
y_pred = [int(round(value)) for value in y_pred]
accuracy = accuracy_score(y_test, y_pred)
print("Accuracy: %.2f%%" % (accuracy * 100.0))
```

首先使用 load_breast_cancer() 函数加载乳腺癌数据集，并将其划分为训练集和测试
集。然后，使用 xgb.DMatrix() 函数将数据转换为 DMatrix 对象，以便 XGBoost 进行处
理。接下来，设置参数，如 max_depth 表示树的最大深度，eta 表示学习率，objective 表
示损失函数，eval_metric 表示评估指标等。然后，使用 xgb.train() 函数训练模型，其中
num_rounds 表示迭代次数。最后，使用训练好的模型进行预测，并计算准确率作为评估
指标。

2.4　配套附件使用设置

本书附件资源是按照章节组织的，在附件的目录中会有 chapter3、chapter4 等章节。在基础篇的各章节目录下只包含"demo"文件夹（示例程序文件夹），其中包含 3 个子目录：code、data 和 tmp。code 为章节正文中使用的代码，data 为使用的数据文件，tmp 文件夹中存放临时文件或者示例程序运行的结果文件。

在实战篇章节如 chapter6 目录下面则包含"demo""test""拓展思考"文件夹，分别对应"示例程序""上机实验"和"拓展思考"。其中的"demo"文件夹和基础篇一致；"test"文件夹则主要针对上机实验部分的完整代码，其子目录结构和"示例程序"一致；包含"拓展思考"主要存储拓展思考部分的数据文件。

读者只需把整个章节如 chapter2 复制到本地，注意用到 pandas 的时候不要置于中文路径下，然后打开其中的示例程序即可运行程序并得到结果。这里需要注意的是，示例程序中使用的一些自定义函数在对应的章节可以找到相应的 .py 文件。同时示例程序中的参数初始化可能需要根据具体设置进行配置，如果与示例程序不同，请自行修改。

2.5　小结

本章主要对 Python 进行简单介绍，包括软件安装、使用入门和 Python 数据分析及挖掘的相关工具。由于 Python 包含多个领域的扩展库，而且扩展库的功能相当丰富，本章只介绍了与数据分析及挖掘相关的一小部分，包括高维数组、数值计算、可视化、机器学习、神经网络和语言模型等。这些扩展库包含的函数会在后续章节中进行实例分析，通过在 Python 平台上完成实际案例来掌握数据分析和挖掘的原理，培养读者应用数据分析和挖掘技术解决实际问题的能力。

数据探索

根据观测、调查收集到初步的样本数据集后，接下来要考虑的问题是：样本数据集的数量和质量是否满足模型构建的要求？有没有出现从未设想过的数据状态？其中有没有明显的规律和趋势？各因素之间有什么样的关联性？

通过检验数据集的数据质量、绘制图表、计算某些特征量等手段，对样本数据集的结构和规律进行分析的过程就是数据探索。数据探索有助于选择合适的数据预处理和建模方法，甚至可以解决一些通常由数据挖掘解决的问题。

本章从数据质量分析和数据特征分析两个角度对数据进行探索。

3.1 数据质量分析

数据质量分析是数据挖掘中数据准备过程的重要一环，是数据预处理的前提，也是数据挖掘分析结论有效性和准确性的基础。没有可信的数据，数据挖掘构建的模型将是空中楼阁。

数据质量分析的主要任务是检查原始数据中是否存在脏数据。脏数据一般是指不符合要求以及不能直接进行相应分析的数据。在常见的数据挖掘工作中，脏数据包括缺失值、异常值、不一致的值、重复数据及含有特殊符号（如 #、¥、*）的数据。

本节将主要对数据中的缺失值、异常值和数据的一致性进行分析。

3.1.1　缺失值分析

数据的缺失主要包括记录的缺失和记录中某个字段信息的缺失,两者都会造成分析结果不准确。下面从缺失值产生的原因及影响等方面展开分析。

1. 缺失值产生的原因

缺失值产生的原因主要有以下 3 点:

1)有些信息暂时无法获取,或者获取信息的代价太大。

2)有些信息是被遗漏的。可能是因为输入时认为该信息不重要、忘记填写或对数据理解错误等一些人为因素而遗漏,也可能是因为数据采集设备故障、存储介质故障、传输媒体故障等非人为因素而丢失。

3)属性值不存在。在某些情况下,缺失值并不意味着数据有错误。对一些对象来说某些属性值是不存在的,如一个未婚者的配偶姓名、一个儿童的固定收入等。

2. 缺失值的影响

缺失值的影响主要有以下 3 点:

1)数据挖掘建模将丢失大量的有用信息。

2)数据挖掘模型所表现出的不确定性更加显著,模型中蕴含的规律更难把握。

3)包含空值的数据会使建模过程陷入混乱,导致不可靠的输出。

3. 对缺失值的分析

对缺失值的分析主要从以下两方面进行:

1)使用简单的统计分析,可以得到含有缺失值的属性的个数以及每个属性的未缺失数、缺失数与缺失率等。

2)对于缺失值的处理,从总体上来说分为删除存在缺失值的记录、对可能值进行插补和不处理 3 种情况,这些将在 4.1.1 节详细介绍。

3.1.2　异常值分析

异常值分析是检验数据是否有录入错误,是否含有不合常理的数据。忽视异常值的存在是十分危险的,不加剔除地将异常值放入数据的计算分析过程中,会对结果造成不良影响。重视异常值,分析其产生的原因,常常成为发现问题进而改进决策的契机。

异常值是指样本中的个别值明显偏离其他的观测值。异常值也称为离群点,异常值分析也称为离群点分析。

1. 简单统计量分析

在进行异常值分析时，可以先对变量做一个描述性统计，进而查看哪些数据是不合理的。最常用的统计量是最大值和最小值，用来判断这个变量的取值是否超出了合理范围。如客户年龄的最大值为 199 岁，则可判断该变量的取值存在异常。

2. 3σ 原则

如果数据服从正态分布，在 3σ 原则下，异常值被定义为一组测定值中与平均值的偏差超过 3 倍标准差的值。在正态分布的假设下，距离平均值 3σ 之外的值出现的概率为 $P(|x-\mu|>3\sigma) \leqslant 0.003$ ，属于极个别的小概率事件。

如果数据不服从正态分布，也可以用远离平均值的标准差倍数来描述。

3. 箱形图分析

箱形图提供了识别异常值的一个标准：异常值通常被定义为小于 $Q_L - 1.5IQR$ 或大于 $Q_U + 1.5IQR$ 的值。Q_L 称为下四分位数，表示全部观察值中有四分之一的数据取值比它小；Q_U 称为上四分位数，表示全部观察值中有四分之一的数据取值比它大；IQR 称为四分位数间距，是上四分位数 Q_U 与下四分位数 Q_L 之差，其间包含了全部观察值的一半。

箱形图依据实际数据绘制，对数据没有任何限制性要求，如服从某种特定的分布形式，它只是真实直观地表现数据分布的本来面貌。同时，箱形图判断异常值的标准以四分位数和四分位距为基础，四分位数具有一定的鲁棒性：多达 25% 的数据可以变得任意远而不会严重扰动四分位数，所以异常值不能对这个标准施加影响。由此可见，箱形图识别异常值的结果比较客观，在识别异常值方面有一定的优越性，如图 3-1 所示。

某中型超市的销售额数据可能出现缺失值和异常值，如表 3-1 所示。

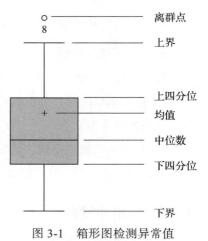

图 3-1　箱形图检测异常值

表 3-1　某中型超市销售额数据示例

时间	2023/3/5	2023/3/6	2023/3/7	2023/3/8	2023/3/9
销售额 / 元	21828	21043	22137	26229	

* 数据详见：demo/data/sales_data.csv。

分析某中型超市销售额数据可以发现，其中有部分数据是缺失的，但是如果数据记录和属性较多，使用人工分辨的方法就不切实际，所以这里需要编写程序来检测出含有缺失值的记录和属性以及缺失值个数和缺失率等。

在 Python 的 pandas 库中，只需要读入数据，然后使用 describe() 方法即可查看数据的基本情况，如代码清单 3-1 所示。

代码清单 3-1　使用 describe() 方法查看数据的基本情况

```
import pandas as pd
sales_data = '../data/sales_data.csv'       # 超市销售额数据
data = pd.read_csv(sales_data, index_col = u'日期', encoding='gbk')
                                            # 读取数据，指定"日期"列为索引列
print(data.describe())
```

* 代码详见：demo/code/01-abnormal_check.py。

代码清单 3-1 的运行结果如下：

```
            销售额/元
count       146.000000
mean      22942.842466
std       10156.061219
min       14537.000000
25%       16557.750000
50%       18755.000000
75%       23379.000000
max       57592.000000
```

其中 count 是非空值数，通过 len(data) 可以知道数据记录为 147 条，因此缺失值数为 1。另外，提供的基本参数还有平均值（mean）、标准差（std）、最小值（min）、最大值（max）以及 1/4、1/2、3/4 分位数（25%、50%、75%）。更直观地展示这些数据并检测异常值的方法是使用箱形图。它的 Python 检测代码如代码清单 3-2 所示。

代码清单 3-2　超市日销售额数据异常值检测

```
import matplotlib.pyplot as plt                     # 导入图像库
plt.rcParams['font.sans-serif'] = ['SimHei']        # 用来正常显示中文标签
plt.rcParams['axes.unicode_minus'] = False          # 用来正常显示负号

plt.figure()                                        # 建立图像
p = data.boxplot(return_type='dict')                # 画箱形图，直接使用DataFrame的方法
x = p['fliers'][0].get_xdata()                      # 'fliers'即异常值的标签
y = p['fliers'][0].get_ydata()
y.sort()                                            # 从小到大排序，该方法直接改变原对象
```

```
'''
用annotate添加注释
其中有些相近的点，注解会出现重叠，难以看清，需要使用一些技巧来控制
以下参数都是经过调试的，需要具体问题具体调试
'''
for i in range(len(x)):
    if i>0:
        plt.annotate(y[i], xy = (x[i],y[i]), xytext=(x[i]+0.05 -0.8/(y[i]-y[i-
            1]),y[i]))
    else:
        plt.annotate(y[i], xy = (x[i],y[i]), xytext=(x[i]+0.08,y[i]))

plt.show()  # 展示箱形图
```

*代码详见：demo/code/01-abnormal_check.py。

运行代码清单 3-2，可以得到如图 3-2 所示的箱形图。

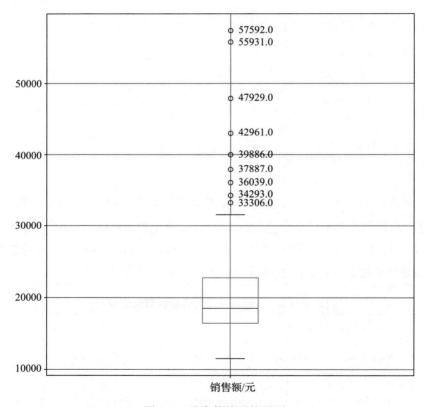

图 3-2 异常值检测箱形图

从图 3-2 可以看出，箱形图中超过上下界的 9 个日销售额数据可能为异常值。结合

具体业务可以把 33306.0、34293.0、36039.0、37887.0、39886.0、42961.0 归为正常值，把 47929.0、55931.0、57592.0 归为异常值。最后确定过滤规则为日销额在 10000 元以下或 45000 元以上则属于异常数据，编写过滤程序，进行后续处理。

3.1.3 一致性分析

数据不一致性是指数据的矛盾性、不相容性。直接对不一致的数据进行挖掘，可能会产生与实际相违背的挖掘结果。

在数据挖掘过程中，不一致的数据主要发生在数据集成的过程中，可能是由于被挖掘数据来自不同的数据源、对于重复存放的数据未能进行一致性更新造成的。例如，两张表中都存储了用户的电话号码，但在用户的电话号码发生改变时只更新了一张表中的数据，那么这两张表中就有了不一致的数据。

3.2 数据特征分析

对数据进行质量分析以后，接下来可通过绘制图表、计算某些特征量等手段进行数据特征分析。

3.2.1 分布分析

分布分析能揭示数据的分布特征和分布类型。对于定量数据，要想了解其分布形式是对称的还是非对称的、发现某些特大或特小的可疑值，可做出频率分布表、绘制频率分布直方图、绘制茎叶图进行直观分析；对于定性数据，可用饼图和柱形图直观地显示其分布情况。

1. 定量数据的分布分析

对于定量数据而言，选择"组数"和"组距"是做频率分布分析时最主要的问题，一般按照以下步骤进行：

第一步：求极差。

第二步：决定组距与组数。

第三步：决定分点。

第四步：列出频率分布表。

第五步：绘制频率分布直方图。

遵循的主要原则如下：

1）各组之间必须是相互排斥的。

2）各组必须将所有的数据包含在内。

3）各组的组距最好相等。

下面结合具体实例对定量数据进行分布分析。

表 3-2 是菜品"捞起生鱼片"在 2023 年第二个季度的销售数据，绘制销售量的频率分布表、频率分布图，对该定量数据做出相应的分析。

表 3-2 "捞起生鱼片"的销售情况

日　期	销售额（元）	日　期	销售额（元）	日　期	销售额（元）
2023/4/1	420	2023/5/1	1770	2023/6/1	3960
2023/4/2	900	2023/5/2	135	2023/6/2	1770
2023/4/3	1290	2023/5/3	177	2023/6/3	3570
2023/4/4	420	2023/5/4	45	2023/6/4	2220
2023/4/5	1710	2023/5/5	180	2023/6/5	2700
…	…	…	…	…	…
2023/4/30	450	2023/5/30	2220	2023/6/30	2700
		2023/5/31	1800		

* 数据详见：demo/data/catering_fish_congee.xls。

（1）求极差

$$极差 = 最大值 - 最小值 = 3960 - 45 = 3915 \qquad （3-1）$$

（2）分组

这里根据业务数据的含义，取组距为 500，则组数如式（3-2）所示。

$$组数 = \frac{极差}{组距} = \frac{3915}{500} = 7.83 \approx 8 \qquad （3-2）$$

（3）决定分点

分布区间如表 3-3 所示。

表 3-3 分布区间

[0,500)	[500,1000)	[1000,1500)	[1500,2000)
[2000,2500)	[2500,3000)	[3000,3500)	[3500,4000)

（4）绘制频率分布直方表[一]

根据分组区间得到如表 3-4 所示的频率分布表。其中，第 1 列将数据所在的范围分成若干组段，第 1 个组段要包括最小值，最后一个组段要包括最大值。习惯上将各组段设为左闭右开的半开区间，如第一个组段为 [0,500)。第 2 列组中值是各组段的代表值，由本组段的上限值和下限值相加除以 2 得到。第 3 列和第 4 列分别为频数和频率。第 5 列是累计频率，是否需要计算该列数值视情况而定。

表 3-4 频率分布表

组　　段	组中值 x	频　　数	频率 f	累计频率
[0,500)	250	15	16.48%	16.48%
[500,1000)	750	24	26.37%	42.85%
[1000,1500)	1250	17	18.68%	61.53%
[1500,2000)	1750	15	16.48%	78.01%
[2000,2500)	2250	9	9.89%	87.90%
[2500,3000)	2750	3	3.30%	91.20%
[3000,3500)	3250	4	4.40%	95.60%
[3500,4000)	3750	3	3.30%	98.90%
[4000,4500)	4250	1	1.10%	100.00%

（5）绘制频率分布直方图

若以 2023 年第二季度"捞起生鱼片"这道菜每天的销售额组段为横轴，以各组段的频率密度（频率与组距之比）为纵轴，表 3-4 中的数据可绘制成频率分布直方图，如代码清单 3-3 所示。

代码清单 3-3 "捞起生鱼片"的季度销售情况

```
import pandas as pd
import numpy as np
catering_sale = '../data/catering_fish_congee.xls'          # 餐饮数据
data = pd.read_excel(catering_sale,names=['date','sale'])    # 读取数据，指定"日期"
                                                               列为索引

bins = [0,500,1000,1500,2000,2500,3000,3500,4000]
labels = ['[0,500)','[500,1000)','[1000,1500)','[1500,2000)',
    '[2000,2500)','[2500,3000)','[3000,3500)','[3500,4000)']
```

[一] 方积乾. 生物医学研究的统计方法 [M]. 北京：高等教育出版社，2007:16-17.

```
data['sale分层'] = pd.cut(data.sale, bins, labels=labels)
aggResult = data.groupby(by=['sale分层'])['sale'].agg({'sale': np.size})

pAggResult = round(aggResult/aggResult.sum(), 2, ) * 100

import matplotlib.pyplot as plt                                          # 设置图框大小尺寸
plt.figure(figsize=(10,6))                                               # 绘制频率分布直方图
pAggResult['sale'].plot(kind='bar',width=0.8,fontsize=10)                # 用来正常显示中文标签
plt.rcParams['font.sans-serif'] = ['SimHei']
plt.title('季度销售额频率分布直方图',fontsize=20)
plt.show()
```

*代码详见：demo/code/02-feature_check.py。

运行代码清单 3-3 可得季度销售额频率分布直方图，如图 3-3 所示。

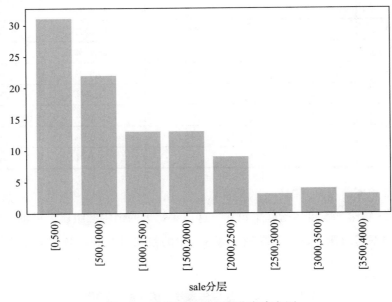

sale分层

图 3-3　季度销售额频率分布直方图

2. 定性数据的分布分析

对于定性数据，常常根据数据的分类类型来分组，可以采用饼图和柱形图来描述定性数据的分布情况，如代码清单 3-4 所示。

代码清单 3-4　不同菜品在某段时间的销售量的分布情况

```
import pandas as pd
import matplotlib.pyplot as plt
catering_dish_profit = '../data/catering_dish_profit.xls'    # 餐饮数据
data = pd.read_excel(catering_dish_profit)                   # 读取数据
```

```
# 绘制饼图
x = data['盈利/元']
labels = data['菜品名']
plt.figure(figsize = (8, 6))          # 设置画布大小
plt.pie(x,labels=labels)              # 绘制饼图
plt.rcParams['font.sans-serif'] = 'SimHei'
plt.title('菜品销售量分布（饼图）')    # 设置标题
plt.axis('equal')
plt.show()

# 绘制柱形图
x = data['菜品名']
y = data['盈利/元']
plt.figure(figsize = (8, 4))          # 设置画布大小
plt.bar(x,y)
plt.rcParams['font.sans-serif'] = 'SimHei'
plt.xlabel('菜品')                    # 设置x轴标题
plt.ylabel('盈利/元')                 # 设置y轴标题
plt.title('菜品销售量分布（柱形图）')  # 设置标题
plt.show()                            # 展示图片
```

* 代码详见：demo/code/02-feature_check.py。

　　饼图的每一个扇形部分代表每一种类型所占的百分比或频数，根据定性数据的类型数目将饼图分成几个部分，每个部分的大小与每一种类型的频数成正比。柱形图的高度代表每一种类型的百分比或频数，柱形图的宽度没有意义。

　　运行代码清单 3-4 可得不同菜品在某段时间的销售量分布图，如图 3-4 和图 3-5 所示。

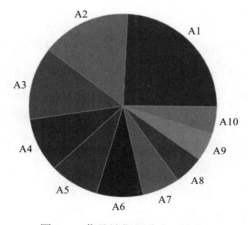

图 3-4　菜品销售量分布（饼图）

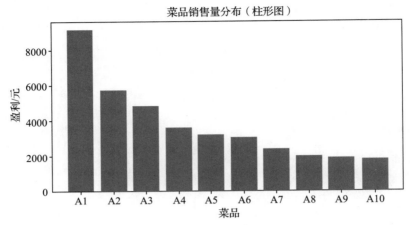

图 3-5　菜品的销售量分布（柱形图）

3.2.2　对比分析

对比分析是指把两个相互联系的指标进行比较，从数量上展示和说明研究对象的规模大小、水平高低、速度快慢以及各种关系是否协调。它特别适用于指标间的横纵向比较、时间序列的比较分析。在对比分析中，选择合适的对比标准是十分关键的，选得合适，才能做出客观评价，选得不合适，可能得出错误的结论。

对比分析主要有以下两种形式。

1. 绝对数比较

它是一种利用绝对数进行对比，从而寻找差异的方法。

2. 相对数比较

它是由两个有联系的指标对比计算的，用以反映客观现象之间数量联系程度的综合指标，其数值表现为相对数。由于研究目的和对比基础不同，相对数可以分为以下几种：

1）结构相对数：将同一总体内的部分数值与全部数值进行对比求得比重，用以说明事物的性质、结构或质量，如居民食品支出额占消费支出总额的比重、产品合格率等。

2）比例相对数：将同一总体内不同部分的数值进行对比，表明总体内各部分的比例关系，如人口性别比例、投资与消费比例等。

3）比较相对数：将同一时期两个性质相同的指标数值进行对比，说明同类现象在不同空间条件下的数量对比关系，如不同地区的商品价格对比，不同行业、不同企业间的某项指标对比等。

4）强度相对数：将两个性质不同但有一定联系的总量指标进行对比，用以说明现象的强度、密度和普遍程度，如人均国内生产总值用"元 / 人"表示，人口密度用"人 / 平方公里"表示，也有用百分数或千分数表示的，如人口出生率用"‰"表示。

5）计划完成程度相对数：将某一时期实际完成数与计划数进行对比，用以说明计划完成程度。

6）动态相对数：将同一现象在不同时期的指标数值进行对比，用以说明发展方向和变化速度，如发展速度、增长速度等。

以某城市不同快递类型之间的快递量为例，从时间维度分析，可以看到同城快递、异地快递、国际快递 3 种快递的快递量随时间的变化趋势，了解在此期间哪种快递的快递量高、趋势比较平稳，也可以对单一快递类型（同城快递）进行分析，了解各年份的快递量对比情况，如代码清单 3-5 所示。

代码清单 3-5　不同快递类型的快递量对比情况

```python
# 快递类型之间快递量比较
import pandas as pd
import matplotlib.pyplot as plt
data=pd.read_excel('../data/Business_volume.xls')
plt.figure(figsize=(8, 4))
plt.plot(data['月份'], data['同城快递量当期值/件'], color='green', label='同城快递量
    当期值/件',marker='o')
plt.plot(data['月份'], data['异地快递量当期值/件'], color='red', label='B异地快递量
    当期值/件',marker='s')
plt.plot(data['月份'], data['国际快递量当期值/件'],  color='skyblue', label='国际快
    递量当期值/件',marker='x')
plt.legend() # 显示图例
plt.ylabel('快递量/件')
plt.show()

# 同城快递各年份之间快递量的比较
data=pd.read_excel('../data/Business_volume_b.xls')
plt.figure(figsize=(8, 4))
plt.plot(data['月份'], data['2021年'], color='green', label='2021年',marker='o')
plt.plot(data['月份'], data['2022年'], color='red', label='2022年',marker='s')
plt.plot(data['月份'], data['2023年'],  color='skyblue', label='2023年',marker='x')
plt.legend() # 显示图例
plt.ylabel('快递量/件')
plt.show()
```

* 代码详见：demo/code/02-feature_check.py。

运行代码清单 3-5 可得 3 个快递类型的快递量随时间的变化趋势，以及同城快递在不同年份的快递量随时间的变化趋势，如图 3-6 与图 3-7 所示。

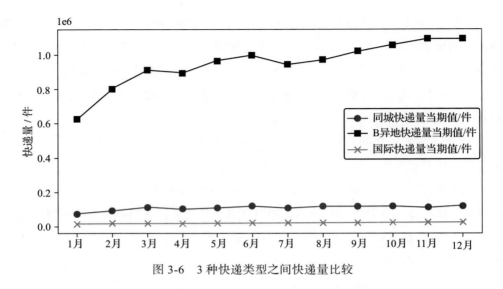

图 3-6   3 种快递类型之间快递量比较

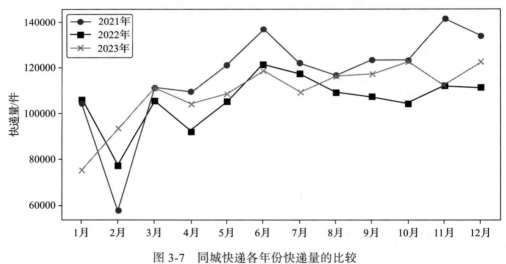

图 3-7   同城快递各年份快递量的比较

总体来看，3 种快递类型的快递量呈递增趋势；异地快递和国际快递的递增趋势比较平稳；同城快递的快递量的上升趋势比较明显，进一步分析造成这种现象的原因，可能是电子商务的兴起推动了同城快递服务的增长。

3.2.3   统计量分析

用统计指标对定量数据进行统计描述时，通常从集中趋势和离中趋势两个方面进行分析。

平均水平指标是对个体集中趋势的度量，使用最广泛的是均值和中位数；反映变异程度的指标则是对个体离开平均水平的度量，使用较广泛的是标准差（方差）、四分位间距。

1. 集中趋势度量

（1）均值

均值是所有数据的平均值。

如果求 n 个原始观察数据的平均数，计算公式如式（3-3）所示。

$$\text{mean}(x) = \bar{x} = \frac{\sum x_i}{n} \tag{3-3}$$

有时，为了反映在均值中不同成分的重要程度，为数据集中的每一个 x_i 赋予权重 w_i，这就得到了如式（3-4）所示的加权均值的计算公式。

$$\text{mean}(x) = \bar{x} = \frac{\sum w_i x_i}{\sum w_i} = \frac{w_1 x_1 + w_2 x_2 + \cdots + w_n x_n}{w_1 + w_2 + \cdots + w_n} \tag{3-4}$$

类似地，频率分布表（见表 3-4）的平均数可以使用式（3-5）计算。

$$\text{mean}(x) = \bar{x} = \sum f_i x_i = f_1 x_1 + f_2 x_2 + \cdots + f_k x_k \tag{3-5}$$

式中，$x_1, x_2, \cdots, x_k$ 分别为 k 个组段的组中值，$f_1, f_2, \cdots, f_k$ 分别为 k 个组段的频率。这里的 f_i 起权重作用。

作为一个统计量，均值对极端值很敏感。如果数据中存在极端值或者数据是偏态分布的，那么均值就不能很好地度量数据的集中趋势。为了消除少数极端值的影响，可以使用截断均值或者中位数来度量数据的集中趋势。截断均值是去掉高、低极端值之后的平均数。

（2）中位数

中位数是将一组观察值从小到大按顺序排列，位于中间的那个数据。也就是说，在全部数据中，小于和大于中位数的数据个数相等。

将某一数据集 $x : \{x_1, x_2, \cdots, x_n\}$ 按从小到大的排序 $\{x_1, x_2, \cdots, x_n\}$，当 n 为奇数时，中位数的计算公式如式（3-6）所示；当 n 为偶数时，中位数的计算公式如式（3-7）所示。

$$M = x_{\left(\frac{n+1}{2}\right)} \tag{3-6}$$

$$M = \frac{1}{2}\left(x_{\left(\frac{n}{2}\right)} + x_{\left(\frac{n}{2}+1\right)}\right) \tag{3-7}$$

（3）众数

众数是指数据集中出现最频繁的值。众数并不经常用来度量定性变量的中心位置，更适用于定性变量。众数不具有唯一性。当然，众数一般用于离散型变量而非连续型变量。

2. 离中趋势度量

（1）极差

极差是指最大值与最小值的差，计算公式如式（3-8）所示。

$$极差 = 最大值 - 最小值 \tag{3-8}$$

极差对数据集的极端值非常敏感，并且忽略了位于最大值与最小值之间的数据是如何分布的。

（2）标准差

标准差度量数据偏离均值的程度，计算公式如式（3-9）所示。

$$s = \sqrt{\frac{\sum (x_i - \bar{x})^2}{n}} \tag{3-9}$$

（3）变异系数

变异系数度量标准差相对于均值的离中趋势，计算公式如式（3-10）所示。

$$CV = \frac{s}{\bar{x}} \times 100\% \tag{3-10}$$

变异系数主要用来比较两个或多个具有不同单位或不同波动幅度的数据集的离中趋势。

（4）四分位数间距

四分位数包括上四分位数和下四分位数。将所有数值由小到大排列并分成 4 等份，处于第一个分割点位置的数值是下四分位数，处于第二个分割点位置（中间位置）的数值是中位数，处于第三个分割点位置的数值是上四分位数。

四分位数间距是指上四分位数 Q_U 与下四分位数 Q_L 之差，其间包含了全部观察值的一半。它的值越大，说明数据的变异程度越大；反之，说明变异程度越小。

前面已经提过，DataFrame 对象的 describe() 方法已经可以给出一些基本的统计量，根据这些统计量，可以衍生出我们所需要的统计量。针对某中型超市销量数据进行统计量分析，如代码清单 3-6 所示。

代码清单 3-6　某中型超市数据统计量分析

```
# 某中型超市数据统计量分析
import pandas as pd
```

```
sales_data = '../data/sales_data.csv'                          # 超市日营收额数据
# 读取数据, 指定"日期"列为索引列
data = pd.read_csv(sales_data, index_col='日期', encoding='gbk')
data = data[(data['销售额/元'] > 15000)&(data['销售额/元'] < 50000)] # 过滤异常数据
statistics = data.describe()                                   # 保存基本统计量

statistics.loc['range'] = statistics.loc['max']-statistics.loc['min']   # 极差
statistics.loc['var'] = statistics.loc['std']/statistics.loc['mean']  # 变异系数
statistics.loc['dis'] = statistics.loc['75%']-statistics.loc['25%']  # 四分位数间距

print(statistics)
```

* 代码详见: demo/code/02-feature_check.py。

运行代码清单 3-6 可以得到下面的结果,即某中型超市数据统计量分析情况。

```
            销售额/元
count       136.000000
mean      22113.529412
std        8494.352572
min       15137.000000
25%       16613.000000
50%       18755.000000
75%       23146.250000
max       47929.000000
range     32792.000000
var           0.384125
dis        6533.250000
```

3.2.4 周期性分析

周期性分析是探索某个变量是否随着时间的变化而呈现出某种周期变化趋势。时间尺度相对较长的周期性趋势有年度周期性趋势、季节性周期性趋势;时间尺度相对较短的有月度周期性趋势、周度周期性趋势,甚至更短的天、小时周期性趋势。

例如,要对正常用户和窃电用户 2023 年 2 月与 3 月的日用电量进行预测,可以分别分析正常用户和窃电用户的日用电量的时序图,来直观地估计其用电量变化趋势,如代码清单 3-7 所示。

代码清单 3-7　某单位日用电量预测分析

```
import pandas as pd
import matplotlib.pyplot as plt

df_normal = pd.read_csv("../data/user.csv")
plt.figure(figsize=(8,4))
plt.plot(df_normal["Date"],df_normal["Eletricity"])
```

```
plt.xlabel("日期")
plt.ylabel("每日电量/千瓦时")
# 设置x轴刻度间隔
x_major_locator = plt.MultipleLocator(7)
ax = plt.gca()
ax.xaxis.set_major_locator(x_major_locator)
plt.title("正常用户电量趋势")
plt.rcParams['font.sans-serif'] = ['SimHei']         # 用来正常显示中文标签
plt.show()                                           # 展示图片

# 窃电用户用电趋势分析
df_steal = pd.read_csv("../data/Steal user.csv")
plt.figure(figsize=(10, 9))
plt.plot(df_steal["Date"],df_steal["Eletricity"])
plt.xlabel("日期")
plt.ylabel("每日电量/千瓦时")
# 设置x轴刻度间隔
x_major_locator = plt.MultipleLocator(7)
ax = plt.gca()
ax.xaxis.set_major_locator(x_major_locator)
plt.title("窃电用户电量趋势")
plt.rcParams['font.sans-serif'] = ['SimHei']         # 用来正常显示中文标签
plt.show()                                           # 展示图片
```

* 代码详见：demo/code/02-feature_check.py。

运行代码清单 3-7 可得正常用户和窃电用户在 2023 年 2 月与 3 月的日用电量的时序图，分别如图 3-8 和图 3-9 所示。

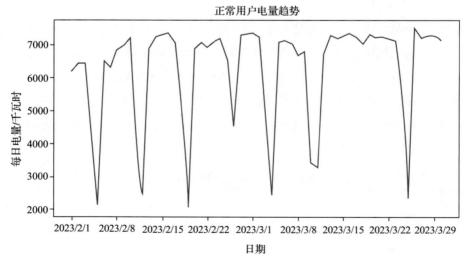

图 3-8　正常用户 2023 年 2 月与 3 月的日用电量时序图

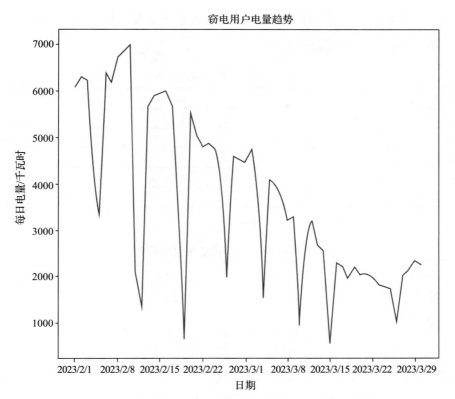

图 3-9　窃电用户 2023 年 2 月与 3 月的日用电量时序图

　　总体来看，正常用户 2023 年 2 月与 3 月的日用电量呈现出周期性，以周为周期，因为周末不上班，所以周末用电量较低。工作日和非工作日的用电量比较平稳，没有太大的波动。而窃电用户 2023 年 2 月与 3 月的日用电量呈现出递减趋势，同样周末的用电量是最低的。

3.2.5　贡献度分析

　　贡献度分析又称帕累托分析，它的原理是帕累托法则，又称 20/80 定律。同样的投入放在不同的地方会产生不同的效益。例如，对一个公司来讲，80% 的利润常常来自于 20% 最畅销的产品，而其他 80% 的产品只产生了 20% 的利润。

　　就餐饮企业来讲，应用贡献度分析可以重点改善某菜系盈利最高的前 80% 的菜品，或者重点发展综合影响最高的 80% 的部门。这种结果可以通过帕累托图直观地呈现出来。

表 3-5 是某餐饮系统对应的菜品盈利数据，绘制菜品盈利数据帕累托图，如代码清单 3-8 所示，绘制出的图如图 3-10 所示。

表 3-5　餐饮系统菜品盈利数据

菜品 ID	17148	17154	109	117	17151
菜品名	A1	A2	A3	A4	A5
盈利 / 元	9173	5729	4811	3594	3195
菜品 ID	14	2868	397	88	426
菜品名	A6	A7	A8	A9	A10
盈利 / 元	3026	2378	1970	1877	1782

* 数据详见：demo/data/catering_dish_profit.xls。

代码清单 3-8　绘制菜品盈利数据帕累托图

```python
# 菜品盈利数据 帕累托图
import pandas as pd

# 初始化参数
dish_profit = '../data/catering_dish_profit.xls' # 餐饮菜品盈利数据
data = pd.read_excel(dish_profit, index_col = '菜品名')
data = data['盈利/元'].copy()
data.sort_values(ascending = False)

import matplotlib.pyplot as plt                  # 导入图像库
plt.rcParams['font.sans-serif'] = ['SimHei']     # 用来正常显示中文标签
plt.rcParams['axes.unicode_minus'] = False       # 用来正常显示负号

plt.figure()
data.plot(kind='bar')
plt.ylabel('盈利/元')
p = 1.0*data.cumsum()/data.sum()
p.plot(color = 'r', secondary_y = True, style = '-o',linewidth = 2)
plt.annotate(format(p[6], '.4%'), xy = (6, p[6]), xytext=(6*0.9, p[6]*0.9), arrow
    props=dict(arrowstyle="->", connectionstyle="arc3,rad=.2"))
                                                 # 添加注释，即85%处的标记。这里包括
                                                 # 了指定箭头样式
plt.ylabel('盈利占比')
plt.show()
```

* 代码详见：demo/code/02-feature_check.py。

由图 3-10 可知，菜品 A1～A7 共 7 个菜品，占菜品种类数的 70%，总盈利额占该月盈利额的 85.0033%。根据帕累托法则，应该增加对菜品 A1～A7 的成本投入，减少对菜品 A8～A10 的成本投入，以获得更高的盈利额。

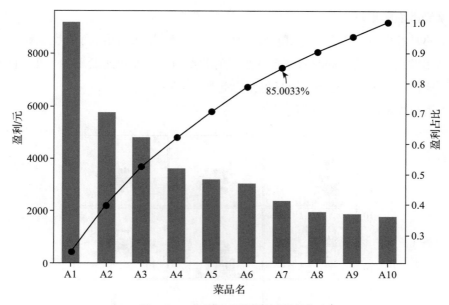

图 3-10　菜品盈利数据帕累托图

3.2.6　相关性分析

分析连续变量之间线性相关程度的强弱，并用适当的统计指标表示出来的过程称为相关性分析。

1. 直接绘制散点图

判断两个变量是否具有线性相关关系最直观的方法是绘制散点图，如图 3-11 所示。

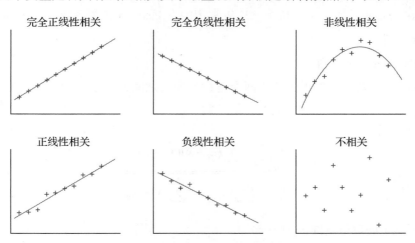

图 3-11　相关关系的散点图示例

2. 绘制散点图矩阵

需要同时考察多个变量间的相关关系时，一一绘制它们之间的简单散点图十分麻烦，此时可利用散点图矩阵来同时绘制各变量间的散点图，从而快速发现多个变量间的主要相关性，这在进行多元线性回归时显得尤为重要。

散点图矩阵示例如图 3-12 所示。

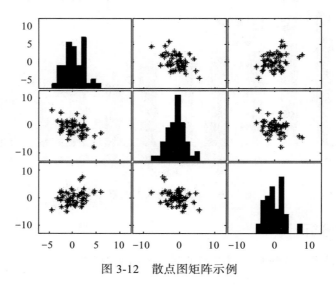

图 3-12   散点图矩阵示例

3. 计算相关系数

为了更加准确地描述变量之间的线性相关程度，可以通过相关系数的计算来进行相关分析。在二元变量的相关分析中，比较常用的有 Pearson 相关系数、Spearman 秩相关系数和判定系数。

（1）Pearson 相关系数

Pearson 相关系数一般用于分析两个连续性变量之间的关系，计算公式如式（3-11）所示。

$$r = \frac{\sum_{i=1}^{n}(x_i - \bar{x})(y_i - \bar{y})}{\sqrt{\sum_{i=1}^{n}(x_i - \bar{x})^2 \sum_{i=1}^{n}(y_i - \bar{y})^2}} \qquad (3\text{-}11)$$

相关系数 r 的取值范围：$-1 \leqslant r \leqslant 1$。

$$
\begin{cases}
r>0\text{为正相关关系，} r<0\text{为负相关关系} \\
|r|=0\text{表示不存在线性关系} \\
|r|=1\text{表示完全线性相关}
\end{cases}
$$

$0<|r|<1$ 表示存在不同程度的线性相关。

$$
\begin{cases}
|r|\leqslant 0.3\text{为极弱线性相关或不存在线性相关} \\
0.3<|r|\leqslant 0.5\text{为低度线性相关} \\
0.5<|r|\leqslant 0.8\text{为显著线性相关} \\
|r|>0.8\text{为高度线性相关}
\end{cases}
$$

（2）Spearman 秩相关系数

Pearson 相关系数要求连续变量的取值服从正态分布。不服从正态分布的变量、分类或等级变量之间的相关性可采用 Spearman 秩相关系数（也称等级相关系数）来描述，计算公式如式（3-12）所示。

$$
r_s = 1 - \frac{6\sum_{i=1}^{n}(R_i - Q_i)^2}{n(n^2-1)} \tag{3-12}
$$

对两个变量成对的取值分别按照从小到大（或者从大到小）的顺序编秩，R_i 代表 x_i 的秩次，Q_i 代表 y_i 的秩次，R_i-Q_i 为 x_i、y_i 的秩次之差。

表 3-6 给出了变量 $x(x_1, x_2, \cdots, x_i, \cdots, x_n)$ 秩次的计算过程。

表 3-6　秩次的计算过程

x_i 从小到大排序	从小到大排序时的位置	秩次 R_i
0.5	1	1
0.8	2	2
1.0	3	3
1.2	4	(4+5)/2=4.5
1.2	5	(4+5)/2=4.5
2.3	6	6
2.8	7	7

因为一个变量相同的取值必须有相同的秩次，所以在计算中采用的秩次是排序后所在位置的平均值。

只要两个变量具有严格单调的函数关系，那么它们就是完全 Spearman 相关的，这与

Pearson 相关不同，Pearson 相关只有在变量具有线性关系时才是完全相关的。

上述两种相关系数在实际应用计算中都要进行假设检验，如使用 t 检验方法检验显著性水平以确定相关程度。研究表明，在正态分布假设下，Spearman 秩相关系数与 Pearson 相关系数在效率上是等价的，而对于连续测量数据，更适合用 Pearson 相关系数来进行分析。

（3）判定系数

判定系数是相关系数的平方，用 r^2 表示，用来衡量回归方程对 y 的解释程度。判定系数的取值范围为 $0 \leqslant r^2 \leqslant 1$。$r^2$ 越接近于 1，表明 x 与 y 之间的相关性越强；r^2 接近于 0，表明两个变量之间几乎没有直线相关关系。

利用餐饮管理系统可以统计得到不同菜品的日销量数据，数据示例如表 3-7 所示。

表 3-7　菜品日销量数据

日期	百合酱蒸凤爪	翡翠蒸香茜饺	金银蒜汁蒸排骨	乐膳真味鸡	蜜汁焗餐包	生炒菜心	铁板酸菜豆腐	香煎韭菜饺	香煎萝卜糕	原汁原味菜心
2023/1/1	17	6	8	24	13	13	18	10	10	27
2023/1/2	11	15	14	13	9	10	19	13	14	13
2023/1/3	10	8	12	13	8	3	7	11	10	9
2023/1/4	9	6	6	3	10	9	9	13	14	13
2023/1/5	4	10	13	8	12	10	17	11	13	14
2023/1/6	13	10	13	16	8	9	12	11	5	9

* 数据详见：demo/data/catering_sale_all.xls。

分析这些菜品日销量数据之间的相关性可以得到不同菜品之间的相关关系，如是替补菜品、互补菜品或者没有关系，为原材料采购提供参考。其 Python 代码如代码清单 3-9 所示。

代码清单 3-9　餐饮销量数据相关性分析

```
# 餐饮销量数据相关性分析
import pandas as pd

catering_sale = '../data/catering_sale_all.xls'        # 餐饮数据，含有其他属性
data = pd.read_excel(catering_sale, index_col='日期')    # 读取数据，指定"日期"列
                                                        #   为索引列

print(data.corr())                                      # 相关系数矩阵，即给出了任
                                                        #   意两款菜式之间的相关系数
print(data.corr()['百合酱蒸凤爪'])                        # 只显示"百合酱蒸凤爪"与
                                                        #   其他菜式的相关系数
```

```
# 计算"百合酱蒸凤爪"与"翡翠蒸香茜饺"的相关系数
print(data['百合酱蒸凤爪'].corr(data['翡翠蒸香茜饺']))
```

* 代码详见：demo/code/02-feature_check.py。

代码清单 3-9 给出了 3 种不同形式的求相关系数的运算。运行代码清单 3-9，可以得到任意两款菜式之间的相关系数，如运行 " data.corr()[' 百合酱蒸凤爪 ']" 可以得到下面的结果：

```
百合酱蒸凤爪           1.000000
翡翠蒸香茜饺           0.009206
金银蒜汁蒸排骨          0.016799
乐膳真味鸡            0.455638
蜜汁焗餐包            0.098085
生炒菜心             0.308496
铁板酸菜豆腐           0.204898
香煎韭菜饺            0.127448
香煎萝卜糕            -0.090276
原汁原味菜心           0.428316
Name: 百合酱蒸凤爪, dtype: float64
```

从这个结果可以看出，"百合酱蒸凤爪"和"翡翠蒸香茜饺""金银蒜汁蒸排骨""香煎萝卜糕""铁板酸菜豆腐""香煎韭菜饺"等主食类菜品的相关性比较低，和"乐膳真味鸡""生炒菜心""原汁原味菜心"的相关性则比较高。

3.3　Python 的主要数据探索函数

Python 中用于数据探索的库主要是 pandas（数据分析）和 Matplotlib（数据可视化）。其中 pandas 提供了大量与数据探索相关的函数，这些数据探索函数可大致分为统计特征函数与统计绘图函数，而统计绘图函数依赖于 Matplotlib，所以往往又会跟 Matplotlib 结合在一起使用。本节对 pandas 中主要的统计特征函数与统计绘图函数进行介绍，并举出实例以便于理解。

3.3.1　基本统计特征函数

统计特征函数用于计算数据的均值、方差、标准差、分位数、相关系数、协方差等，这些统计特征能反映出数据的整体分布。本小节所介绍的统计特征函数如表 3-8 所示，它们主要作为 pandas 的对象 DataFrame 或 Series 的方法出现。

表 3-8　pandas 主要统计特征函数

方 法 名	函 数 功 能	所属库
sum()	计算数据样本的总和（按列计算）	pandas
mean()	计算数据样本的算术平均数	pandas
var()	计算数据样本的方差	pandas
std()	计算数据样本的标准差	pandas
corr()	计算数据样本的 Spearman（Pearson）相关系数矩阵	pandas
cov()	计算数据样本的协方差矩阵	pandas
skew()	样本值的偏度（三阶矩）	pandas
kurt()	样本值的峰度（四阶矩）	pandas
describe()	给出样本的基本描述（基本统计量如均值、标准差等）	pandas

1. sum()

1）功能

计算数据样本的总和（按列计算）。

2）使用格式

```
D.sum()
```

表示按列计算样本 D 的总和，样本 D 可为 DataFrame 或者 Series。

2. mean()

1）功能

计算数据样本的算术平均数。

2）使用格式

```
D.mean()
```

表示按列计算样本 D 的均值，样本 D 可为 DataFrame 或者 Series。

3. var()

1）功能

计算数据样本的方差。

2）使用格式

```
D.var()
```

表示按列计算样本 D 的均值，样本 D 可为 DataFrame 或者 Series。

4. std()

1）功能

计算数据样本的标准差。

2）使用格式

```
D.std()
```

表示按列计算样本 D 的标准差，样本 D 可为 DataFrame 或者 Series。

5. corr()

1）功能

计算数据样本的 Spearman（Pearson）相关系数矩阵。

2）使用格式

```
D.corr(method='pearson')
```

样本 D 可为 DataFrame，返回相关系数矩阵。method 参数为计算方法，支持 Pearson（皮尔森相关系数，默认选项）、Kendall（肯德尔系数）、Spearman（斯皮尔曼系数）。

```
S1.corr(S2, method='pearson')
```

S1、S2 均为 Series，这种格式用于计算两个 Series 之间的相关系数。

3）实例

计算两个列向量的相关系数，采用 Spearman 方法，如代码清单 3-10 所示。

代码清单 3-10　计算两个列向量的相关系数

```
import pandas as pd
D = pd.DataFrame([range(1, 8), range(2, 9)])      # 生成样本D，一行为1~7，一行为2~8
print(D.corr(method='spearman'))                  # 计算相关系数矩阵
S1 = D.loc[0]                                      # 提取第一行
S2 = D.loc[1]                                      # 提取第二行
print(S1.corr(S2, method='pearson'))              # 计算S1、S2的相关系数
```

* 代码详见：demo/code/03- 实例 .py。

6. cov()

1）功能

计算数据样本的协方差矩阵。

2）使用格式

```
D.cov()
```

样本 D 可为 DataFrame，返回协方差矩阵。

```
S1.cov(S2)
```

S1、S2 均为 Series，这种格式用于计算两个 Series 之间的协方差。

3）实例

计算 6×5 随机矩阵的协方差矩阵，如代码清单 3-11 所示。

代码清单 3-11　计算 6×5 随机矩阵的协方差矩阵

```
import numpy as np
D = pd.DataFrame(np.random.randn(6, 5))      # 产生6×5随机矩阵
print(D.cov())                               # 计算协方差矩阵
print(D[0].cov(D[1]))                        # 计算第一列和第二列的协方差
```

* 代码详见：demo/code/03- 实例 .py。

7. skew()/kurt()

1）功能

计算数据样本的偏度（三阶矩）/ 峰度（四阶矩）。

2）使用格式

```
D.skew()
D.kurt()
```

计算样本 D 的偏度（三阶矩）/ 峰度（四阶矩）。样本 D 可为 DataFrame 或 Series。

3）实例

计算 6×5 随机矩阵的偏度（三阶矩）/ 峰度（四阶矩），如代码清单 3-12 所示。

代码清单 3-12　计算 6×5 随机矩阵的偏度（三阶矩）/ 峰度（四阶矩）

```
import numpy as np
D = pd.DataFrame(np.random.randn(6, 5))    # 产生6×5随机矩阵
print(D.skew())                            # 计算偏度
print(D.kurt())                            # 计算峰度
```

* 代码详见：demo/code/03- 实例 .py。

8. describe()

1）功能

直接给出样本数据的一些基本的统计量，包括均值、标准差、最大值、最小值、分位数等。

2）使用格式

D.describe() 的括号里可以带一些参数，如 percentiles = [0.2, 0.4, 0.6, 0.8] 就是指定计算 0.2、0.4、0.6、0.8 分位数，而不是默认的 1/4、1/2、3/4 分位数。

3）实例

给出 6×5 随机矩阵的基本统计量，如代码清单 3-13 所示。

代码清单 3-13　6×5 随机矩阵的基本统计量

```
import numpy as np
D = pd.DataFrame(np.random.randn(6, 5))  # 产生6×5随机矩阵
print(D.describe())
```

* 代码详见：demo/code/03- 实例 .py。

3.3.2　拓展统计特征函数

除了上述基本统计特征函数外，pandas 还提供了另外一些非常方便、实用的计算统计特征的函数，主要有累积计算（cum）和滚动计算（pd.rolling_），如表 3-9 和表 3-10 所示。

表 3-9　pandas 累积计算统计特征函数

方 法 名	函 数 功 能	所 属 库
cumsum()	依次给出前 1, 2, ⋯, n 个数的和	pandas
cumprod()	依次给出前 1, 2, ⋯, n 个数的积	pandas
cummax()	依次给出前 1, 2, ⋯, n 个数的最大值	pandas
cummin()	依次给出前 1, 2, ⋯, n 个数的最小值	pandas

表 3-10　pandas 滚动计算统计特征函数

方 法 名	函 数 功 能	所 属 库
rolling_sum()	计算数据样本的总和（按列计算）	pandas
rolling_mean()	计算数据样本的算术平均数	pandas
rolling_var()	计算数据样本的方差	pandas
rolling_std()	计算数据样本的标准差	pandas
rolling_corr()	计算数据样本的 Spearman（Pearson）相关系数矩阵	pandas
rolling_cov()	计算数据样本的协方差矩阵	pandas
rolling_skew()	样本值的偏度（三阶矩）	pandas
rolling_kurt()	样本值的峰度（四阶矩）	pandas

其中，cum 系列函数是作为 DataFrame 或 Series 对象的方法出现的，因此命令格式为 D.cumsum()，而 rolling_ 系列函数是 pandas 的函数，不是 DataFrame 或 Series 对象的方法，因此，它们的使用格式为 pd.rolling_mean(D, k)，意思是每 k 列计算一次均值，滚动计算。

pandas 累积计算统计特征函数、滚动计算统计特征函数示例如代码清单 3-14 所示。

代码清单 3-14　pandas 累积计算统计特征函数、滚动计算统计特征函数示例

```
D = pd.Series(range(0, 20))    # 构造Series，内容为0～19共20个整数
print(D.cumsum())              # 给出前n项和
print(D.rolling(2).sum())      # 依次对相邻两项求和
```

* 代码详见：demo/code/03- 实例 .py。

3.3.3　统计绘图函数

通过统计绘图函数绘制的图表可以直观地反映出数据及统计量的性质及其内在规律，如箱形图可以表示多个样本的均值，误差条形图能同时显示下限误差和上限误差，最小二乘拟合曲线图能分析两个变量间的关系。

Python 的主要绘图库是 Matplotlib，在第 2 章中已经做了初步介绍，而 pandas 基于 Matplotlib 对某些命令做了简化，因此通常结合使用 Matplotlib 和 pandas 进行绘图。本小节仅简单地对一些基本的绘图进行介绍，而真正灵活地使用应当参考我们在书中所给出的各个绘图代码清单。本小节介绍的 Python 主要统计绘图函数如表 3-11 所示。

表 3-11　Python 主要统计绘图函数

绘图函数名	绘图函数功能	所属工具箱
plot()	绘制线性二维图、折线图	Matplotlib/pandas
pie()	绘制饼图	Matplotlib/pandas
hist()	绘制二维条形直方图，可显示数据的分配情形	Matplotlib/pandas
boxplot()	绘制样本数据的箱形图	pandas
plot(logy = True)	绘制 y 轴的对数图形	pandas
plot(yerr = error)	绘制误差条形图	pandas

在绘图之前，通常要加载如代码清单 3-15 所示的代码。

代码清单 3-15　绘图之前需要加载的代码

```
import matplotlib.pyplot as plt              # 导入绘图库
```

```
plt.rcParams['font.sans-serif'] = ['SimHei']      # 用来正常显示中文标签
plt.rcParams['axes.unicode_minus'] = False        # 用来正常显示负号
plt.figure(figsize=(7, 5))                        # 创建图像区域，指定比例
```

* 代码详见：demo/code/03- 实例 .py。

绘图完成后，一般通过 plt.show() 命令来显示绘图结果。

1. plot

1）功能

绘制线性二维图、折线图。

2）使用格式

```
plt.plot(x, y, S)
```

这是 Matplotlib 通用的绘图方法，绘制 y 对于 x（即以 x 为横轴）的二维图形，字符串参量 S 指定绘制时图形的类型、样式和颜色，常用的选项有："b"为蓝色、"r"为红色、"g"为绿色、"o"为圆圈、"+"为加号标记、"-"为实线、"--"为虚线。当 x、y 均为实数同维向量时，则描出点 $(x(i), y(i))$，然后用直线依次相连。

```
D.plot(kind = 'box')
```

这里使用 DataFrame 或 Series 对象内置的方法来绘图，默认以 Index 为横坐标，以每列数据为纵坐标自动绘图，通过 kind 参数指定绘图类型，支持 line（线）、bar（条形）、barh、hist（直方图）、box（箱形图）、kde（密度图）、area、pie（饼图）等，同时也能够接收 plt.plot() 中的参数。因此，如果数据已经被加载为 pandas 中的对象，那么以这种方式绘图是比较简洁的。

3）实例

在区间（$0 \leqslant x \leqslant 2\pi$）绘制一条蓝色的正弦虚线，并在每个坐标点标上五角星，如代码清单 3-16 所示，得到的图形如图 3-13 所示。

代码清单 3-16　绘制一条蓝色的正弦虚线

```
import numpy as np
x = np.linspace(0,2*np.pi,50)        # x坐标输入
y = np.sin(x)                         # 计算对应x的正弦值
plt.plot(x, y, 'bp--')                # 控制图形格式为蓝色带星虚线，显示正弦曲线
plt.show()
```

* 代码详见：demo/code/03- 实例 .py。

2. pie

1）功能

绘制饼图。

2）使用格式

```
plt.pie(size)
```

使用 Matplotlib 绘制饼图，其中 size 是一个列表，记录各个扇形的面积比例。pie 有丰富的参数，详情请参考下面的实例。

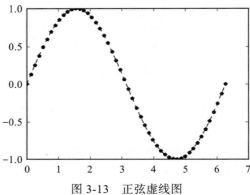

图 3-13　正弦虚线图

3）实例

通过向量 [15, 30, 45, 10] 绘制饼图，注上标签，并将第二部分分离出来，如代码清单 3-17 所示，得到的图形如图 3-14 所示。

代码清单 3-17　绘制饼图

```python
import matplotlib.pyplot as plt

# The slices will be ordered and plotted counter-clockwise.
labels = 'Frogs', 'Hogs', 'Dogs', 'Logs'  # 定义标签
sizes = [15, 30, 45, 10]                   # 每一块的比例
colors = ['yellowgreen', 'gold', 'lightskyblue', 'lightcoral']  # 每一块的颜色
explode = (0, 0.1, 0, 0)                   # 突出显示，这里仅仅突出显示第二块（即'Hogs'）

plt.pie(sizes, explode=explode, labels=labels, colors=colors, autopct='%1.1f%%',
        shadow=True, startangle=90)
plt.axis('equal')                          # 显示为圆（避免比例压缩为椭圆）
plt.show()
```

* 代码详见：demo/code/03- 实例 .py。

3. hist

1）功能

绘制二维条形直方图，可显示数据的分布情形。

2）使用格式

```
plt.hist(x, y)
```

其中，x 是待绘制直方图的一维数组。y 可以是整数，表示均匀分为 y 组；也可以是列表，列表的各个数字为分组的边界点（即手动指定分界点）。

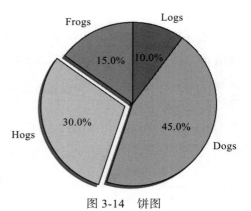

图 3-14　饼图

3）实例

绘制二维条形直方图，随机生成有 1000 个元素的服从正态分布的数组，分成 10 组绘制直方图，如代码清单 3-18 所示，得到的图形如图 3-15 所示。

代码清单 3-18　绘制二维条形直方图

```
import matplotlib.pyplot as plt
import numpy as np
x = np.random.randn(1000)
    # 1000个服从正态分布的随机数
plt.hist(x, 10)   # 分成10组绘制直方图
plt.show()
```

* 代码详见：demo/code/03- 实例 .py。

4. boxplot

1）功能

绘制样本数据的箱形图。

2）使用格式

```
D.boxplot()
D.plot(kind='box')
```

绘制 D 的箱形图时有两种比较简单的方式，一种是直接调用 DataFrame 的 box-plot() 方法，另一种是调用 Series 或者 Data-

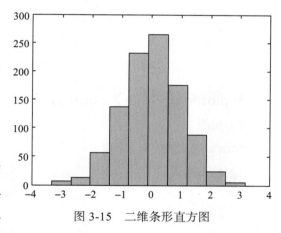

图 3-15　二维条形直方图

Frame 的 plot() 方法，并用 kind 参数指定箱形图（box）。其中，盒子的上、下四分位数和中值处有一条线段。箱形末端延伸出去的直线称为须，表示盒外数据的长度。如果在须外没有数据，则在须的底部有一点，点的颜色与须的颜色相同。

3）实例

绘制样本数据的箱形图时，样本由两组服从正态分布的随机数据组成，其中一组数据均值为 0，标准差为 1，另一组数据均值为 1，标准差为 1，如代码清单 3-19 所示，得到的图形如图 3-16 所示。

代码清单 3-19　绘制箱形图

```
import matplotlib.pyplot as plt
import numpy as np
import pandas as pd
x = np.random.randn(1000)                # 1000个服从正态分布的随机数
```

```
D = pd.DataFrame([x, x+1]).T  # 构造两列的DataFrame
D.plot(kind='box')            # 调用Series内置的绘图方法画图，用kind参数指定箱形图（box）
plt.show()
```

* 代码详见：demo/code/03- 实例 .py。

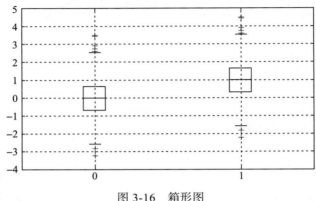

图 3-16　箱形图

5. plot(logx=True) / plot(logy=True)

1）功能

绘制 *x* 或 *y* 轴的对数图形。

2）使用格式

```
D.plot(logx=True)
D.plot(logy=True)
```

对 *x* 轴（*y* 轴）使用对数刻度（以 10 为底），*y* 轴（*x* 轴）使用线性刻度，进行 plot 函数绘图，D 为 pandas 的 DataFrame 或者 Series。

3）实例

构造指数函数数据，使用 plot(logy=True) 函数进行绘图，如代码清单 3-20 所示，得到的图形如图 3-17 所示。

代码清单 3-20　使用 plot(logy=True) 函数进行绘图

```
import matplotlib.pyplot as plt
plt.rcParams['font.sans-serif'] = ['SimHei']    # 用来正常显示中文标签
plt.rcParams['axes.unicode_minus'] = False      # 用来正常显示负号
import numpy as np
import pandas as pd

x = pd.Series(np.exp(np.arange(20)))            # 原始数据
```

```
plt.figure(figsize=(8, 9))                    # 设置画布大小
ax1 = plt.subplot(2, 1, 1)
x.plot(label='原始数据图', legend=True)

ax1 = plt.subplot(2, 1, 2)
x.plot(logy=True, label='对数数据图', legend=True)
plt.show()
```

* 代码详见：demo/code/03- 实例 .py。

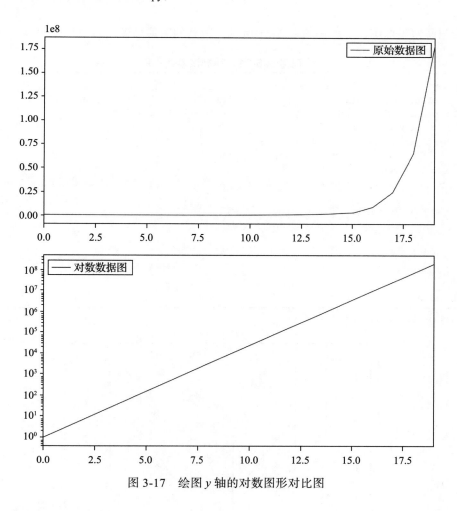

图 3-17　绘图 y 轴的对数图形对比图

6. plot(yerr=error)

1）功能

绘制误差条形图。

2）使用格式

```
D.plot(yerr=error)
```

绘制误差条形图时，D 为 pandas 的 DataFrame 或 Series，代表均值数据列，而 error 则是误差列，此命令可在 y 轴方向画出误差条形图；类似地，如果设置参数 xerr=error，则在 x 轴方向画出误差条形图。

3）实例

绘制误差条形图，如代码清单 3-21 所示，得到的图形如图 3-18 所示。

代码清单 3-21　绘制误差条形图

```python
import matplotlib.pyplot as plt
plt.rcParams['font.sans-serif'] = ['SimHei']        # 用来正常显示中文标签
plt.rcParams['axes.unicode_minus'] = False          # 用来正常显示负号
import numpy as np
import pandas as pd

# 生成随机误差值
error = np.abs(np.random.randn(10))                 # 取绝对值以确保误差为非负值

# 创建包含正弦数据的Pandas Series
y = pd.Series(np.sin(np.arange(10)))

# 绘制带有误差条的数据图
y.plot(yerr=error)

plt.show()
```

* 代码详见：demo/code/03- 实例 .py。

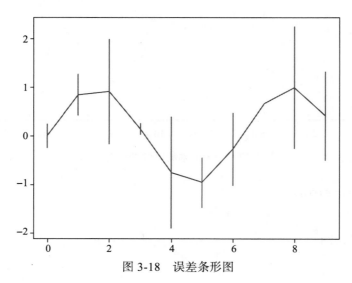

图 3-18　误差条形图

3.4 小结

本章从应用的角度出发，从数据质量分析和数据特征分析两个方面对数据进行探索分析，最后介绍了 Python 常用的数据探索函数及案例。数据质量分析要求我们在拿到数据后先检测是否存在缺失值和异常值；数据特征分析要求我们在数据挖掘建模前，通过频率分布分析、对比分析、帕累托分析、周期性分析、相关性分析等方法，对采集的样本数据的特征规律进行分析，以了解数据的规律和趋势，为数据挖掘的后续环节提供支持。

需要特别说明的是，在数据可视化中，由于我们主要使用 pandas 作为数据探索和分析工具，因此介绍的绘图方法都是结合使用 Matplotlib 和 pandas。一方面，Matplotlib 是绘图工具的基础，pandas 绘图依赖于它；另一方面，pandas 绘图有着简单直接的优势，两者互相结合，往往能够以最高的效率绘制出符合我们需要的图。

Chapter 4 第 4 章

数据预处理

在数据挖掘中，海量的原始数据中存在着大量不完整（有缺失值）、不一致、有异常的数据，严重影响到数据挖掘建模的执行效率，甚至可能导致挖掘结果出现偏差，所以数据清洗显得尤为重要，数据清洗完成后还要接着进行或者在数据清洗时同时进行数据集成、转换、归约等一系列处理，这整个过程就是数据预处理。数据预处理的目的一方面是提高数据的质量，另一方面是让数据更好地适应特定的挖掘技术或工具。统计发现，在数据挖掘过程中，数据预处理工作量占到了整个过程的 60%。

数据预处理的主要内容包括数据清洗、数据集成、数据变换和数据归约。处理过程如图 4-1 所示。

4.1 数据清洗

数据清洗主要是删除原始数据集中的无关数据、重复数据，平滑噪声数据，筛选掉与挖掘主题无关的数据，处理缺失值、异常值等。

4.1.1 缺失值处理

处理缺失值的方法可分为 3 类：删除记录、数据插补和不处理。其中常用的数据插补方法如表 4-1 所示。

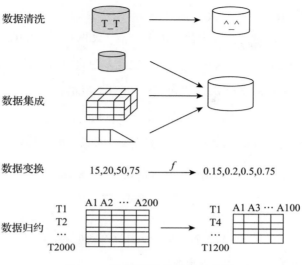

图 4-1　数据预处理过程示意图

表 4-1　常用的数据插补方法

插 补 方 法	方 法 描 述
均值 / 中位数 / 众数插补	根据属性值的类型，用该属性取值的平均数 / 中位数 / 众数进行插补
使用固定值	将缺失的属性值用一个常量替换。如广州某工厂普通外来务工人员的"基本工资"属性的空缺值可以用 2015 年广州市普通外来务工人员工资标准 1895 元 / 月替换
最近临插补	在记录中找到与缺失样本最接近的样本的该属性值进行插补
回归方法	对带有缺失值的变量，根据已有数据和与其有关的其他变量（因变量）的数据建立拟合模型来预测缺失的属性值
插值法	利用已知点建立合适的插值函数 $f(x)$，未知值由对应点 x_i 求出的函数值 $f(x_i)$ 近似代替

　　如果简单地删除小部分记录就能达到既定的目标，那么删除含有缺失值的记录的方法是最有效的。然而，这种方法却有很大的局限性。它是以减少历史数据来换取数据的完备，会造成资源的浪费，丢弃大量隐藏在这些记录中的信息。尤其在数据集本来就包含很少记录的情况下，删除少量记录可能会严重影响分析结果的客观性和正确性。为此，一些模型将缺失值视作一种特殊的取值，允许直接在含有缺失值的数据上进行建模。

　　本节重点介绍拉格朗日插值法和牛顿插值法。其他插补方法还有 Hermite 插值、分段插值、样条插值法等。

1. 拉格朗日插值法

根据数学知识可知，对于空间上已知的 n 个点（无两点在一条直线上）可以找到一个 $n-1$ 次多项式 $y = a_0 + a_1 x + a_2 x^2 + \cdots + a_{n-1} x^{n-1}$，使此多项式曲线过这 n 个点。

（1）已知的过 n 个点的 $n-1$ 次多项式如式（4-1）所示。

$$y = a_0 + a_1 x + a_2 x^2 + \cdots + a_{n-1} x^{n-1} \tag{4-1}$$

将 n 个点的坐标 $(x_1, y_1), (x_2, y_2), \cdots, (x_n, y_n)$ 代入多项式函数，得式（4-2）。

$$\begin{cases} y_1 = a_0 + a_1 x_1 + a_2 x_1^2 + \cdots + a_{n-1} x_1^{n-1} \\ y_2 = a_0 + a_1 x_2 + a_2 x_2^2 + \cdots + a_{n-1} x_2^{n-1} \\ \cdots\cdots \\ y_n = a_0 + a_1 x_n + a_2 x_n^2 + \cdots + a_{n-1} x_n^{n-1} \end{cases} \tag{4-2}$$

解得拉格朗日插值多项式为式（4-3）。

$$\begin{aligned} y &= y_1 \frac{(x-x_2)(x-x_3)\cdots(x-x_n)}{(x_1-x_2)(x_1-x_3)\cdots(x_1-x_n)} + \\ &\quad y_2 \frac{(x-x_1)(x-x_3)\cdots(x-x_n)}{(x_2-x_1)(x_2-x_3)\cdots(x_2-x_n)} + \cdots + \\ &\quad y_n \frac{(x-x_1)(x-x_3)\cdots(x-x_{n-1})}{(x_n-x_1)(x_n-x_3)\cdots(x_n-x_{n-1})} \\ &= \sum_{i=0}^{n} y_i \left(\prod_{j=0, j \neq i}^{n} \frac{x-x_j}{x_i-x_j} \right) \end{aligned} \tag{4-3}$$

（2）将缺失的函数值对应的点 x 代入插值多项式得到缺失值的近似值 $L(x)$。

拉格朗日插值公式结构紧凑，在理论分析中使用方便，但是当插值节点增或者减时，插值多项式都会随之变化，这在实际计算中很不方便，为了克服这一缺点，提出了牛顿插值法。

2. 牛顿插值法

在区间 $[a, b]$ 上，函数 $f(x)$ 关于一个节点 x_i 的零阶差商定义如式（4-4）所示，$f(x)$ 关于两个节点 x_i 和 x_j 的一阶差商定义见式（4-5）。一般地，k 阶差商就是 $k-1$ 阶差商的差商，称式（4-6）为 $f(x)$ 关于 $k+1$ 个节点 $x_0, x_1, x_2, \cdots, x_k$ 的 k 阶差，具体可以按照表 4-2 的格式有规律地计算差商。

$$f[x_i] = f(x_i) \tag{4-4}$$

$$f[x_i, x_j] = \frac{f(x_j) - f(x_i)}{x_j - x_i} \tag{4-5}$$

$$f[x_0, x_1, x_2, \cdots, x_k] = \frac{f[x_1, x_2, \cdots, x_k] - f[x_0, x_1, \cdots, x_{k-1}]}{x_k - x_0} \tag{4-6}$$

表 4-2　差商表

x_k	$f(x_k)$	一阶差商	二阶差商	三阶差商	四阶差商	……
x_0	$f(x_0)$					
x_1	$f(x_1)$	$f[x_0, x_1]$				
x_2	$f(x_2)$	$f[x_1, x_2]$	$f[x_0, x_1, x_2]$			
x_3	$f(x_3)$	$f[x_2, x_3]$	$f[x_1, x_2, x_3]$	$f[x_0, x_1, x_2, x_3]$		
x_4	$f(x_4)$	$f[x_3, x_4]$	$f[x_2, x_3, x_4]$	$f[x_1, x_2, x_3, x_4]$	$f[x_0, x_1, x_2, x_3, x_4]$	
……	……	……	……	……	……	……

借助差商的定义，牛顿插值多项式可以表示为式（4-7）。

$$N_n(x) = f[x_0]w_0(x) + f[x_0, x_1]w_1(x) + f[x_0, x_1, x_2]w_2(x) + \cdots + f[x_0, x_1, \cdots, x_n]w_n(x) \tag{4-7}$$

牛顿插值多项式的余项公式可以表示为式（4-8）。

$$R_n(x) = f[x, x_0, x_1, \cdots, x_n]w_{n+1}(x) \tag{4-8}$$

其中，$w_0(x) = 1$，$w_k(x) = (x - x_0)(x - x_1) \cdots (x - x_{k-1})$（$k = 1, 2, \cdots, n+1$）。对于区间 $[a, b]$ 上的任一点 x，则有 $f(x) = N_n(x) + R_n(x)$。

牛顿插值法也是多项式插值法，但采用了另一种构造插值多项式的方法，与拉格朗日插值法相比，具有承袭性和易于变动节点的特点。本质上来说，两者给出的结果是一样的（相同次数、相同系数的多项式），只不过表示的形式不同。因此，Python 的 SciPy 库中只提供了拉格朗日插值法的函数（因为比较容易实现）。如果需要使用牛顿插值法，则需要自行编写函数。

下面结合具体案例介绍拉格朗日插值法。

货物运输量数据中可能会出现缺失值，表 4-3 为某段时间的货物运输量数据，其中 2023 年 3 月的数据缺失，用拉格朗日插值法对缺失值进行插补，如代码清单 4-1 所示。

表 4-3　某段时间的货物运输量数据

指标	2023 年 5 月	2023 年 4 月	2023 年 3 月	2023 年 2 月	2023 年 1 月
铁路货运量当期值 / 万吨	41719	41000	空值	39218	40888

* 数据详见：demo/data/Rail_freight_traffic.xls。

代码清单 4-1 用拉格朗日插值法对缺失值进行插补

```python
import pandas as pd
from scipy.interpolate import lagrange

inputfile = '../data/Rail_freight_traffic.xls'
outputfile = '../tmp/Rail_freight_traffic1.xls'

# 读取含有缺失值的数据集
data = pd.read_excel(inputfile)


# 定义拉格朗日插值函数
def lagrange_interpolation(s, n, k=5):
    start_index = max(0, n - k)
    end_index = min(len(s), n + k + 1)
    indices = list(range(start_index, n)) + list(range(n + 1, end_index))

    y = s.iloc[indices]
    y = y[y.notnull()]
    return lagrange(range(len(y)), list(y))(n)

# 对含有缺失值的数据集进行插值
for i in data.columns:
    for j in range(len(data)):
        if pd.isnull(data[i][j]):
            data[i][j] = lagrange_interpolation(data[i], j)

# 将插值后的数据集保存到新文件中
data.to_excel(outputfile, index=False)
```

* 代码详见：demo/code/01-lagrange_newton_interp.py

用拉格朗日插值法对表 4-3 中的缺失值进行插补，使用缺失值前后各 5 个未缺失的数据参与建模，得到的插值结果如表 4-4 所示。

表 4-4　数据插值结果

指标	2023 年 5 月	2023 年 4 月	2023 年 3 月	2023 年 2 月	2023 年 1 月
铁路货运量当期值 / 万吨	41719	41000	42019	39218	40888

利用拉格朗日插值法对 2023 年 3 月的缺失值进行插补，插补结果为 42019 万吨，这是通过对 2023 年 2 月和 2023 年 4 月的实际数据以及它们周围的额外数据点进行插值计算得到的。因此，插值结果可以看作对丢失值的估计，其准确性取决于所选择的插值方法和数据点的合理性。插值方法与数据点范围的选择应基于对数据特征和趋势的了

解。根据前后数据可以看出插值结果符合实际情况。

4.1.2　异常值处理

在数据预处理过程中，是否剔除异常值需视具体情况而定，因为有些异常值可能蕴含着有用的信息。异常值处理的常用方法见表 4-5。

表 4-5　异常值处理的常用方法

异常值处理方法	方法描述
删除含有异常值的记录	直接将含有异常值的记录删除
视为缺失值	将异常值视为缺失值，利用缺失值处理的方法进行处理
平均值修正	可用前后两个观测值的平均值修正该异常值
不处理	直接在具有异常值的数据集上进行挖掘建模

将含有异常值的记录直接删除，这种方法简单易行，但缺点也很明显，在观测值很少的情况下，直接删除会造成样本量不足，可能会改变变量的原有分布，从而造成分析结果的不准确。缺失值处理的好处是可以利用现有变量的信息，对异常值（缺失值）进行填补。

很多情况下，要先分析异常值出现的可能原因，再判断异常值是否应该舍弃。如果是正确的数据，可以直接在具有异常值的数据集上进行挖掘建模。

4.1.3　重复值处理

在数据预处理过程中处理重复值的原因主要有以下 3 种。

1）数据质量：重复值可能是由数据输入或记录的错误导致的。如果不处理重复值，可能会影响数据的准确性和可信度。通过处理重复值，可以提高数据的质量。

2）分析结果的准确性：重复值可能导致数据分析结果出现偏差。例如，在统计分析中，重复值会导致计数和频率的错误计算，从而影响对数据的理解和推断。

3）计算效率：在某些情况下，有大量重复值的数据集会占用更多的存储空间，并且增加额外的计算时间和资源消耗。通过去除重复值，可以节省数据集的存储空间，提高计算效率。

处理重复值的方法通常包括检测重复值、删除重复值、替换重复值、保留重复值及数据重采样等，选用何种方法取决于数据的特点和分析的目的。

1）检测重复值：检测重复值能够提高数据质量、避免数据冗余和确保数据分析的准确性。在 pandas 中，可以使用 duplicated() 函数来检测 DataFrame 中的重复行，或使用 duplicated() 函数来检测 Series 中的重复值。

2）删除重复值：删除重复值能够提高数据质量、节省存储空间、简化数据结构和确保数据分析的准确性。在 pandas 中，可以使用 drop_duplicates() 函数来删除 DataFrame 或 Series 中的重复项。

3）替换重复值：替换重复值能够提高数据质量、确保数据分析的准确性和数据的完整性。在 pandas 中，可以使用 replace() 函数将指定的值替换为新的值。

4）保留重复值：在某些情况下，重复值可能包含有用的信息，因此希望保留它们而不删除。在 pandas 中，可以使用 duplicated() 函数找到重复项，并使用 keep 参数来指定保留的重复项。默认情况下，指定 keep = 'first' 将保留第一个出现的重复项，而将后续的重复项标记为重复。

5）数据重采样：如果数据集中的重复值代表了时间序列数据或需要进行重采样的其他数据类型，则可以使用相应的方法对数据进行重采样，以适应分析需求。例如，在时间序列数据中，可以使用插值法来填充重复的时间点。

以下是一个重复值处理的简单示例。钻石数据集是一个经常被用来进行数据分析和机器学习实践的示例数据集，它包含钻石的各种特征和价格信息，通常用于回归分析和预测模型的训练和评估。由于数据集中存在部分重复数据，因此在建模前先对这部分数据进行删除处理，如代码清单 4-2 所示。

代码清单 4-2　重复值处理示例

```
import pandas as pd
# 加载数据集
df = pd.read_excel('../data/diamonds.xlsx')
# 计算重复行数
duplicate_rows = df.duplicated().sum()
print('删除重复值前,数据集的行数为{}行'.format(df.shape[0]))
# 删除重复值
df_unique = df.drop_duplicates(keep='first')
# 返回删除重复行后数据框的行数
print('删除重复值后,数据集的行数为{}行'.format(df_unique.shape[0]))
```

执行代码清单 4-2 后，得到的结果如下。

```
>>> print('删除重复值前,数据集的行数为{}行'.format(df.shape[0]))
删除重复值前,数据集的行数为53940行
>>> print('删除重复值后,数据集的行数为{}行'.format(df_unique.shape[0]))
删除重复值后,数据集的行数为53932行
```

从结果可以看出重复值处理删除了 8 条重复的记录，得到一个没有重复值的新数据集，这个新数据集可以更好地反映出数据的真实情况，避免了重复值对分析和决策造成的干扰。

4.2　数据集成

数据挖掘需要的数据往往分布在不同的数据源中，数据集成就是将多个数据源合并存放在一个一致的数据存储位置（如数据仓库）中的过程。

在数据集成时，来自多个数据源的现实世界实体的表达形式是不一样的，有可能不匹配，要考虑实体识别问题和属性冗余问题，从而将源数据在最底层上加以转换、提炼和集成。

4.2.1　实体识别

实体识别是从不同数据源识别出现实世界的实体，它的任务是统一不同源数据的矛盾之处。常见的矛盾如下：

1. 同名异义

数据源 A 中的属性 ID 和数据源 B 中的属性 ID 分别描述的是菜品编号和订单编号，即描述的是不同的实体。

2. 异名同义

数据源 A 中的 sales_dt 和数据源 B 中的 sales_date 都是描述销售日期的，即 A.sales_dt= B.sales_date。

3. 单位不统一

描述同一个实体时分别用的是国际单位和中国传统的计量单位。

检测和解决这些矛盾就是实体识别的任务。

4.2.2　冗余属性识别

数据集成往往导致数据冗余，例如：

1）同一属性多次出现。

2）同一属性命名不一致导致重复。

仔细整合不同源数据能减少甚至避免数据冗余与不一致，从而提高数据挖掘的速度和质量。对于冗余属性要先进行分析，检测后再将其删除。

有些冗余属性可以用相关性分析检测。给定两个数值型的属性 A 和属性 B，根据其属性值，用相关系数度量一个属性在多大程度上蕴含另一个属性，相关系数介绍见3.2.6 节。

4.3 数据变换

数据变换主要是对数据进行规范化处理，将数据转换成"适当的"形式，以满足挖掘任务及算法的需要。

4.3.1 简单函数变换

简单函数变换是对原始数据进行某些数学函数变换，包括平方、开方、对数变换、差分运算等，分别如式（4-9）至式（4-12）所示。

$$x' = x^2 \tag{4-9}$$

$$x' = \sqrt{x} \tag{4-10}$$

$$x' = \log(x) \tag{4-11}$$

$$\Delta f(x_k) = f(x_{k+1}) - f(x_k) \tag{4-12}$$

简单函数变换常用来将不具有正态分布的数据变换成具有正态分布的数据；在时间序列分析中，有时简单的对数变换或者差分运算就可以将非平稳序列转换成平稳序列。在数据挖掘中，简单函数变换可能更有必要，如个人年收入的取值范围为 10000 元到 10 亿元，这是一个很大的区间，使用对数变换对其进行压缩是一种常用的变换方法。

4.3.2 数据规范化

数据规范化（归一化）处理是数据挖掘的一项基础工作。不同评价指标往往具有不同的量纲，数值间的差别可能很大，不进行处理可能会影响数据分析的结果。为了消除指标之间的量纲和取值范围差异的影响，需要进行规范化处理，将数据按照比例进行缩放，使之落入一个特定的区域，便于进行综合分析。如将工资收入属性值映射到 [-1,1] 或者 [0,1] 内。

数据规范化对于基于距离的挖掘算法尤为重要。

1. 最小 – 最大规范化

最小 – 最大规范化也称为离差标准化，是对原始数据的线性变换，将数值映射到 [0,1] 之间。其转换公式如式（4-13）所示。

$$x^* = \frac{x - \min}{\max - \min} \tag{4-13}$$

其中，max 为样本数据的最大值，min 为样本数据的最小值。max – min 为极差。离差标准化保留了原来数据中存在的关系，是消除量纲和数据取值范围影响的最简单的方法。这种处理方法的缺点是：若数值集中且某个数值很大，则规范化后各值会接近于 0，并且相差不大。若将来遇到超过目前属性 [min,max] 取值范围的时候，会引起系统出错，需要重新确定 min 和 max。

2. 零 – 均值规范化

零 – 均值规范化也叫标准差标准化，经过处理的数据的均值为 0，标准差为 1。其转化公式如式（4-14）所示。

$$x^* = \frac{x - \bar{x}}{\sigma} \tag{4-14}$$

其中，$\bar{x}$ 为原始数据的均值，σ 为原始数据的标准差。零 – 均值规范化是当前用得最多的数据标准化方法。

3. 小数定标规范化

通过移动属性值的小数位数，将属性值映射到 [-1,1] 之间，移动的小数位数取决于属性值绝对值的最大值。其转化公式如式（4-15）所示。

$$x^* = \frac{x}{10^k} \tag{4-15}$$

对于一个含有 n 个记录 p 个属性的数据集，需要分别对每一个属性的取值进行规范化。对原始的数据矩阵分别用最小 – 最大规范化、零 – 均值规范化、小数定标规范化进行规范化，如代码清单 4-3 所示。

代码清单 4-3 数据规范化

```
import pandas as pd
import numpy as np
datafile = '../data/normalization_data.xls'        # 参数初始化
data = pd.read_excel(datafile, header=None)         # 读取数据
print(data)


(data - data.min()) / (data.max() - data.min())  # 最小-最大规范化
(data - data.mean()) / data.std()                 # 零-均值规范化
data / 10 ** np.ceil(np.log10(data.abs().max())) # 小数定标规范化
```

* 代码详见：demo/code/data_normalization.py。

执行代码清单 4-3 后，得到的结果如下：

```
>>> print(data)
      0     1     2      3
0    78   521   602   2863
1   144  -600  -521   2245
2    95  -457   468  -1283
3    69   596   695   1054
4   190   527   691   2051
5   101   403   470   2487
6   146   413   435   2571
>>> (data - data.min())/(data.max() - data.min())# 最小-最大规范化
           0         1         2         3
0   0.074380  0.937291  0.923520  1.000000
1   0.619835  0.000000  0.000000  0.850941
2   0.214876  0.119565  0.813322  0.000000
3   0.000000  1.000000  1.000000  0.563676
4   1.000000  0.942308  0.996711  0.804149
5   0.264463  0.838629  0.814967  0.909310
6   0.636364  0.846990  0.786184  0.929571
>>> (data - data.mean())/data.std()                # 零-均值规范化
           0         1         2         3
0  -0.905383  0.635863  0.464531  0.798149
1   0.604678 -1.587675 -2.193167  0.369390
2  -0.516428 -1.304030  0.147406 -2.078279
3  -1.111301  0.784628  0.684625 -0.456906
4   1.657146  0.647765  0.675159  0.234796
5  -0.379150  0.401807  0.152139  0.537286
6   0.650438  0.421642  0.069308  0.595564
>>> data/10**np.ceil(np.log10(data.abs().max())) # 小数定标规范化
       0      1      2       3
0   0.078  0.521  0.602  0.2863
1   0.144 -0.600 -0.521  0.2245
2   0.095 -0.457  0.468 -0.1283
```

```
3   0.069   0.596   0.695   0.1054
4   0.190   0.527   0.691   0.2051
5   0.101   0.403   0.470   0.2487
6   0.146   0.413   0.435   0.2571
```

4.3.3　连续属性离散化

一些数据挖掘算法，特别是某些分类算法，如 ID3 算法、Apriori 算法等，要求数据是分类属性形式，因此，常常需要将连续属性变换成分类属性，即连续属性离散化。

1. 离散化的过程

连续属性离散化就是在数据的取值范围内设定若干个离散的划分点，将取值范围划分为一些离散化的区间，最后用不同的符号或整数值代表落在每个子区间中的数据值。所以，离散化涉及两个子任务：确定分类数以及将连续属性值映射到这些分类值。

2. 常用的离散化方法

常用的离散化方法有等宽法、等频法和（一维）聚类。

（1）等宽法

将属性的值域分成具有相同宽度的区间，区间的个数由数据本身的特点决定或者用户指定，类似于制作频率分布表。

（2）等频法

将相同数量的记录放进每个区间。

这两种方法简单，易于操作，但都需要人为规定划分区间的个数。同时，等宽法的缺点在于它对离群点比较敏感，倾向于不均匀地把属性值分布到各个区间。例如，有些区间包含许多数据，而另外一些区间的数据极少，这样会严重损坏建立的决策模型。等频法虽然避免了上述问题的产生，却可能将相同的数据值分到不同的区间，以满足每个区间中固定的数据个数要求。

（3）基于聚类分析的方法

一维聚类方法包括两个步骤：首先将连续属性的值用聚类算法（如 k 均值聚类算法）进行聚类，然后再对聚类得到的簇进行处理，合并到一个簇的连续属性值做同一标记。聚类分析的离散化方法也需要用户指定簇的个数，从而决定产生的区间数。

下面使用上述 3 种离散化方法对"医学中中医证型的相关数据"进行连续属性离散化，该属性的示例数据如表 4-6 所示。

表 4-6 医学中中医证型的相关数据

肝气郁结证型系数	0.056	0.488	0.107	0.322	0.242	0.389

* 数据详见：demo/data/discretization_data.xls。

对医学中中医证型的相关数据进行离散化，如代码清单 4-4 所示。

代码清单 4-4 数据离散化

```
import pandas as pd
import numpy as np
datafile = '../data/discretization_data.xls'        # 参数初始化
data = pd.read_excel(datafile)                       # 读取数据
data = data['肝气郁结证型系数'].copy()
k = 4

d1 = pd.cut(data, k, labels = range(k))             # 等宽离散化，各个类比依次命名为0,1,2,3

#等频率离散化
w = [1.0*i/k for i in range(k+1)]
w = data.describe(percentiles = w)[4:4+k+1]          # 使用describe函数自动计算分位数
w[0] = w[0]*(1-1e-10)
d2 = pd.cut(data, w, labels = range(k))

from sklearn.cluster import KMeans                    # 引入KMeans
# 建立模型，n_jobs是并行数，一般等于CPU数较好
kmodel = KMeans(n_clusters = k)
kmodel.fit(np.array(data).reshape((len(data), 1)))#  训练模型
c = pd.DataFrame(kmodel.cluster_centers_).sort_values(0) # 输出聚类中心，并排序（默认是随机序的）
w = c.rolling(2).mean()                              # 相邻两项求中点，作为边界点
w = w.dropna()
w = [0] + list(w[0]) + [data.max()]                  # 把首末边界点加上
d3 = pd.cut(data, w, labels = range(k))
def cluster_plot(d, k):                              # 自定义作图函数来显示聚类结果
  import matplotlib.pyplot as plt
  plt.rcParams['font.sans-serif'] = ['SimHei']       # 用来正常显示中文标签
  plt.rcParams['axes.unicode_minus'] = False         # 用来正常显示负号

  plt.figure(figsize = (8, 3))
  for j in range(0, k):
    plt.plot(data[d==j], [j for i in d[d==j]], 'o')

  plt.ylim(-0.5, k-0.5)
  return plt

cluster_plot(d1, k).show()
cluster_plot(d2, k).show()
cluster_plot(d3, k).show()
```

* 代码详见：demo/code/03-data_discretization.py

运行代码清单 4-4，可以得到如图 4-2、图 4-3、图 4-4 所示的结果。

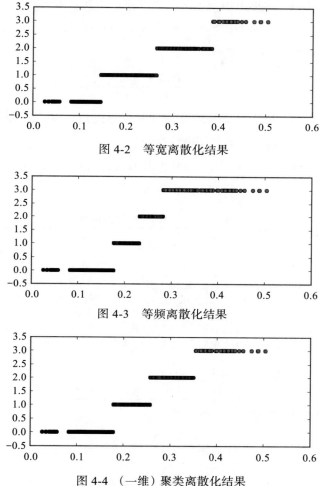

图 4-2 等宽离散化结果

图 4-3 等频离散化结果

图 4-4 （一维）聚类离散化结果

分别用等宽法、等频法和（一维）聚类对数据进行离散化，将数据分成 4 类，然后将每一类记为同一个标识，如分别记为 A1、A2、A3、A4，再进行建模。

4.3.4 属性构造

在数据挖掘过程中，为了帮助用户提取更有用的信息，挖掘更深层次的模式，提高挖掘结果的精度，需要利用已有的属性集构造出新的属性，并加入现有的属性集合中。

例如，进行防窃漏电诊断建模时，已有的属性包括供入电量、供出电量（线路上各大用户用电量之和）。理论上供入电量和供出电量应该是相等的，但是由于在传输过程中存在电能损耗，使得供入电量略大于供出电量，如果该条线路上的一个或多个大用户存在窃漏电行为，会使得供入电量明显大于供出电量。因此，为了判断是否有大用户存在窃漏电行为，可以构造一个新的指标——线损率，该过程就是属性构造。新构造的属性线损率的计算公式如式（4-16）所示。

$$线损率 = \frac{供入电量 - 供出电量}{供入电量} \times 100\% \tag{4-16}$$

线损率的正常范围一般为 3%～15%，如果远远超过该范围，那么就可以认为该条线路的大用户很可能存在窃漏电等异常用电行为。

根据线损率的计算公式，由供入电量、供出电量进行线损率的属性构造，如代码清单 4-5 所示。

代码清单 4-5 线损率属性构造

```python
import pandas as pd

# 参数初始化
inputfile= '../data/electricity_data.xls'        # 供入供出电量数据
outputfile = '../tmp/electricity_data.xls'       # 属性构造后数据文件

data = pd.read_excel(inputfile)                  # 读入数据
data['线损率'] = (data['供入电量'] - data['供出电量']) / data['供入电量']

# 保存结果为 xlsx 格式，并设置 engine='openpyxl'
data.to_excel(outputfile, index=False, engine='openpyxl')
```

* 代码详见：demo/code/04-line_rate_construct.py

4.3.5 小波变换

小波变换[⊖][⊖⊖]是一种新型的数据分析工具，是近年来兴起的信号分析手段。小波分析的理论和方法在信号处理、图像处理、语音处理、模式识别、量子物理等领域得到了越来越广泛的应用，被认为是近年来在工具及方法上的重大突破。小波变换具有多分辨率的特点，在时域和频域都具有表征信号局部特征的能力，通过伸缩和平移等运算过程对信号进行多尺度聚焦分析，提供了一种非平稳信号的时频分析手段，可以由粗及细地逐步观察信号，从中提取有用信息。

能够刻画某个问题的特征量往往隐含在一个信号中的某个或者某些分量中，小波变换

⊖ 张静远，张冰，蒋方舟. 基于小波变换的特征提取方法分析 [J]. 信号处理，2000:1-8.
⊖⊖ 张良均，王靖涛，李国成. 小波变换在桩基完整性检测中的应用 [J]. 岩石力学与工程学报，2002:1-2.

可以把非平稳信号分解为表达不同层次、不同频带信息的数据序列，即小波系数，选取适当的小波系数，即完成了信号的特征提取。下面将介绍基于小波变换的信号特征提取方法。

1. 基于小波变换的特征提取方法

基于小波变换的特征提取方法主要有：基于小波变换的多尺度空间能量分布特征提取方法、基于小波变换的多尺度空间中模极大值特征提取方法、基于小波包变换的特征提取方法、基于适应性小波神经网络的特征提取方法，详见表 4-7。

表 4-7　基于小波变换的特征提取方法

基于小波变换的特征提取方法	方 法 描 述
基于小波变换的多尺度空间能量分布特征提取方法	各尺度空间内的平滑信号和细节信号能提供原始信号的时频局域信息，特别是能提供不同频段上信号的构成信息。把不同分解尺度上的信号的能量求解出来，就可以将这些能量尺度顺序排列形成特征向量，以供识别
基于小波变换的多尺度空间中模极大值特征提取方法	利用小波变换的信号局域化分析能力，求解小波变换的模极大值特性来检测信号的局部奇异性，将小波变换模极大值的尺度参数 s、平移参数 t 及其幅值作为目标的特征量
基于小波包变换的特征提取方法	利用小波分解，可将时域随机信号序列映射为尺度域各子空间内的随机系数序列，按小波包分解得到的最佳子空间内随机系数序列的不确定性程度最低，将最佳子空间的熵值及最佳子空间在完整二叉树中的位置参数作为特征量，可以用于目标识别
基于适应性小波神经网络的特征提取方法	可以把信号通过分析小波拟合表示，进行特征提取

2. 小波基函数

小波基函数是一种具有局部支集的函数，且平均值为 0。小波基函数满足 $\psi(0) = \int \psi(t)\mathrm{d}t = 0$。常用的小波基有 Haar 小波基、DB 系列小波基等。Haar 小波基函数如图 4-5 所示。

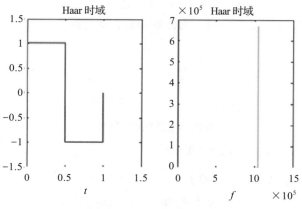

图 4-5　Haar 小波基函数

3. 小波变换

对小波基函数进行伸缩和平移变换，如式（4-17）所示。

$$\psi_{a,b}(t) = \frac{1}{\sqrt{|a|}} = \psi\left(\frac{t-b}{a}\right) \tag{4-17}$$

在式（4-17）中，a 为伸缩因子，b 为平移因子。

任意函数 $f(t)$ 的连续小波变换（CWT）如式（4-18）所示。

$$W_f(a,b) = |a|^{-1/2} \int f(t)\psi\left(\frac{t-b}{a}\right)\mathrm{d}t \tag{4-18}$$

可知，连续小波变换为 $f(t) \to W_f(a,b)$ 的映射，对小波基函数 $\psi(t)$ 增加约束条件 $C_\psi = \int \frac{|\psi(t)|^2}{t}\mathrm{d}t < \infty$ 就可以由 $W_f(a,b)$ 逆变换得到 $f(t)$。其中 $\psi'(t)$ 为 $\psi(t)$ 的傅里叶变换。

逆变换公式为式（4-19）。

$$f(t) = \frac{1}{C_\psi} \iint \frac{1}{a^2} W_f(a,b)\psi\left(\frac{t-b}{a}\right)\mathrm{d}a\mathrm{d}b \tag{4-19}$$

下面介绍基于小波变换的多尺度空间能量分布特征提取方法。

4. 基于小波变换的多尺度空间能量分布特征提取方法

应用小波分析技术可以把信号在各频率波段中的特征提取出来，基于小波变换的多尺度空间能量分布特征提取方法是对信号进行频带分析，再分别计算所得的各个频带的能量作为特征向量。

信号 $f(t)$ 的二进小波分解可表示为式（4-20）。

$$f(t) = A^j + \sum D^j \tag{4-20}$$

在式（4-20）中，A 是近似信号，为低频部分；D 是细节信号，为高频部分，此时信号的频带分布见图 4-6。

信号的总能量的计算公式为式（4-21）。

$$E = EA_j + \sum ED_j \tag{4-21}$$

选择第 j 层的近似信号和各层的细节信号的能量作为特征，构造特征向量，如式（4-22）所示。

$$F = [EA_j, ED_1, ED_2, \cdots, ED_j] \tag{4-22}$$

利用小波变换可以对声波信号进行特征提取，提取

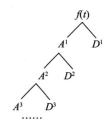

图 4-6　多尺度分解的信号频带分布

出可以代表声波信号的向量数据，即完成从声波信号到特征向量数据的变换。本例利用小波函数对声波信号数据进行分解，得到 5 个层次的小波系数。利用这些小波系数求得各个能量值，这些能量值可作为声波信号的特征数据。

在 Python 中，SciPy 本身提供了一些信号处理函数，但不够全面，而更好的信号处理库是 PyWavelets。使用 PyWavelets 库进行小波变换，提取特征，如代码清单 4-6 所示。

代码清单 4-6　小波变换特征提取代码

```
# 利用小波变换进行特征分析
# 参数初始化
inputfile= '../data/leleccum.mat' # 提取自Matlab的信号文件

from scipy.io import loadmat        # mat是Python专用格式，需要用loadmat读取它
mat = loadmat(inputfile)
signal = mat['leleccum'][0]

import pywt  # 导入PyWavelets
coeffs = pywt.wavedec(signal, 'bior3.7', level=5)
# 返回结果为level+1个数字，第一个数组为逼近系数数组，后面的依次是细节系数数组
```

* 代码详见：demo/code/wave_analyze.py。

4.4　数据归约

在大数据集上进行复杂的数据分析和挖掘需要很长时间。利用数据归约，可产生更小且保持原数据完整性的新数据集，在归约后的数据集上进行分析和挖掘将提高效率。

数据归约的意义在于：

1）降低无效、错误数据对建模的影响，提高建模的准确性。

2）只需要少量且具有代表性的数据，可大幅缩减数据挖掘所需的时间。

3）降低储存数据的成本。

4.4.1　属性归约

属性归约通过属性合并创建新属性维数，或者通过直接删除不相关的属性（维）来减少数据维数，从而提高数据挖掘的效率，降低计算成本。属性归约的目标是寻找最小的属性子集并确保新数据子集的概率分布尽可能接近原来数据集的概率分布。常用的属性归约方法见表 4-8。

表 4-8　常用的属性归约方法

属性归约方法	方 法 描 述	方 法 解 析
合并属性	将一些旧属性合并为新属性	初始属性集：$\{A_1, A_2, A_3, A_4, B_1, B_2, B_3, C\}$ $\{A_1, A_2, A_3, A_4\} \rightarrow A$ $\{B_1, B_2, B_3\} \rightarrow B$ $\Rightarrow$ 归约后属性集：$\{A, B, C\}$
逐步向前选择	从一个空属性集开始，每次从原来的属性集中选择一个当前最优的属性添加到当前属性子集中，直到无法选出最优属性或满足一定阈值约束为止	初始属性集：$\{A_1, A_2, A_3, A_4, A_5, A_6\}$ $\{\} \Rightarrow \{A_1\} \Rightarrow \{A_1, A_4\}$ $\Rightarrow$ 归约后属性集：$\{A_1, A_4, A_6\}$
逐步向后删除	从一个全属性集开始，每次从当前属性子集中选择一个当前最差的属性并将其从当前属性子集中消去，直到无法选出最差属性为止或满足一定阈值约束为止	初始属性集：$\{A_1, A_2, A_3, A_4, A_5, A_6\}$ $\Rightarrow \{A_1, A_3, A_4, A_5, A_6\} \Rightarrow \{A_1, A_4, A_5, A_6\}$ $\Rightarrow$ 归约后属性集：$\{A_1, A_4, A_6\}$
决策树归纳	利用决策树的归纳方法对初始数据进行分类归纳学习，获得一个初始决策树，所有没有出现在这个决策树上的属性均可认为是无关属性，因此将这些属性从初始集合中删除，就可以获得一个较优的属性子集	初始属性集：$\{A_1, A_2, A_3, A_4, A_5, A_6\}$ 决策树：根节点 A_4，Y 分支到 A_1，N 分支到 A_6；A_1 的 Y 分支为类1、N 分支为类2；A_6 的 Y 分支为类1、N 分支为类2 $\Rightarrow$ 归约后属性集：$\{A_1, A_4, A_6\}$
主成分分析[⊖]	用较少的变量去解释原始数据中的大部分变量，即将许多相关性很高的变量转化成彼此相互独立或不相关的变量	详见下面的计算步骤

逐步向前选择、逐步向后删除和决策树归纳均属于直接删除不相关属性（维）的方法。主成分分析是一种用于连续属性的数据降维方法，它构造了原始数据的一个正交变换，新空间的基底去除了原始空间基底下数据的相关性，只需使用少数新变量就能够解释原始数据中的大部分变异。在应用中，通常是选出比原始变量个数少、能解释大部分数据中的变量的几个新变量，即所谓主成分，来代替原始变量进行建模。

主成分分析的计算步骤如下：

1）设原始变量 $X_1, X_2, \cdots, X_p$ 的 n 次观测数据矩阵为式（4-23）。

⊖　廖芹 . 数据挖掘与数学建模 [M]. 北京：国防工业出版社，2010:49-50.

$$X = \begin{pmatrix} x_{11} & x_{12} & \cdots & x_{1p} \\ x_{21} & x_{22} & \cdots & x_{2p} \\ \cdots & \cdots & & \cdots \\ x_{n1} & x_{n2} & \cdots & x_{np} \end{pmatrix} = (X_1, X_2, \cdots, X_p) \qquad （4-23）$$

2）将数据矩阵按列进行中心标准化。为了方便，将标准化后的数据矩阵仍然记为 X。

3）求相关系数矩阵 R，$R = (r_{ij})_{p \times p}$，$r_{ij}$ 定义为式（4-24），其中 $r_{ij} = r_{ji}$，$r_{ii} = 1$。

$$r_{ij} = \sum_{k=1}^{n} (x_{ki} - \overline{x}_i)(x_{kj} - \overline{x}_j) \Big/ \sqrt{\sum_{k=1}^{n}(x_{ki} - \overline{x}_i)^2 \sum_{k=1}^{n}(x_{kj} - \overline{x}_j)^2} \qquad （4-24）$$

4）求 R 的特征方程 $\det(R - \lambda E) = 0$ 的特征根 $\lambda_1 \geqslant \lambda_2 \geqslant \cdots \geqslant \lambda_p > 0$。

5）确定主成分个数 m：$\dfrac{\sum\limits_{i=1}^{m} \lambda_i}{\sum\limits_{i=1}^{p} \lambda_i} \geqslant \alpha$，$\alpha$ 根据实际问题确定，一般取 80%。

6）计算 m 个相应的单位特征向量，如式（4-25）所示。

$$\beta_1 = \begin{pmatrix} \beta_{11} \\ \beta_{21} \\ \cdots \\ \beta_{p1} \end{pmatrix}, \beta_2 = \begin{pmatrix} \beta_{12} \\ \beta_{22} \\ \cdots \\ \beta_{p2} \end{pmatrix}, \cdots, \beta_m = \begin{pmatrix} \beta_{1m} \\ \beta_{2m} \\ \cdots \\ \beta_{pm} \end{pmatrix} \qquad （4-25）$$

7）计算主成分，如式（4-26）所示。

$$Z_1 = \beta_{1i} X_1 + \beta_{2i} X_2 + \cdots + \beta_{pi} X_p \quad (i = 1, 2, \cdots, m) \qquad （4-26）$$

在 Python 中，主成分分析的函数位于 scikit-learn 库中，使用格式如下，参数说明如表 4-9 所示。

```
sklearn.decomposition.PCA(n_components=None, copy=True, whiten=False)
```

表 4-9　主成分分析函数的参数说明

参数名称	意　义	类　型
n_components	主成分分析算法中所要保留的主成分个数 n 就是保留下来的特征个数 n	int 或 str 类型，默认为 None，所有成分被保留。赋值为 int 时，如 n_components=1，将把原始数据降到一个维度。赋值为 str 时，比如 n_components='mle'，将自动选取特征个数 n，使满足所求的方差百分比

（续）

参数名称	意　　义	类　　型
copy	表示是否在运行算法时，将原始训练数据复制一份	bool 类型，取值为 True 或者 False，默认为 True。若为 True，则运行主成分分析算法后，原始训练数据的值不会有任何改变，因为是在原始数据的副本上进行运算；若为 False，则运行主成分分析算法后，原始训练数据的值会改变，因为是在原始数据上进行降维计算
whiten	白化，使得每个特征具有相同的方差	bool 类型，默认为 False

使用主成分分析法进行降维，如代码清单 4-7 所示。

代码清单 4-7　主成分分析法降维

```
import pandas as pd

# 参数初始化
inputfile = '../data/principal_component.xls'
outputfile = '../tmp/dimention_reduced.xls'       # 降维后的数据

data = pd.read_excel(inputfile, header = None)     # 读入数据

from sklearn.decomposition import PCA

pca = PCA()
pca.fit(data)
pca.components_                                     # 返回模型的各个特征向量
pca.explained_variance_ratio_                      # 返回各个成分各自的方差百分比
```

* 代码详见：demo/code/06-principal_component_analyze.py

运行代码清单 4-7 得到的结果如下：

```
>>> pca.components_    # 返回模型的各个特征向量
array([[ 0.56788461,  0.2280431 ,  0.23281436,  0.22427336,  0.3358618 ,
         0.43679539,  0.03861081,  0.46466998],
       [ 0.64801531,  0.24732373, -0.17085432, -0.2089819 , -0.36050922,
        -0.55908747,  0.00186891,  0.05910423],
       [-0.45139763,  0.23802089, -0.17685792, -0.11843804, -0.05173347,
        -0.20091919, -0.00124421,  0.80699041],
       [-0.19404741,  0.9021939 , -0.00730164, -0.01424541,  0.03106289,
         0.12563004,  0.11152105, -0.3448924 ],
       [-0.06133747, -0.03383817,  0.12652433,  0.64325682, -0.3896425 ,
        -0.10681901,  0.63233277,  0.04720838],
       [ 0.02579655, -0.06678747,  0.12816343, -0.57023937, -0.52642373,
         0.52280144,  0.31167833,  0.0754221 ],
       [-0.03800378,  0.09520111,  0.15593386,  0.34300352, -0.56640021,
```

```
             0.18985251, -0.69902952,  0.04505823],
         [-0.10147399,  0.03937889,  0.91023327, -0.18760016,  0.06193777,
          -0.34598258, -0.02090066,  0.02137393]])
>>> pca.explained_variance_ratio_   # 返回各个成分各自的方差百分比
array([7.74011263e-01, 1.56949443e-01, 4.27594216e-02, 2.40659228e-02,
       1.50278048e-03, 4.10990447e-04, 2.07718405e-04, 9.24594471e-05])
```

从上面的结果可以得到特征方程 $\det(R-\lambda E)=0$ 的 8 个特征根、对应的 8 个单位特征向量以及各个成分各自的方差百分比（也叫贡献率）。其中方差百分比越大说明向量的权重越大。

当选取前 4 个主成分时，累计贡献率已达到 97.37%，说明选取前 3 个主成分进行计算已经相当不错了，因此可以重新建立主成分分析模型，设置 n_components=3，计算出成分结果，如代码清单 4-8 所示。

代码清单 4-8　计算成分结果

```
pca = PCA(3)
pca.fit(data)
low_d = pca.transform(data)                            # 用它来降低维度
pd.DataFrame(low_d).to_excel(outputfile, engine='openpyxl') # 保存结果
# 必要时可以用inverse_transform()函数来复原数据
pca.inverse_transform(low_d)
```

* 代码详见：demo/code/06-principal_component_analyze.py

运行代码清单 4-8 得到的结果如下：

```
>>> low_d
array([[  8.19133694,  16.90402785,   3.90991029],
       [  0.28527403,  -6.48074989,  -4.62870368],
       [-23.70739074,  -2.85245701,  -0.4965231 ],
       [-14.43202637,   2.29917325,  -1.50272151],
       [  5.4304568 ,  10.00704077,   9.52086923],
       [ 24.15955898,  -9.36428589,   0.72657857],
       [ -3.66134607,  -7.60198615,  -2.36439873],
       [ 13.96761214,  13.89123979,  -6.44917778],
       [ 40.88093588, -13.25685287,   4.16539368],
       [ -1.74887665,  -4.23112299,  -0.58980995],
       [-21.94321959,  -2.36645883,   1.33203832],
       [-36.70868069,  -6.00536554,   3.97183515],
       [  3.28750663,   4.86380886,   1.00424688],
       [  5.99885871,   4.19398863,  -8.59953736]])
```

原始数据从 8 维降到了 3 维，关系式由式（4-26）确定，同时这 3 维数据占了原始数据 95% 以上的信息。

4.4.2　数值归约

数值归约通过选择替代的、较小的数据来减少数据量，包括有参数方法和无参数方法两类。有参数方法是使用一个模型来评估数据，只需存放参数，而不需要存放实际数据，例如回归（线性回归和多元回归）和对数线性模型（近似离散属性集中的多维概率分布）。无参数方法需要存放实际数据，例如直方图、聚类、抽样（采样）。

1. 直方图

直方图使用分箱来近似数据分布，是一种流行的数据归约形式。属性 A 的直方图将 A 的数据分布划分为不相交的子集或桶。如果每个桶只代表单个属性值 / 频率对，则该桶称为单桶。通常，桶表示给定属性的一个连续区间。

这里结合实际案例来说明如何使用直方图做数值归约。某餐饮企业菜品的单价（按人民币取整）从小到大排序为：3，3，5，5，5，8，8，10，10，10，10，15，15，15，22，22，22，22，22，22，22，22，22，25，25，25，25，25，25，25，25，30，30，30，30，30，35，35，35，35，35，39，39，40，40，40。使用单桶显示这些数据的直方图如图 4-7 所示。为进一步压缩数据，通常让每个桶代表给定属性的一个连续值域。在图 4-8 中，每个桶代表长度为 13 元（人民币）的价格区间。

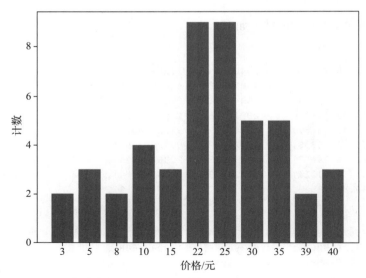

图 4-7　使用单桶的价格直方图——每个单桶代表一个价格

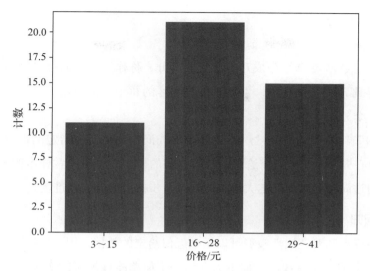

图 4-8　价格的等宽直方图——每个桶代表一个价格区间

2. 聚类

聚类技术将数据元组（即记录，数据表中的一行）视为对象。它将对象划分为簇，使一个簇中的对象彼此"相似"，而与其他簇中的对象"相异"。在数据归约中，用数据的簇替换实际数据。该技术是否有效依赖于簇的定义是否符合数据的分布性质。

3. 抽样

抽样也是一种数据归约技术，它用比原始数据小得多的随机样本（子集）表示原始数据集。假定原始数据集 D 包含 n 个元组，可以采用抽样方法对原始数据集 D 进行抽样。下面介绍常用的抽样方法。

（1）s 个样本无放回简单随机抽样

从原始数据集 D 的 n 个元组中抽取 s 个样本（$s < n$），其中 D 中任意元组被抽取的概率均为 $1/N$，即所有元组的抽取是等可能的。

（2）s 个样本有放回简单随机抽样

该方法类似于无放回简单随机抽样，不同之处在于每次从原始数据集 D 中抽取一个元组后，做好记录，然后放回原处。

（3）聚类抽样

如果将原始数据集 D 中的元组分组放入 m 个互不相交的"簇"，则可以得到 s 个簇的简单随机抽样，其中 $s < m$。例如，数据库中的元组通常一次检索一页，这样每页就可

以视为一个簇。

（4）分层抽样

如果将原始数据集 D 划分成互不相交的部分，称作层，则通过对每一层的简单随机抽样就可以得到 D 的分层样本。例如，按照顾客的每个年龄组创建分层，可以得到关于顾客数据的一个分层样本。

使用数据归约时，抽样最常用来估计聚集查询的结果。在指定的误差范围内，可以确定（使用中心极限定理）一个给定的函数所需的样本大小。通常样本的大小 s 相对于 n 非常小。而通过简单地增加样本大小，可以进一步提升集合的精准度。

4. 参数回归

简单线性模型和对数线性模型可以用来近似给定的数据。用（简单）线性模型对数据建模，使之拟合成一条直线。下面重点介绍一个简单线性模型的例子，对对数线性模型只做简单介绍。

例如，把点（2, 5），（3, 7），（4, 9），（5, 12），（6, 11），（7, 15），（8, 18），（9, 19），（11, 22），（12, 25），（13, 24），（15, 30），（17, 35）归约成线性函数 $y = wx + b$，拟合函数 $y = 2x + 1.3$ 线上对应的点可以近似看作已知点，如图 4-9 所示。

其中，y 的方差是常量 13.44。在数据挖掘中，x 和 y 是数值属性。系数 2 和 1.3（称作回归系数）分别为直线的斜率和 y 轴截距。系数可以用最小二乘方法求解，可以使数据的实际直线与估计直线之间的误差最小化。多元线性回归是（简单）线性回归的扩充，允许响应变量 y 建模为两个或多个预测变量的线性函数。

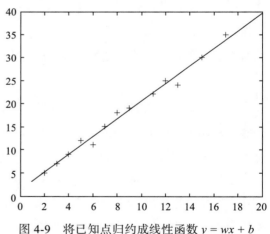

图 4-9　将已知点归约成线性函数 $y = wx + b$

对数线性模型用来描述期望频数与协变量（指与因变量有线性相关并在探讨自变量与因变量关系时通过统计技术加以控制的变量）之间的关系。考虑期望频数 m 在正无穷之间，故需要将对数变换为 $f(m) = \ln m$，使它的取值在 $-\infty$ 与 $+\infty$ 之间。

对数线性模型如式（4-27）所示。

$$\ln m = \beta_0 + \beta_1 x_1 + \cdots + \beta_k x_k \tag{4-27}$$

对数线性模型一般用来近似离散多维概率分布。在一个 n 元组的集合中，每个元组可以看作 n 维空间中的一个点。可以使用对数线性模型基于维组合的一个较小子集，估计离散化的属性集的多维空间中每个点的概率，这使得高维数据空间可以由低维空间来构造。因此，对数线性模型也可以用于维归约（由于低维空间的点通常比原来的数据点占据较少的空间）和数据光滑（因为与高维空间的估计相比，低维空间的聚集估计受抽样方差的影响较少）。

4.5　Python 的主要数据预处理函数

表 4-10 给出了本节要介绍的 Python 中的插值、数据归一化、主成分分析等与数据预处理相关的函数。下面对它们进行详细介绍。

表 4-10　Python 主要数据预处理函数

函数名	函 数 功 能	所属扩展库
interpolate	一维、高维数据插值	SciPy
unique	去除数据中的重复元素，得到单值元素列表，它是对象的方法名	pandas/NumPy
isnull	判断是否空值	pandas
notnull	判断是否非空值	pandas
random	生成随机矩阵	NumPy
PCA	对指标变量矩阵进行主成分分析	scikit-learn

1. interpolate

1）功能

interpolate 是 SciPy 的一个子库，包含了大量的插值函数，如拉格朗日插值、样条插值、高维插值等。使用之前需要用 from scipy.interpolate import * 引入相应的插值函数，读者可以根据需要到官网查找对应的函数名。

2）使用格式

```
f = scipy.interpolate.lagrange(x, y)
```

这里仅仅展示了一维数据的拉格朗日插值的命令，其中 x、y 为对应的自变量和因变量数据。插值完成后，可以通过 $f(a)$ 计算新的插值结果。类似的还有样条插值、多维数据插值等，此处不一一展示。

2. unique

1）功能

去除数据中的重复元素，得到单值元素列表。它既是 NumPy 库的一个函数（numpy. unique()），也是 Series 对象的一个方法。

2）使用格式

```
numpy.unique(D)
```

其中 D 是一维数据，可以是 list、array 或 Series。

```
D.unique()
```

其中 D 是 pandas 的 Series 对象。

3）实例

求 D 中的单值元素，并返回相关索引，如代码清单 4-9 所示。

代码清单 4-9　求 D 中的单值元素，并返回相关索引

```
import pandas as pd
import numpy as np
D = pd.Series([1, 1, 2, 3, 5])
D.unique()
np.unique(D)
```

* 代码详见：demo/code/ 实例 .py。

3. isnull/ notnull

1）功能

判断每个元素是否空值 / 非空值。

2）使用格式

```
D.isnull()
D.notnull()
```

这里的 D 要求是 Series 对象，返回一个布尔 Series。可以通过 D[D.isnull()] 或 D[D. notnull()] 找出 D 中的空值 / 非空值。

4. random

1）功能

random 是 NumPy 的一个子库（Python 本身也自带了 random，但 NumPy 的 random 更加强大），可以用该库下的各种函数生成服从特定分布的随机矩阵，可供抽样时使用。

2）使用格式

```
np.random.rand(k, m, n, ...)
```

生成一个 $k \times m \times n \times \cdots$ 随机矩阵，其元素均匀分布在区间 $(0, 1)$ 上。

```
np.random.randn(k, m, n, ...)
```

生成一个 $k \times m \times n \times \cdots$ 随机矩阵，其元素服从标准正态分布。

5. PCA

1）功能

对指标变量矩阵进行主成分分析。使用前需要用 from sklearn.decomposition import PCA 引入该函数。

2）使用格式

```
model = PCA()
```

注意，scikit-learn 下的 PCA 是一个建模式的对象，也就是说一般的流程是建模，然后训练 model.fit(D)，D 为要进行主成分分析的数据矩阵，训练结束后获取模型的参数，如使用 .components_ 获取特征向量，使用 .explained_variance_ratio_ 获取各个属性的贡献率等。

3）实例

使用 PCA 函数对一个 10×4 的随机矩阵进行主成分分析，如代码清单 4-10 所示。

代码清单 4-10　对一个 10×4 的随机矩阵进行主成分分析

```
from sklearn.decomposition import PCA
D = np.random.rand(10,4)
pca = PCA()
pca.fit(D)
pca.components_                    # 返回模型的各个特征向量
pca.explained_variance_ratio_     # 返回各个成分各自的方差百分比
```

* 代码详见：demo/code/ 实例 .py。

4.6　小结

本章介绍了数据预处理的 4 个主要任务：数据清洗、数据集成、数据变换和数据归约。数据清洗主要介绍了对缺失值和异常值的处理，延续了第 3 章的缺失值和异常值分析的内容。本章所介绍的处理缺失值的方法分为 3 类：删除记录、数据插补和不处理。

处理异常值的方法有删除含有异常值的记录、不处理、平均值修正和视为缺失值。数据集成是合并多个数据源中的数据，并存放到一个数据存储位置的过程，对该部分的介绍从实体识别和冗余属性识别两个方面进行。数据变换介绍了如何从不同的应用角度对已有属性进行函数变换。数据归约从属性（纵向）归约和数值（横向）归约两个方面介绍了如何对数据进行归约，使挖掘的性能和效率得到很大提升。通过对原始数据进行相应的处理，为后续挖掘建模提供良好的数据基础。

第 5 章 Chapter 5

挖掘建模

经过数据探索与数据预处理，可以得到用于建模的数据。根据挖掘目标和数据形式可以建立分类与预测、聚类分析、关联规则、时序模式、离群点检测等模型，帮助企业提取数据中蕴含的商业价值，提高企业的竞争力。

5.1 分类与预测

餐饮企业经常会碰到如下问题：

1）如何基于菜品历史销售情况以及节假日、气候和竞争对手等影响因素，对菜品销量进行趋势预测？

2）如何预测在未来一段时间哪些顾客会流失，哪些顾客最有可能成为 VIP 客户？

3）如何预测一种新产品的销售量以及它在哪种类型的客户中更受欢迎？

除此之外，餐厅经理需要通过数据分析来帮助他了解具有某些特征的顾客的消费习惯；餐饮企业老板希望知道下个月的销售收入以及原材料采购成本。这些都是分类与预测的例子。

分类和预测是预测问题的两种主要类型。分类主要是预测分类标号（离散属性），而预测主要是建立连续值函数模型，预测给定自变量对应的因变量的值。

5.1.1 实现过程

1. 分类

分类是构造一个分类模型，输入样本的属性值，输出对应的类别，将每个样本映射到预先定义好的类别。

分类模型建立在已有类标记的数据集上，可以方便地计算模型在已有样本上的准确率，所以分类属于有监督的学习。图 5-1 展示了将销售量分为"高""中""低"3 类。

图 5-1 分类问题

2. 预测

预测是建立两种或两种以上变量间相互依赖的函数模型，然后进行预测或控制。

3. 实现过程

分类和预测的实现过程类似，以分类模型为例，实现过程如图 5-2 所示。

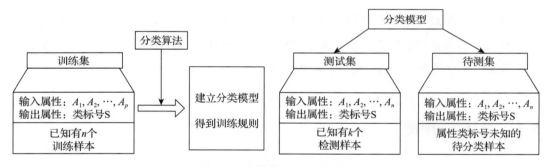

图 5-2 分类模型的实现过程

分类模型的实现过程有两步：第一步是学习，通过归纳分析训练样本集来建立分类模型，得到分类规则；第二步是分类，先用已知的测试样本集评估分类规则的准确率，如果准确率是可以接受的，则使用该模型对未知类标号的待测样本集进行预测。

类似于图 5-2 描述的分类模型，预测模型的实现过程也有两步：第一步是通过训练集建立预测属性（数值型的）的函数模型，第二步是在模型通过检验后进行预测或控制。

5.1.2 常用的分类与预测算法

常用的分类与预测算法见表 5-1。

表 5-1　常用的分类与预测算法

算法名称	算法描述
回归分析	回归分析是确定预测属性（数值型）与其他变量间相互依赖的定量关系的最常用的统计学方法，包括线性回归、非线性回归、Logistic 回归、岭回归、主成分回归、偏最小二乘回归等模型
决策树	决策树采用自顶向下的递归方式，在内部节点进行属性值的比较，并根据不同的属性值从该节点向下分支，最终得到的叶节点是学习划分的类
人工神经网络	人工神经网络是一种模仿大脑神经网络结构和功能而建立的信息处理系统，是表示神经网络的输入与输出变量之间的关系的模型
贝叶斯网络	贝叶斯网络又称信度网络，是 Bayes 方法的扩展，是目前不确定知识表达和推理领域最有效的理论模型之一
支持向量机	支持向量机是一种通过某种非线性映射，把低维的非线性可分转化为高维的线性可分，在高维空间进行线性分析的算法

5.1.3　回归分析

回归分析❍是一种通过建立模型来研究变量之间相互关系的密切程度、结构状态及进行模型预测的有效工具，在工商管理、经济、社会、医学和生物学等领域应用十分广泛。从 19 世纪初高斯提出最小二乘估计算起，回归分析的历史已有 200 多年。从经典的回归分析方法到近代的回归分析方法，按照研究方法划分，回归分析研究的范围大致如图 5-3 所示。

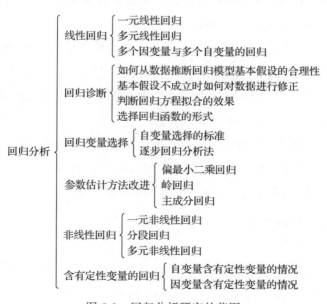

图 5-3　回归分析研究的范围

❍　何晓群. 应用回归分析 [M]. 北京：中国人民大学出版社. 2011.

在数据挖掘环境下，自变量与因变量具有相关关系，自变量的值是已知的，因变量是要预测的。

常用的回归模型见表 5-2。

表 5-2　常用的回归模型

回归模型名称	适 用 条 件	算 法 描 述
线性回归	因变量与自变量是线性关系	对一个或多个自变量和因变量之间的线性关系进行建模，可用最小二乘法求解模型系数
非线性回归	因变量与自变量之间不都是线性关系	对一个或多个自变量和因变量之间的非线性关系进行建模。如果非线性关系可以通过简单的函数变换转化成线性关系，则用线性回归的思想求解；如果不能转化，则用非线性最小二乘方法求解
Logistic 回归	一般因变量有 1-0（是否）两种取值	广义线性回归模型的特例，利用 Logistic 函数将因变量的取值范围控制在 0 和 1 之间，表示取值为 1 的概率
岭回归	参与建模的自变量之间具有多重共线性	一种改进最小二乘估计的方法
主成分回归	参与建模的自变量之间具有多重共线性	主成分回归是根据主成分分析的思想提出来的，是对最小二乘法的一种改进，它是参数估计的一种有偏估计。可以消除自变量之间的多重共线性

线性回归模型是相对简单的回归模型，但是通常因变量和自变量之间呈现出某种曲线关系，这就需要建立非线性回归模型。

Logistic 回归属于概率型非线性回归，分为二分类和多分类的回归模型。对于二分类的 Logistic 回归，因变量 y 只有"是、否"两个取值，记为 1 和 0。假设在自变量 x_1, x_2, $\cdots$, x_p 作用下，y 取"是"的概率是 p，则取"否"的概率是 $1-p$，研究的是当 y 取"是"发生的概率 p 与自变量 x_1, x_2, $\cdots$, x_p 的关系。

当自变量之间出现多重共线性时，用最小二乘方法估计的回归系数将会不准确，消除多重共线性的参数改进的估计方法主要有岭回归和主成分回归。

下面就对常用的二分类 Logistic 回归模型的原理展开介绍。

1. Logistic 回归分析介绍

（1）Logistic 函数

Logistic 回归模型中的因变量只有 1-0（如"是"和"否"、"发生"和"不发生"）两种取值。假设在 p 个独立自变量 x_1, x_2, $\cdots$, x_p 的作用下，记 y 取 1 的概率是 $p = P(y=1|X)$，取 0 的概率是 $1-p$，取 1 和取 0 的概率之比为 $\dfrac{p}{1-p}$，称为事件的优势比（odds），对

odds 取自然对数即得 Logistic 变换 $\text{Logit}(p) = \ln\left(\dfrac{p}{1-p}\right)$。

令 $\text{Logit}(p) = \ln\left(\dfrac{p}{1-p}\right) = z$，则 $p = \dfrac{1}{1+e^{-z}}$ 即 Logistic 函数，如图 5-4 所示。

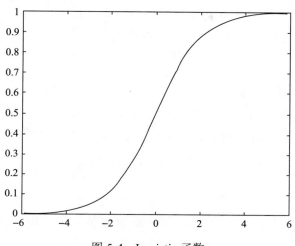

图 5-4　Logistic 函数

当 p 在 $(0,1)$ 之间变化时，odds 的取值范围是 $(0,+\infty)$，则 $\ln\left(\dfrac{p}{1-p}\right)$ 的取值范围是 $(-\infty,+\infty)$。

（2）Logistic 回归模型

Logistic 回归模型是建立 $\ln\left(\dfrac{p}{1-p}\right)$ 与自变量的线性回归模型。Logistic 回归模型为式（5-1）。

$$\ln\left(\frac{p}{1-p}\right) = \beta_0 + \beta_1 x_1 + \cdots + \beta_p x_p + \varepsilon \tag{5-1}$$

因为 $\ln\left(\dfrac{p}{1-p}\right)$ 的取值范围是 $(-\infty,+\infty)$，这样，自变量 $x_1, x_2, \cdots, x_p$ 可在任意范围内取值。记 $g(x) = \beta_0 + \beta_1 x_1 + \cdots + \beta_p x_p$，得到式（5-2）和式（5-3）。

$$p = P(y=1\,|\,X) = \frac{1}{1+e^{-g(x)}} \tag{5-2}$$

$$1-p = P(y=0\,|\,X) = 1 - \frac{1}{1+e^{-g(x)}} = \frac{1}{1+e^{g(x)}} \tag{5-3}$$

（3）Logistic 回归模型的解释

$$\frac{p}{1-p} = e^{\beta_0 + \beta_1 x_1 + \cdots + \beta_p x_p + \varepsilon} \qquad (5\text{-}4)$$

β_0：在没有自变量，即 x_1，x_2，$\cdots$，x_p 全部取 0 时，$y=1$ 与 $y=0$ 发生概率之比的自然对数；

β_1：某自变量 x_i 变化时，即 $x_i=1$ 与 $x_i=0$ 相比，$y=1$ 优势比的对数值。

2. Logistic 回归建模步骤

Logistic 回归模型的建模步骤如图 5-5 所示。

1）根据分析目的设置指标变量（因变量和自变量），然后收集数据，根据收集到的数据对特征再次进行筛选。

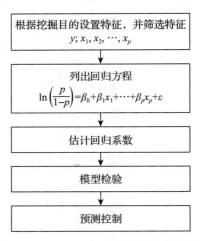

根据挖掘目的设置特征，并筛选特征
y；x_1, x_2, $\cdots$, x_p

↓

列出回归方程
$\ln\left(\dfrac{p}{1-p}\right) = \beta_0 + \beta_1 x_1 + \cdots + \beta_p x_p + \varepsilon$

↓

估计回归系数

↓

模型检验

↓

预测控制

图 5-5　Logistic 回归模型的建模步骤

2）y 取 1 的概率是 $p = P(y=1|X)$，取 0 的概率是 $1-p$。用 $\ln\left(\dfrac{p}{1-p}\right)$ 和自变量列出线性回归方程，估计出模型中的回归系数。

3）进行模型检验。模型有效性的检验指标有很多，最基本的是正确率，其次是混淆矩阵、ROC 曲线、KS 值等。

4）模型应用。输入自变量的值就可以得到预测变量的值，或者根据预测变量的值去控制自变量的值。

下面对某银行贷款拖欠率数据进行逻辑回归建模，该数据示例如表 5-3 所示。

表 5-3　银行贷款拖欠率数据

年龄 / 岁	教育	工龄 / 年	地址	收入 / 万元	负债率	信用卡负债 / 万元	其他负债 / 万元	违约
41	3	17	12	176.00	9.30	11.36	5.01	1
27	1	10	6	31.00	17.30	1.36	4.00	0
40	1	15	14	55.00	5.50	0.86	2.17	0
41	1	15	14	120.00	2.90	2.66	0.82	0
24	2	2	0	28.00	17.30	1.79	3.06	1
41	2	5	5	25.00	10.20	0.39	2.16	0
39	1	20	9	67.00	30.60	3.83	16.67	0
43	1	12	11	38.00	3.60	0.13	1.24	0
24	1	3	4	19.00	24.40	1.36	3.28	1
36	1	0	13	25.00	19.70	2.78	2.15	0

* 数据详见：demo/data/bankloan.xls。

利用 scikit-learn 库对这个数据建立逻辑回归模型，输出平均正确率，如代码清单 5-1 所示。

代码清单 5-1　　建立逻辑回归模型

```python
import pandas as pd
from sklearn.linear_model import LogisticRegression as LR

# 参数初始化
filename = '../data/bankloan.xls'
data = pd.read_excel(filename)
x = data.iloc[:, :8].values          #使用values替代as_matrix
y = data.iloc[:, 8].values

lr = LR()                            # 建立逻辑回归模型
lr.fit(x, y)                         # 用筛选后的特征数据来训练模型
print('模型的平均准确度为: %s' % lr.score(x, y))
```

* 代码详见: demo/code/01-logistic_regression.py。

运行代码清单 5-1 可以得到部分输出结果如下:

模型的平均准确度为: 0.8057142857142857

由此可知，模型的平均准确度约为 80.6%。

5.1.4　决策树

决策树方法在分类、预测、规则提取等领域有着广泛应用。20 世纪 70 年代后期和 80 年代初期，在机器学习研究者 J.Ross Quinilan 提出了 ID3 [⊖]算法以后，决策树在机器学习、数据挖掘领域得到极大的发展。Quinilan 后来又提出了 C4.5 算法，该算法成为新的监督学习算法。1984 年统计学家提出了 CART 分类算法。ID3 和 CART 算法大约同时被提出，但都是采用类似的方法从训练样本中学习决策树。

决策树是一种树状结构，它的每一个叶节点对应着一个分类，非叶节点对应着在某个属性上的划分，根据样本在该属性上的不同取值将其划分成若干个子集。构造决策树的核心问题是在每一步选择适当的属性对样本做拆分。针对一个分类问题，从已知类标记的训练样本中学习并构造出决策树是一个自上而下、分而治之的过程。

常用的决策树算法见表 5-4。

⊖　Quinilan J R, Induction of decision trees, Machine Learning[M]. 1986,(1):81-106.

表 5-4　常用的决策树算法

决策树算法	算法描述
ID3 算法	核心是在决策树的各级节点上，使用信息增益方法作为属性的选择标准，来帮助确定生成每个节点时所应采用的合适属性
C4.5 算法	C4.5 决策树生成算法相对于 ID3 算法的重要改进是使用信息增益率来选择节点属性。C4.5 算法可以克服 ID3 算法存在的不足：ID3 算法只适用于离散的描述属性，而 C4.5 算法既能够处理离散的描述属性，也能够处理连续的描述属性
CART 算法	CART 决策树是一种十分有效的非参数分类和回归方法，通过构建树、修剪树、评估树来构建一个二叉树。当终节点是连续变量时，该树为回归树；当终节点是分类变量时，该树为分类树

本节将详细介绍 ID3 算法，它也是最经典的决策树分类算法。

1. ID3 算法简介及基本原理

ID3 算法基于信息熵来选择最佳测试属性。它选择当前样本集中具有最大信息增益值的属性作为测试属性；样本集的划分则依据测试属性的取值进行，测试属性有多少不同取值就将样本集划分为多少子样本集，同时决策树上与该样本集相应的节点长出新的叶节点。ID3 算法根据信息论理论，采用划分后样本集的不确定性作为衡量划分好坏的标准，用信息增益值度量不确定性：信息增益值越大，不确定性越小。因此，ID3 算法在每个非叶节点选择信息增益最大的属性作为测试属性，这样可以得到当前情况下最纯的拆分，从而得到较小的决策树。

设 S 是 s 个数据样本的集合。假定类别属性具有 m 个不同的值：$C_i(i=1, 2, \cdots, m)$。设 s_i 是类 C_i 中的样本数。对一个给定的样本，总的信息熵为式（5-5）。

$$I(s_1,s_2,\cdots,s_m) = -\sum_{i=1}^{m} P_i \log_2 P_i \qquad (5\text{-}5)$$

其中，P_i 是任意样本属于 C_i 的概率，一般可以用 $\dfrac{s_i}{s}$ 估计。

设一个属性 A 具有 k 个不同的值 $\{a_1, a_2, \cdots, a_k\}$，利用属性 A 将集合 S 划分为 k 个子集 $\{S_1, S_2, \cdots, S_k\}$，其中 S_j 包含了集合 S 中属性 A 取 a_j 值的样本。若选择属性 A 为测试属性，则这些子集就是从集合 S 的节点生长出来的新的叶节点。设 s_{ij} 是子集 S_j 中类别为 C_i 的样本数，则根据属性 A 划分样本的信息熵值为式（5-6）。

$$E(A) = \sum_{j=1}^{k} \frac{s_{1j}, s_{2j}, \cdots, s_{mj}}{s} I(s_{1j}, s_{2j}, \cdots, s_{mj}) \qquad (5\text{-}6)$$

其中，$I(s_{1j}, s_{2j}, \cdots, s_{mj}) = -\sum_{i=1}^{m} P_{ij} \log_2 P_{ij}$，$P_{ij} = \dfrac{s_{ij}}{s_{1j} + s_{2j} + \cdots + s_{mj}}$ 是子集 S_j 中类别为 C_i 的样本的概率。

最后，用属性 A 划分样本集 S 后所得的信息增益（Gain）为式（5-7）。

$$Gain(A) = I(s_1, s_2, \cdots, s_m) - E(A) \qquad （5-7）$$

显然 $E(A)$ 越小，$Gain(A)$ 的值越大，说明选择测试属性 A 对于分类提供的信息增益值越大，选择 A 之后对分类的不确定程度越小。属性 A 的 k 个不同的值对应的样本集 S 的 k 个子集或分支，通过递归调用上述过程（不包括已经选择的属性），生成其他属性作为节点的叶节点和分支来生成整个决策树。ID3 算法作为一个典型的决策树学习算法，其核心是在决策树的各级节点上都用信息增益作为判断标准来进行属性的选择，使得在每个非叶节点上进行测试时，都能获得最大的类别分类增益，使分类后的数据集的熵最小。这样的处理方法使得树的平均深度较小，从而有效地提高了分类效率。

2. ID3 算法具体流程

ID3 算法的具体实现步骤如下：

1）计算当前样本集合的所有属性的信息增益。

2）选择信息增益最大的属性作为测试属性，把测试属性取值相同的样本划为同一个子样本集。

3）若子样本集的类别属性只含有单个属性，则分支为叶节点，判断其属性值并标上相应的符号，然后返回调用处；否则对子样本集递归调用本算法。

下面将结合餐饮案例介绍 ID3 的具体实施步骤。T 餐饮企业作为大型连锁企业，生产的产品种类比较多，另外涉及的分店所处的位置也不同，数目比较多。对于企业的高层来讲，了解周末和非周末销量是否有大的区别以及天气、促销活动这些因素是否会影响门店的销量等信息至关重要。因此，为了让决策者准确了解和销量有关的一系列影响因素，需要构建模型来分析天气、是否周末和是否有促销活动对销量的影响。下面以单个门店为例来进行分析。

对于天气属性，数据源中存在多种不同的值，这里将那些属性值相近的值进行类别整合。如天气为"多云""多云转晴""晴"这些属性值相近，均是适宜外出的天气，不会对产品销量造成太大的影响，因此将它们归为一类，天气属性值设置为"好"；同理，对于"雨""小到中雨"等天气，均是不适宜外出的天气，因此将它们归为一类，天气属性值设置为"坏"。

对于是否周末属性，周末则设置为"是"，非周末则设置为"否"。

对于是否有促销活动属性，有促销活动则设置为"是"，无促销活动则设置为"否"。

产品的销售数量为数值型，需要对属性进行离散化，将销售数据划分为"高"和"低"两类。将其平均值作为分界点，大于平均值的划分为类别"高"，小于平均值的划分为类别"低"。

经过以上处理，得到的数据集见表 5-5。

表 5-5　处理后的数据集

序号	天气	是否周末	是否有促销	销售数量
1	坏	是	是	高
2	坏	是	是	高
3	坏	是	是	高
4	坏	否	是	高
…	…	…	…	…
32	好	否	是	低
33	好	否	否	低
34	好	否	否	低

* 数据详见：demo/data/sales_data.xls。

采用 ID3 算法构建决策树模型的具体步骤如下：

1）根据式（5-5），计算总的信息熵，其中数据总记录条数为 34，而销售数量为"高"的数据有 18 条，"低"的有 16 条。

$$I(18,16) = -\frac{18}{34}\log_2\frac{18}{34} - \frac{16}{34}\log_2\frac{16}{34} = 0.997\,503$$

2）根据式（5-5）和式（5-6），计算每个测试属性的信息熵。

对于天气属性，其属性值有"好"和"坏"两种。其中在天气为"好"的条件下，销售数量为"高"的记录为 11 条，销售数量为"低"的记录为 6 条，可表示为 (11,6)；在天气为"坏"的条件下，销售数量为"高"的记录为 7 条，销售数量为"低"的记录为 10 条，可表示为 (7,10)。则天气属性的信息熵计算过程如下：

$$I(11,6) = -\frac{11}{17}\log_2\frac{11}{17} - \frac{6}{17}\log_2\frac{6}{17} = 0.936\,667$$

$$I(7,10) = -\frac{7}{17}\log_2\frac{7}{17} - \frac{10}{17}\log_2\frac{10}{17} = 0.977\,418$$

$$E(天气) = \frac{17}{34}I(11,6) + \frac{17}{34}I(7,10) = 0.957\,043$$

对于是否周末属性，其属性值有"是"和"否"两种。其中在是否周末属性为"是"的条件下，销售数量为"高"的记录为 11 条，销售数量为"低"的记录为 3 条，可表示为 (11,3)；在是否周末属性为"否"的条件下，销售数量为"高"的记录为 7 条，销售数量为"低"的记录为 13 条，可表示为 (7,13)。则节假日属性的信息熵计算过程如下。

$$I(11,3) = -\frac{11}{14}\log_2\frac{11}{14} - \frac{3}{14}\log_2\frac{3}{14} = 0.749\,595$$

$$I(7,13) = -\frac{7}{20}\log_2\frac{7}{20} - \frac{13}{20}\log_2\frac{13}{20} = 0.934\,068$$

$$E(是否周末) = \frac{14}{34}I(11,3) + \frac{20}{34}I(7,13) = 0.858\,109$$

对于是否有促销属性，其属性值有"是"和"否"两种。其中在是否有促销属性为"是"的条件下，销售数量为"高"的记录为 15 条，销售数量为"低"的记录为 7 条，可表示为 (15,7)；在是否有促销属性为"否"的条件下，销售数量为"高"的记录为 3 条，销售数量为"低"的记录为 9 条，可表示为 (3,9)。则是否有促销属性的信息熵计算过程如下：

$$I(15,7) = -\frac{15}{22}\log_2\frac{15}{22} - \frac{7}{22}\log_2\frac{7}{22} = 0.902\,393$$

$$I(3,9) = -\frac{3}{12}\log_2\frac{3}{12} - \frac{9}{12}\log_2\frac{9}{12} = 0.811\,278$$

$$E(是否促销) = \frac{22}{34}I(15,7) + \frac{12}{34}I(3,9) = 0.870\,235$$

3）根据式（5-7），计算天气、是否周末和是否有促销属性的信息增益值。

$$\text{Gain}(天气) = I(18,16) - E(天气) = 0.997\,503 - 0.957\,043 = 0.040\,46$$
$$\text{Gain}(是否周末) = I(18,16) - E(是否周末) = 0.997\,503 - 0.858\,109 = 0.139\,394$$
$$\text{Gain}(是否促销) = I(18,16) - E(是否促销) = 0.997\,503 - 0.870\,235 = 0.127\,268$$

4）由第 3 步的计算结果可以知道是否周末属性的信息增益值最大，它的两个属性值"是"和"否"作为该根节点的两个分支。然后按照步骤 1 到步骤 3 继续对该根节点的分支节点进行划分，针对每一个分支节点进行信息增益的计算，如此循环反复，直到没有新的节点分支，最终构成一棵决策树。生成的决策树模型如图 5-6 所示。

从图 5-6 所示的决策树模型可以看出门店
的销量和各个属性之间的关系，并可以提出
以下决策规则：

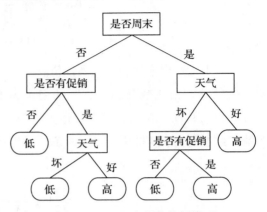

图 5-6　ID3 生成的决策树模型

　　1）若周末属性为"是"，天气为"好"，
则销售数量为"高"；

　　2）若周末属性为"是"，天气为"坏"，
促销属性为"是"，则销售数量为"高"；

　　3）若周末属性为"是"，天气为"坏"，
促销属性为"否"，则销售数量为"低"；

　　4）若周末属性为"否"，促销属性为
"否"，则销售数量为"低"；

　　5）若周末属性为"否"，促销属性为"是"，天气为"好"，则销售数量为"高"；

　　6）若周末属性为"否"，促销属性为"是"，天气为"坏"，则销售数量为"低"。

　　由于 ID3 算法采用了信息增益作为选择测试属性的标准，因此它会偏向于选择取值
较多的即所谓高度分支属性，但这类属性并不一定是最优的属性。同时 ID3 算法只能处
理离散型属性，对于连续型属性，在分类前需要对其进行离散化。为了解决倾向于选择
高度分支属性的问题，人们采用信息增益率作为选择测试属性的标准，这样便得到 C4.5
算法。此外，常用的决策树算法还有 CART 算法、SLIQ 算法、SPRINT 算法和 PUBLIC
算法等。

　　使用 scikit-learn 库建立基于信息熵的决策树模型，如代码清单 5-2 所示。

代码清单 5-2　使用 ID3 算法预测销量高低

```
import pandas as pd
# 参数初始化
filename = '../data/sales_data.xls'
data = pd.read_excel(filename, index_col='序号')  # 导入数据

# 数据是类别标签，要将它转换为数据
# 用1来表示"好""是""高"这3个属性，用-1来表示"坏""否""低"
data[data == '好'] = 1
data[data == '是'] = 1
data[data == '高'] = 1
data[data != 1] = -1
x = data.iloc[:,:3].as_matrix().astype(int)
y = data.iloc[:,3].as_matrix().astype(int)
```

```
from sklearn.tree import DecisionTreeClassifier as DTC
dtc = DTC(criterion='entropy')        # 建立决策树模型，基于信息熵
dtc.fit(x, y)                         # 训练模型

# 导入相关函数，可视化决策树
# 导出的结果是一个dot文件，需要安装Graphviz才能将它转换为pdf或png等格式
from sklearn.tree import export_graphviz
x = pd.DataFrame(x)
with open("../tmp/tree.dot", 'w') as f:
    f = export_graphviz(dtc, feature_names=x.columns, out_file=f)
```

* 代码详见：demo/code/02-decision_tree.py。

运行代码清单 5-2 后，将会输出一个 tree.dot 的文本文件，其内容具体如下：

```
digraph Tree {
edge [fontname="SimHei"];    /*添加这两行，指定中文字体（这里是黑体）*/
node [fontname="SimHei"];    /*添加这两行，指定中文字体（这里是黑体）*/
0 [label="是否周末 <= 0.0000\nentropy = 0.997502546369\nsamples = 34", shape="box"] ;
1 [label="是否有促销 <= 0.0000\nentropy = 0.934068055375\nsamples = 20", shape="box"] ;
...
}
```

然后将它保存为 UTF-8 格式。为了进一步将它转换为可视化格式，需要安装 Graphviz（跨平台的、基于命令行的绘图工具），然后在命令行中以如下方式编译：

```
dot -Tpdf tree.dot -o tree.pdf
```

生成的结果图如图 5-7 所示，显然，它等价于图 5-6。

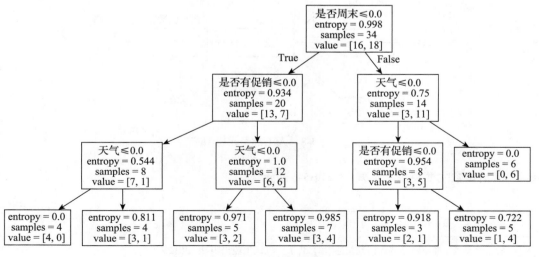

图 5-7　可视化结果

5.1.5 人工神经网络

人工神经网络[一][二]（Artificial Neural Networks，ANNs），是一种模拟生物神经网络进行信息处理的数学模型。它以对大脑的生理研究成果为基础，目的在于模拟大脑的某些机理与机制，实现一些特定的功能。

1943 年，美国心理学家 McCulloch 和数学家 Pitts 联合提出了形似神经元的数学模型——MP 模型，证明了单个神经元能执行逻辑功能，开创了人工神经网络研究的时代。1957 年，计算机科学家 Rosenblatt 用硬件完成了最早的神经网络模型，即感知器，并用来模拟生物的感知和学习能力。1969 年，M.Minsky 等仔细分析了以感知器为代表的神经网络系统的功能及局限后，出版了《感知器》一书，指出感知器不能解决高阶谓词问题，人工神经网络研究进入一个低谷期。20 世纪 80 年代以后，超大规模集成电路、脑科学、生物学、光学的迅速发展为人工神经网络的发展打下了基础，人工神经网络研究进入兴盛期。

人工神经元是人工神经网络操作的基本信息处理单位。人工神经元的模型如图 5-8 所示，它是人工神经网络的设计基础。一个人工神经元对输入信号 $X = [x_1, x_2, \cdots, x_m]^T$ 的输出 $y = f(u+b)$，其中 $u = \sum_{i=1}^{m} w_i x_i y$，公式中各字符的含义如图 5-8 所示。

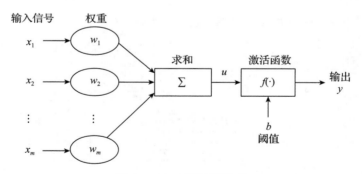

图 5-8　人工神经元模型

激活函数主要有以下形式，如表 5-6 所示。

一　张良均.神经网络从入门到精通 [M].北京：机械工业出版社 .2012.

二　周春光.计算智能 [M].吉林：吉林大学出版社 .2009.

表 5-6　激活函数分类

激活函数	表达形式	图　形	解释说明
域值函数（阶梯函数）	$f(v) = \begin{cases} 1 & (v \geqslant 0) \\ 0 & (v < 0) \end{cases}$		当函数的自变量小于 0 时，函数的输出为 0；当函数的自变量大于或等于 0 时，函数的输出为 1，用该函数可以把输入分成两类
分段线性函数	$f(v) = \begin{cases} 1 & (v \geqslant 1) \\ v & (-1 < v < 1) \\ -1 & (v \leqslant -1) \end{cases}$		该函数在（-1，+1）线性区内的放大系数是一致的，这种形式的激活函数可以看作非线性放大器
非线性转移函数	$f(v) = \dfrac{1}{1 + e^{-v}}$		单极性 S 型函数为实数域 R 到 [0，1] 闭集的连续函数，代表了连续状态型神经元模型。其特点是函数本身及其导数都是连续的，能够体现数学计算上的优越性
ReLU 函数	$f(v) = \begin{cases} v & (v \geqslant 0) \\ 0 & (v < 0) \end{cases}$		这是近年来提出的激活函数，它具有计算简单、效果更佳的特点，目前已经有取代其他激活函数的趋势。本书的神经网络模型大量使用了该激活函数

　　人工神经网络的学习也称为训练，是指神经网络在受到外部环境的刺激下调整神经网络的参数，以一种新的方式对外部环境做出反应的过程。在分类与预测中，人工神经网络主要使用有指导的学习方式，即根据给定的训练样本，调整人工神经网络的参数，以使网络输出接近于已知的样本类标记或其他形式的因变量。

　　在人工神经网络的发展过程中，提出了多种不同的学习规则，没有一种特定的学习算法适用于所有的网络结构和具体问题。在分类与预测中，δ 学习规则（误差校正学习算法）是使用最广泛的一种。误差校正学习算法根据神经网络的输出误差对神经元的连接强度进行修正，属于有指导学习。假设将神经网络中的神经元 i 作为输入，神经元 j 作为输出，它们的连接权值为 w_{ij}，则对权值的修正为 $\Delta w_{ij} = \eta \delta_j Y_i$，其中 η 为学习率，$\delta_j = T_j - Y_j$ 为 j 的偏差，即输出神经元 j 的实际输出和教师信号之差。δ 学习规则示意图如图 5-9 所示。

　　神经网络训练是否完成常用误差函数（也称目标函数）E 来衡量。当误差函数小于某一个设定的值时即停止神经网络的训练。误差函数为衡量实际输出向量 Y_k 与期望值向量

T_k 误差大小的函数，常采用二乘误差函数来定义，误差函数 $E = \dfrac{1}{2}\sum\limits_{k=1}^{N}[Y_k - T_k]^2$（或 $E =$

$\sum\limits_{k=1}^{N}[Y_k - T_k]^2$），$k$=1, 2, …, N，表示训练样本个数。

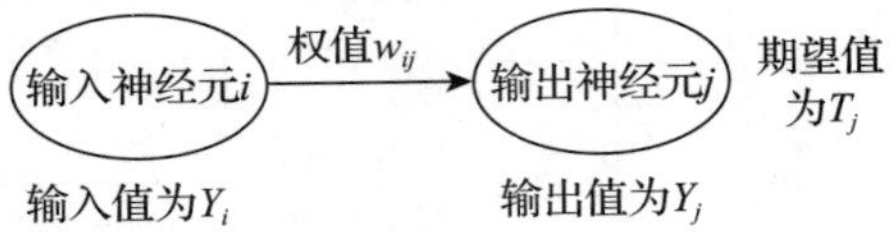

使用人工神经网络模型时需要确定网络连接的拓扑结构、神经元的特征和学习规则等。目前，已有近 40 种人工神经网络模型，常用来实现分类和预测的人工神经网络算法见表 5-7。

图 5-9　δ 学习规则示意图

表 5-7　人工神经网络算法

算 法 名 称	算 法 描 述
BP 神经网络	一种按误差逆传播算法训练的多层前馈网络，学习算法是 δ 学习规则，是目前应用最广泛的神经网络模型之一
LM 神经网络	基于梯度下降法和牛顿法的多层前馈网络，具有迭代次数少、收敛速度快、精确度高的特点
RBF 径向基神经网络	RBF 网络能够以任意精度逼近任意连续函数，从输入层到隐含层的变换是非线性的，从隐含层到输出层的变换是线性的，特别适合解决分类问题
FNN 模糊神经网络	FNN 模糊神经网络是具有模糊权系数或者输入信号是模糊量的神经网络，是模糊系统与神经网络相结合的产物，它汇聚了神经网络与模糊系统的优点，集联想、识别、自适应及模糊信息处理于一体
GMDH 神经网络	GMDH 网络也称为多项式网络，它是前馈神经网络中一种常用的用于预测的神经网络。它的特点是网络结构不固定，而且在训练过程中不断改变
ANFIS 自适应神经网络	神经网络镶嵌在一个全部模糊的结构之中，在不知不觉中向训练数据学习，自动产生、修正并高度概括出最佳的输入与输出变量的隶属函数以及模糊规则；另外，神经网络的各层结构与参数也都具有明确的、易于理解的物理意义

BP（Back Propagation，反向传播）神经网络的学习算法是 δ 学习规则，目标函数采用 $E = \sum\limits_{k=1}^{N}[Y_k - T_k]^2$，下面详细介绍 BP 神经网络算法。

BP 神经网络算法的特征是利用输出后的误差来估计输出层的直接前导层的误差，再用这个误差估计更前一层的误差，如此一层一层地反向传播下去，就获得了所有其他各层的误差估计。也就是说，这是将输出层表现出的误差沿着与输入传送相反的方向逐级向网络的输入层传递的过程。我们以典型的 3 层 BP 网络为例，描述标准的 BP 算法。图 5-10 所示的是一个有 3 个输入节点、4 个隐层节点、1 个输出节点的 3 层 BP 神经网络。

BP 算法的学习过程由信号的正向传播与误差的逆向传播两个过程组成。正向传播时，输入信号经过隐层的处理后，传向输出层。若输出层节点未能得到期望的输出，则转入误差的逆向传播阶段，将输出误差按照某种子形式，通过隐层向输入层返回，并"分摊"给隐层的 4 个节点与输入层的 3 个输入节点，从而获得各层单元的参考误差（或称误差信号），作为修改各单元权值的依据。这种信号正向传播与误差逆向传播的各层权值矩阵的修改过程是反复进行的。权值不断修改的过程，也就是网络的学习（或称训练）过程。此过程一直进行到网络输出的误差逐渐减少到可接受的程度或达到设定的学习次数为止。BP 算法学习过程流程图如图 5-11 所示。

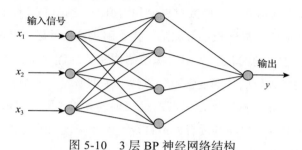

图 5-10　3 层 BP 神经网络结构

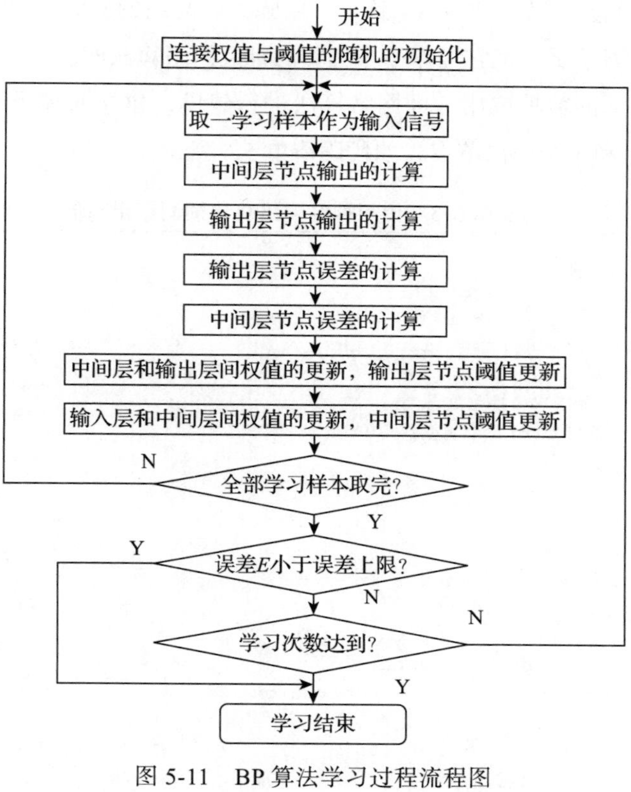

图 5-11　BP 算法学习过程流程图

算法开始后，给定学习次数上限，初始化学习次数为 0，对权值和阈值赋予小的随机数，一般在 [−1,1] 之间。输入样本数据，网络正向传播，得到中间层与输出层的值。比较输出层的值与教师信号值的误差，用误差函数 E 来判断误差是否小于误差上限，如不小于误差上限，则对中间层和输出层权值和阈值进行更新，更新的算法为 δ 学习规则。更新权值和阈值后，再次将样本数据作为输入，得到中间层与输出层的值，计算误差 E 是否小于上限，学习次数是否到达指定值，如果达到，则学习结束。

由于 BP 算法只用到均方误差函数对权值和阈值的一阶导数（梯度）的信息，因此它存在收敛速度缓慢、易陷入局部极小等缺陷。为了解决这一问题，Hinton 等人于 2006 年提出了非监督贪心逐层训练算法，为解决深层结构相关的优化难题带来希望，并以此为基础发展成为如今脍炙人口的"深度学习"算法。本书所建立的神经网络，与传统的 BP 神经网络结构类似，但是求解算法用了新的逐层训练算法。限于篇幅，本文不可能对深度学习做进一步的讲解。有兴趣的读者，请自行搜索并阅读相关资料。

在第 2 章我们已经提过，scikit-learn 库中并没有神经网络模型，而 Python 中我们认为比较好的神经网络算法库是 Keras，这是一个强大而易用的深度学习算法库，不过在本书中，我们仅仅牛刀小试，把它当作一个基本的神经网络算法库。

针对表 5-5 所示的数据应用神经网络算法进行建模，建立的神经网络有 3 个输入节点、10 个隐藏节点和 1 个输出节点，如代码清单 5-3 所示。

代码清单 5-3　使用神经网络算法预测销量高低

```
import pandas as pd
# 参数初始化
inputfile = '../data/sales_data.xls'
data = pd.read_excel(inputfile, index_col = '序号')       # 导入数据

# 数据是类别标签，要将它转换为数据
# 用1来表示"好""是""高"这三个属性，用0来表示"坏""否""低"
data[data == '好'] = 1
data[data == '是'] = 1
data[data == '高'] = 1
data[data != 1] = 0
x = data.iloc[:,:3].astype(int)
y = data.iloc[:,3].astype(int)

from keras.models import Sequential
from keras.layers import Dense, Activation

model = Sequential()                                      # 建立模型
model.add(Dense(input_dim = 3, units = 10))
```

```
model.add(Activation('relu'))      # 用relu函数作为激活函数，能够大幅提高准确度
model.add(Dense(input_dim = 10, units = 1))
model.add(Activation('sigmoid'))   # 由于是0-1输出，用sigmoid函数作为激活函数

model.compile(loss = 'binary_crossentropy', optimizer = 'adam')
# 编译模型。由于我们做的是二元分类，所以指定损失函数为binary_crossentropy，以及模式为binary
# 常见的损失函数还有mean_squared_error、categorical_crossentropy等，请阅读帮助文件。
# 对于求解方法，我们指定用adam，此外还有sgd、rmsprop等

model.fit(x, y, epochs = 1000, batch_size = 10)              # 训练模型，学习一千次
yp = (model.predict(x) > 0.5).astype("int").reshape(len(y))  # 分类预测

from cm_plot import *                  # 导入自行编写的混淆矩阵可视化函数
cm_plot(y,yp).show()                   # 显示混淆矩阵可视化结果
```

* 代码详见：demo/code/03-neural_network.py。

运行代码清单 5-3 可以得到如图 5-12 所示的混淆矩阵图。

从图 5-12 可以看出，检测样本为 34 个，预测正确的个数为 26 个，预测准确率为 76.47%，预测准确率较低。这是由于神经网络训练时需要较多样本，而这里训练数据较少。

需要指出的是，这里的案例比较简单，我们并没有考虑过拟合的问题。事实上，神经网络的拟合能力是很强的，容易出现过拟合现象。与传统的添加"惩罚项"的做法不同，目前神经网络（尤其是深度神经网络）中流行的防止过拟合的方法是随机地让部分神经网络节点休眠。

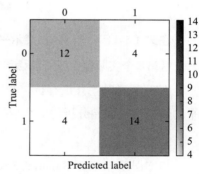

图 5-12 BP 神经网络预测销量高低混淆矩阵图

5.1.6　分类与预测算法评价

分类与预测模型对训练集进行预测而得出的准确率并不能很好地反映预测模型未来的性能。为了有效判断一个预测模型的性能表现，需要一组没有参与预测模型建立的数据集，并在该数据集上评价预测模型的准确率，这组独立的数据集叫测试集。模型预测效果评价，通常用绝对误差与相对误差、平均绝对误差、根均方差、相对平方根误差等指标来衡量。

1. 绝对误差与相对误差

设 Y 表示实际值，$\hat{Y}$ 表示预测值，则称 E 为绝对误差（Absolute Error），计算公式

如式（5-8）所示。

$$E = Y - \hat{Y} \qquad (5\text{-}8)$$

e 为相对误差（Relative Error），计算公式如式（5-9）所示。

$$e = \frac{Y - \hat{Y}}{Y} \qquad (5\text{-}9)$$

有时相对误差也用百分数表示，如式（5-10）所示。

$$e = \frac{Y - \hat{Y}}{Y} \times 100\% \qquad (5\text{-}10)$$

这是一种直观的误差表示方法。

2. 平均绝对误差

平均绝对误差（Mean Absolute Error，MAE）的计算公式如式（5-11）所示。

$$\text{MAE} = \frac{1}{n}\sum_{i=1}^{n}|E_i| = \frac{1}{n}\sum_{i=1}^{n}|Y_i - \hat{Y}_i| \qquad (5\text{-}11)$$

在式（5-11）中，MAE 表示平均绝对误差，E_i 表示第 i 个实际值与预测值的绝对误差，Y_i 表示第 i 个实际值，$\hat{Y}_i$ 表示第 i 个预测值。

由于预测误差有正有负，为了避免正负相抵消，故取误差的绝对值进行综合并取其平均数，这是误差分析的综合指标法之一。

3. 均方误差

均方误差（Mean Squared Error，MSE）的计算公式如式（5-12）所示。

$$\text{MSE} = \frac{1}{n}\sum_{i=1}^{n}E_i^2 = \frac{1}{n}\sum_{i=1}^{n}(Y_i - \hat{Y}_i)^2 \qquad (5\text{-}12)$$

在式（5-12）中，MSE 表示均方误差，其他符号的含义同式（5-11）。

本方法用于还原平方失真程度。

均方误差是预测误差平方之和的平均数，避免了正负误差不能相加的问题。同时，它对误差 E 进行了平方，加强了数值大的误差在指标中的作用，提高了这个指标的灵敏性。均方误差也是误差分析的综合指标法之一。

4. 均方根误差

均方根误差（Root Mean Squared Error，RMSE）的计算公式如式（5-13）所示。

$$\text{RMSE} = \sqrt{\frac{1}{n}\sum_{i=1}^{n}E_i^2} = \sqrt{\frac{1}{n}\sum_{i=1}^{n}(Y_i - \hat{Y}_i)^2} \qquad (5\text{-}13)$$

在式（5-13）中，RMSE 表示均方根误差，其他符号的含义同式（5-11）。

这是均方误差的平方根，代表了预测值的离散程度，也叫标准误差，最佳拟合情况为 RMSE=0。均方根误差也是误差分析的综合指标之一。

5. 平均绝对百分误差

平均绝对百分误差（Mean Absolute Percentage Error，MAPE）的计算公式如式（5-14）所示。

$$\text{MAPE} = \frac{1}{n}\sum_{i=1}^{n}|E_i/Y_i| = \frac{1}{n}\sum_{i=1}^{n}|(Y_i - \hat{Y}_i)/Y_i| \tag{5-14}$$

在式（5-14）中，MAPE 表示平均绝对百分误差，其他符号的含义同式（5-11）。一般认为 MAPE 小于 10 时，预测精度较高。

6. Kappa 统计

Kappa 统计是比较两个或多个观测者对同一事物或观测者对同一事物的两次或多次观测结果是否一致，以机遇造成的一致性和实际观测的一致性之间的差别大小作为评价基础的统计指标。Kappa 统计量和加权 Kappa 统计量不仅可以用于无序和有序分类变量资料的一致性、重现性检验，而且可以给出一个反映一致性大小的"量"值。

Kappa 取值在区间 [−1,1] 内，不同的值有不同的意义，具体如下：

1）当 Kappa=1 时，说明两次判断的结果完全一致。

2）当 Kappa=−1 时，说明两次判断的结果完全不一致。

3）当 Kappa=0 时，说明两次判断的结果是机遇造成的。

4）当 Kappa<0 时，说明一致程度比机遇造成的还差，两次检查结果很不一致，在实际应用中无意义。

5）当 Kappa>0 时，说明有意义，Kappa 越大，说明一致性越好。

6）当 Kappa≥0.75 时，说明已经取得相当满意的一致程度。

7）当 Kappa<0.4 时，说明一致程度不够。

7. 识别准确度

识别准确度（Accuracy）的计算公式如式（5-15）所示。

$$\text{Accuracy} = \frac{\text{TP} + \text{TN}}{\text{TP} + \text{TN} + \text{FP} + \text{FN}} \times 100\% \tag{5-15}$$

式（5-15）中各项说明如下：

1）TP（True Positive）：正确地肯定表示正确肯定的分类数。

2）TN（True Negative）：正确地否定表示正确否定的分类数。

3）FP（False Positive）：错误地肯定表示错误肯定的分类数。

4）FN（False Negative）：错误地否定表示错误否定的分类数。

8. 识别精确率

识别精确率（Precision）的计算公式如式（5-16）所示。

$$Precision = \frac{TP}{TP + FP} \times 100\% \tag{5-16}$$

9. 反馈率

反馈率（Recall）的计算公式如式（5-17）所示。

$$Recall = \frac{TP}{TP + FN} \times 100\% \tag{5-17}$$

10. ROC 曲线

受试者工作特性（Receiver Operating Characteristic，ROC）曲线是一种非常有效的模型评价方法，可为选定临界值给出定量提示。将灵敏度（Sensitivity）设在纵轴，1-特异性（1-Specificity）设在横轴，就可得出 ROC 曲线图。该曲线下的积分面积（Area）大小与每种算法的优劣密切相关，反映分类器正确分类的统计概率，其值越接近 1 说明该算法效果越好。

11. 混淆矩阵

混淆矩阵（Confusion Matrix）是模式识别领域中一种常用的表达形式。它描绘样本数据的真实属性与识别结果类型之间的关系，是一种常用的评价分类器性能的方法。假设对于 N 类模式的分类任务，识别数据集 D 包括 T_0 个样本，每类模式分别含有 T_i 个数据（$i=1$，$2, \cdots, N$）。采用某种识别算法构造分类器 C，cm_{ij} 表示第 i 类模式被分类器 C 判断成第 j 类模式的数据占第 i 类模式样本总数的百分比，则可得到 $N \times N$ 维混淆矩阵 $CM(C, D)$，如式（5-18）所示。

$$CM(C, D) = \begin{pmatrix} cm_{11} & cm_{12} & \cdots & cm_{1j} & \cdots & cm_{1N} \\ cm_{21} & cm_{22} & \cdots & cm_{2j} & \cdots & cm_{2N} \\ \cdots & \cdots & & \cdots & & \cdots \\ cm_{i1} & cm_{i2} & \cdots & cm_{ij} & \cdots & cm_{iN} \\ \cdots & \cdots & & \cdots & & \cdots \\ cm_{N1} & cm_{N2} & \cdots & cm_{Nj} & \cdots & cm_{NN} \end{pmatrix} \tag{5-18}$$

混淆矩阵中元素的行下标对应目标的真实属性，列下标对应分类器产生的识别属性。对角线元素表示各模式能够被分类器 C 正确识别的概率，而非对角线元素则表示发生错误判断的概率。

通过混淆矩阵，可以获得分类器的正确识别率和错误识别率。

各模式正确识别率的计算公式如式（5-19）所示。

$$R_i = \text{cm}_{ii} \quad i = 1,2,\cdots,N \qquad (5-19)$$

平均正确识别率的计算公式如式（5-20）所示。

$$R_A = \sum_{i=1}^{N} (\text{cm}_{ii} \cdot T_i) / T_0 \qquad (5-20)$$

各模式错误识别率的计算公式如式（5-21）所示。

$$W_i = \sum_{j=1,j\neq i}^{N} \text{cm}_{ij} = 1 - \text{cm}_{ii} = 1 - R_i \qquad (5-21)$$

平均错误识别率的计算公式如式（5-22）所示。

$$W_A = \sum_{i=1}^{N} \sum_{j=1,j\neq i}^{N} (\text{cm}_{ij} \cdot T_i) / T_0 = 1 - R_A \qquad (5-22)$$

对于一个二分类预测模型，分类结束后的混淆矩阵如表 5-8 所示。

表 5-8　混淆矩阵

实际类	预测类	
	类 =1	类 =0
类 = 1	A	B
类 = 0	C	D

如有 150 个样本数据，将这些数据分成 3 类，每类 50 个。分类结束后得到的混淆矩阵如表 5-9 所示。

表 5-9　分类后的混淆矩阵示例

实际类	预测类		
	类 1	类 2	类 3
类 1	43	5	2
类 2	2	45	3
类 3	0	1	49

以第 1 类样本数据为例，这里有 43 个样本被正确分类；有 5 个样本应该属于第 1 类，却错误地分到了第 2 类；有 2 个样本应属于第 1 类，却错误地分到了第 3 类。

5.1.7 Python 的分类预测模型

首先总结一下常见的分类预测模型，如表 5-10 所示。这些模型的使用方法大同小异，因此不再赘述，请读者参考本书相应的例子以及对应的官方帮助文档以了解更多内容。

表 5-10 常见的分类预测模型及其特点

模　型	模型特点	位　于
逻辑回归	比较基础的线性分类模型，很多时候是简单有效的选择	sklearn. linear_model
SVM	强大的模型，可以用于回归、预测、分类等分析，而根据选取的核函数不同，模型可以是线性的，也可以是非线性的	sklearn.svm
决策树	基于"分类讨论、逐步细化"思想的分类模型，模型直观、易解释，如前面 5.1.4 节所述可以直接给出决策图	sklearn.tree
随机森林	基本思想和决策树类似，精度通常比决策树要高，缺点是由于其随机性，丧失了决策树的可解释性	sklearn.ensemble
朴素贝叶斯	基于概率思想的简单有效的分类模型，能够给出容易理解的概率解释	sklearn.naive_bayes
神经网络	具有强大的拟合能力，可以用于拟合、分类等分析，它有很多个增强版本，如递归神经网络、卷积神经网络、自编码器等，这些是深度学习的模型基础	Keras

经过前面的分类与预测的学习，我们已经基本认识了 Python 建模的特点。首先，我们需要认识到：Python 本身是一门面向对象的编程语言，这就意味着很多 Python 程序是面向对象而写的。放到建模之中，我们就会发现，不管是在 scikit-learn 库还是在 Keras 库，建模的第一个步骤都是建立一个对象，这个对象是空白的，需要进一步训练，然后我们要设置模型的参数，接着就是通过 fit() 方法对模型进行训练，最后通过 predict() 方法预测结果。当然，还有一些方法有助于我们完成对模型的评估，如 score() 等。

scikit-learn 库和 Keras 库的功能都非常强大，我们能够做的，仅仅是通过一些简单的例子来介绍它们的基本功能，而这对于它们本身来说只是冰山一角。因此，我们再次强调，如果遇到本书没有讲解过的问题，应当尽可能地查阅官方的帮助文档。因为只有官方的帮助文档，才有可能为我们提供更全面的解决问题的答案。

5.2 聚类分析

在当前市场环境下，消费者需求显现出日益差异化和个性化的趋势。随着我国市场化程度的逐步深入，以及信息技术的不断渗透，餐饮企业经常会碰到如下问题：

1）如何通过餐饮客户消费行为的测量，进一步评判餐饮客户的价值和对餐饮客户进行细分，找到有价值的客户群和需要关注的客户群？

2）如何对菜品进行合理分析，以便区分哪些菜品畅销且毛利高，哪些菜品滞销且毛利低？

餐饮企业遇到的这些问题，其实都可以通过聚类分析来解决。

5.2.1　常用的聚类分析算法

与分类不同，聚类分析是一种在没有给定划分类别的情况下，根据数据相似度进行样本分组的方法。与分类模型需要使用有类标记样本构成的训练数据不同，聚类模型可以建立在无类标记的数据上，是一种非监督的学习算法。聚类的输入是一组未被标记的样本，聚类根据数据自身的距离或相似度将它们划分为若干组，划分的原则是组内距离最小化而组间（外部）距离最大化，如图 5-13 所示。

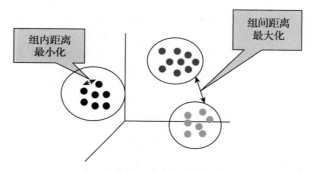

图 5-13　聚类分析建模原理

常用的聚类方法见表 5-11。

表 5-11　常用的聚类方法

聚类方法	主　要　算　法
划分（分裂）方法	k 均值聚类算法、k 中心点算法、CLARANS 算法（基于选择的算法）
层次分析方法	BIRCH 算法（平衡迭代规约和聚类）、CURE 算法（代表点聚类）、CHAMELEON 算法（动态模型）
基于密度的方法	DBSCAN 算法（基于高密度连接区域）、DENCLUE 算法（密度分布函数）、OPTICS 算法（对象排序识别）
基于网格的方法	STING 算法（统计信息网络）、CLIOUE 算法（聚类高维空间）、WAVE-CLUSTER 算法（小波变换）
基于模型的方法	统计学方法、神经网络方法

常用的聚类分析算法见表 5-12。

表 5-12　常用的聚类分析算法

算法名称	算法描述
k 均值聚类	k 均值聚类也叫快速聚类法，在最小化误差函数的基础上将数据划分为预定的类数 k。该算法原理简单，适合处理大量数据
k 中心点聚类	k 均值算法对孤立点的敏感性，k 中心点算法不采用簇中对象的平均值作为簇中心，而选用簇中离平均值最近的对象作为簇中心
系统聚类	系统聚类也叫多层次聚类，分类的单位由高到低呈树形结构，且所处的位置越低，其所包含的对象就越少，这些对象间的共同特征越多。该聚类方法只适合在数据量小的时候使用，数据量大的时候速度会非常慢

5.2.2　k 均值聚类算法

k 均值聚类算法[⊖]是典型的基于距离的非层次聚类算法，在最小化误差函数的基础上将数据划分为预定的类数 k，采用距离作为相似性的评价指标，即认为两个对象的距离越近，其相似度就越大。

1. 算法过程

k 均值聚类算法过程如下：

1）从 n 个样本数据中随机选取 k 个对象作为初始的聚类中心。

2）分别计算每个样本到各个聚类中心的距离，将对象分配到距离最近的聚类中。

3）所有对象分配完成后，重新计算 k 个聚类的中心。

4）与前一次计算得到的 k 个聚类中心比较，如果聚类中心发生变化，转至步骤 2），否则转至步骤 5）。

5）当质心不发生变化时，停止并输出聚类结果。

聚类的结果可能依赖于初始聚类中心的随机选择，使得结果严重偏离全局最优分类。实践中，为了得到较好的结果，通常选择不同的初始聚类中心，多次运行 k 均值聚类算法。在所有对象分配完成后，重新计算 k 个聚类的中心时，对于连续数据，聚类中心取该簇的均值，但是当样本的某些属性是分类变量时，均值可能无意义，此时可以使用 K- 众数方法。

2. 数据类型与相似性的度量

（1）连续属性

对于连续属性，要先对各属性值进行零 – 均值规范，再进行距离的计算。使用 k 均值

⊖　张良均. 数据挖掘：实用案例分析 [M]. 北京：机械工业出版社. 2013.

聚类算法时，一般需要度量样本之间的距离、样本与簇之间的距离以及簇与簇之间的距离。

度量样本之间的距离时最常用的是欧氏距离、曼哈顿距离和闵可夫斯基距离；度量样本与簇之间的距离时可以用样本到簇中心的距离 $d(e_i, x)$；度量簇与簇之间的距离时可以用簇中心的距离 $d(e_i, e_j)$。

设有 p 个属性来表示 n 个样本的数据矩阵 $\begin{pmatrix} x_{11} & \cdots & x_{1p} \\ \cdots & & \cdots \\ x_{n1} & \cdots & x_{np} \end{pmatrix}$，则其欧氏距离为式（5-23），曼哈顿距离为式（5-24），闵可夫斯基距离为式（5-25）。

$$d(i, j) = \sqrt{(x_{i1} - x_{j1})^2 + (x_{i2} - x_{j2})^2 + \cdots + (x_{ip} - x_{jp})^2} \tag{5-23}$$

$$d(i, j) = |x_{i1} - x_{j1}| + |x_{i2} - x_{j2}| + \cdots + |x_{ip} - x_{jp}| \tag{5-24}$$

$$d(i, j) = \sqrt[q]{(|x_{i1} - x_{j1}|)^q + (|x_{i2} - x_{j2}|)^q + \cdots + (|x_{ip} - x_{jp}|)^q} \tag{5-25}$$

在式（5-25）中，q 为正整数，$q=1$ 时即曼哈顿距离；$q=2$ 时即欧氏距离。

（2）文档数据

度量文档数据时可使用余弦相似性。先将文档数据整理成文档—词矩阵格式，如表 5-13 所示。

表 5-13 文档—词矩阵

	lost	win	team	score	music	happy	sad	…	coach
文档一	14	2	8	0	8	7	10	…	6
文档二	1	13	3	4	1	16	4	…	7
文档三	9	6	7	7	3	14	8	…	5

式（5-26）是两个文档之间的相似度的计算公式。

$$d(i, j) = \cos(i, j) = \frac{\vec{i} \cdot \vec{j}}{|\vec{i}||\vec{j}|} \tag{5-26}$$

3. 目标函数

使用误差平方和（SSE）作为度量聚类质量的目标函数，对于两种不同的聚类结果，选择误差平方和较小的分类结果。

式（5-27）为连续属性的 SSE 计算公式。

$$SSE = \sum_{i=1}^{K} \sum_{x \in E_i} \text{dist}(e_i, x)^2 \tag{5-27}$$

式（5-28）为文档数据的 SSE 计算公式。

$$SSE = \sum_{i=1}^{K} \sum_{x \in E_i} \cos(e_i, x)^2 \qquad (5\text{-}28)$$

式（5-29）为簇 E_i 的聚类中心 e_i 的计算公式。

$$e_i = \frac{1}{n_i} \sum_{x \in E_i} x \qquad (5\text{-}29)$$

对于上述公式，各符号表示的含义见表 5-14。

表 5-14　符号表

符　号	含　义	符　号	含　义
K	聚类簇的个数	e_i	簇 E_i 的聚类中心
E_i	第 i 个簇	n	数据集中样本的个数
x	对象（样本）	n_i	第 i 个簇中样本的个数

下面结合具体案例来回答本节开始提出的问题。

部分餐饮客户的消费行为特征数据如表 5-15 所示。根据这些数据将客户分成不同客户群，并评价这些客户群的价值。

表 5-15　消费行为特征数据

ID	R	F	M	ID	R	F	M
1	37	4	579	6	41	5	225
2	35	3	616	7	56	3	118
3	25	10	394	8	37	5	793
4	52	2	111	9	54	2	111
5	36	7	521	10	5	18	1086

* 数据详见：demo/data/consumption_data.xls。

采用 k 均值聚类算法，设定聚类个数 k 为 3，最大迭代次数为 500 次，距离函数取欧氏距离，如代码清单 5-4 所示。

代码清单 5-4　使用 k 均值聚类算法分析消费行为特征数据

```
import pandas as pd
# 参数初始化
inputfile = '../data/consumption_data.xls'        # 销量及其他属性数据
outputfile = '../tmp/data_type.xls'               # 保存结果的文件名
k = 3                                             # 聚类的类别
iteration = 500                                   # 聚类最大循环次数
```

```
data = pd.read_excel(inputfile, index_col = 'ID')  # 读取数据
data_zs = 1.0*(data - data.mean())/data.std()      # 数据标准化

from sklearn.cluster import KMeans
model = KMeans(n_clusters=k, max_iter=iteration, random_state=1234)
model.fit(data_zs)                                 # 开始聚类

# 简单打印结果
r1 = pd.Series(model.labels_).value_counts()       # 统计各个类别的数目
r2 = pd.DataFrame(model.cluster_centers_)          # 找出聚类中心
r = pd.concat([r2, r1], axis = 1)                  # 横向连接（0是纵向），得到聚类中心
                                                   # 对应的类别下的数目
r.columns = list(data.columns) + ['类别数目']      # 重命名表头
print(r)

# 详细输出原始数据及其类别
r = pd.concat([data, pd.Series(model.labels_, index = data.index)], axis = 1)
# 详细输出每个样本对应的类别
r.columns = list(data.columns) + ['聚类类别']      # 重命名表头
r.to_excel(outputfile)                             # 保存结果
```

* 代码详见：demo/code/04-k_means.py。

对于代码清单 5-4 需要注意的是，事实上 scikit-learn 库中的 k 均值聚类算法仅仅支持欧氏距离，原因在于采用其他的距离不一定能够保证算法的收敛性。

执行代码清单 5-4 得到的结果见表 5-16。

表 5-16　聚类算法输出结果

分群类别		分群 1	分群 2	分群 3
样本个数		40	341	559
样本个数占比		4.25%	36.28%	59.47%
聚类中心	R	3.455055	−0.160451	−0.149353
	F	−0.295654	1.114802	−0.658893
	M	0.449123	0.392844	−0.271780

接着用 pandas 和 Matplotlib 绘制不同客户群的概率密度函数图，通过这些图能直观地比较不同客户群的价值，如代码清单 5-5 所示，得到的结果如图 5-14、图 5-15、图 5-16 所示。

代码清单 5-5　绘制聚类后的概率密度函数图

```
def density_plot(data):                            # 自定义作图函数
    import matplotlib.pyplot as plt
```

```
plt.rcParams['font.sans-serif'] = ['SimHei'] # 用来正常显示中文标签
plt.rcParams['axes.unicode_minus'] = False   # 用来正常显示负号
p = data.plot(kind='kde', linewidth=2, subplots=True, sharex=False)
[p[i].set_ylabel('密度') for i in range(k)]
plt.legend()
return plt

pic_output = '../tmp/pd'                              # 概率密度图文件名前缀
for i in range(k):
    density_plot(data[r['聚类类别']==i]).savefig('%s%s.png' %(pic_output, i))
```

* 代码详见：demo/code/k_means.py。

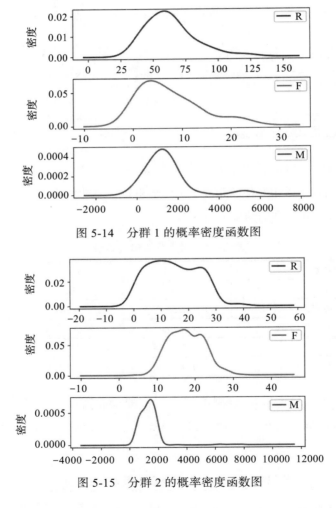

图 5-14　分群 1 的概率密度函数图

图 5-15　分群 2 的概率密度函数图

利用图 5-14、图 5-15、图 5-16 可以分析出不同分群的客户价值，具体如下：

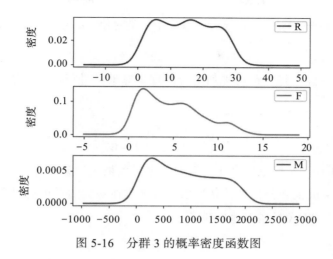

图 5-16　分群 3 的概率密度函数图

1）分群 1 特点：R 间隔相对较大，主要分布在 30～80 天；消费次数集中在 0～15 次；消费金额在 0～2000 元。

2）分群 2 特点：R 间隔相对较小，主要集中在 0～30 天；消费次数集中在 10～25 次；消费金额在 500～2000 元。

3）分群 3 特点：R 间隔分布在 0～30 天；消费次数集中在 0～12 次；消费金额在 0～1800 元。

4）对比分析：分群 1 的时间间隔、消费次数和消费金额处于中等水平，代表着一般客户；分群 2 的时间间隔较短，消费次数多，而且消费金额较大，是高消费高价值人群；分群 3 的时间间隔较长，消费次数较少，消费金额也不是特别高，是价值较低的客户群体。

5.2.3　聚类分析算法评价

聚类分析仅根据样本数据本身将样本进行分组。它的目标是组内的对象相互之间是相似的（相关的），而不同组中的对象是不同的（不相关的）。组内相似性越大，组间差别越大，聚类效果就越好。

1. purity 评价法

purity 评价法是一种极为简单的聚类评价方法，只需计算正确聚类数占总数的比例，如式（5-30）所示。

$$\mathrm{purity}(X,Y)=\frac{1}{n}\sum_{k}\max|x_k\cap y_i| \tag{5-30}$$

在式（5-30）中，$X=(x_1, x_2, \cdots, x_k)$ 是聚类的集合。x_k 表示第 k 个聚类的集合。$Y=(y_1,$

$y_2, \cdots, y_k)$ 表示需要被聚类的集合，y_i 表示第 i 个聚类对象。n 表示被聚类集合对象的总数。

2. RI 评价法

实际上，RI 评价法是一种用排列组合原理来对聚类进行评价的手段，RI 评价公式如式（5-31）所示。

$$RI = \frac{R+W}{R+M+D+W} \qquad (5-31)$$

在式（5-31）中，R 是指被聚在一类的两个对象被正确分类了，W 是指不应该被聚在一类的两个对象被正确分开了，M 是指不应该放在一类的对象被错误地放在了一类，D 是指不应该分开的对象被错误地分开了。

3. F 值评价法

这是基于 RI 评价法衍生出的一种方法，F 值评价公式如式（5-32）所示。

$$F_\alpha = \frac{(1+\alpha^2)pr}{\alpha^2 p + r} \qquad (5-32)$$

式（5-32）中，$p = \dfrac{R}{R+M}$，$r = \dfrac{R}{R+D}$。

实际上 RI 评价法就是把准确率 p 和召回率 r 看得同等重要。但有时候我们可能更需要某一特性，此时就适合使用 F 值评价法。

5.2.4 Python 的主要聚类分析算法

Python 的聚类相关算法主要在 scikit-learn 库中，Python 中实现的聚类主要包括：k 均值聚类、层次聚类、FCM 以及神经网络聚类，聚类主要函数列表如表 5-17 所示。

表 5-17 聚类主要函数列表

对象名	函数功能	所属工具箱
KMeans	k 均值聚类	sklearn.cluster
Affinity Propagation	吸引力传播聚类，2007 年提出，几乎优于所有方法，不需要指定聚类数，但运行效率较低	sklearn.cluster
Mean Shift	均值漂移聚类算法	sklearn.cluster
Spectral Clustering	谱聚类，具有效果比 k 均值聚类好、速度比 k 均值聚类快等特点	sklearn.cluster
Agglomerative Clustering	层次聚类，给出一棵聚类层次树	sklearn.cluster
DBSCAN	具有噪声的基于密度的聚类方法	sklearn.cluster
BIRCH	综合的层次聚类算法，可以处理大规模数据的聚类	sklearn.cluster

这些不同模型的使用方法大同小异，基本都是先用对应的函数建立模型，然后用 .fit() 方法来训练模型，训练好之后，就可以用 .label_ 方法给出样本数据的标签，或者用 .predict() 方法预测新的输入的标签。

此外，SciPy 库也提供了一个聚类子库 scipy.cluster，里边提供了一些聚类算法，如层次聚类等，但没有 scikit-learn 库那么完善和丰富。scipy.cluster 的好处是它的函数名和功能都基本与 Python 一一对应，如层次聚类的 linkage、dendrogram 等，因此已经熟悉 Python 的朋友可以尝试使用 SciPy 提供的聚类库，在此就不详细介绍了。

下面介绍一个聚类结果可视化的工具——TSNE。

TSNE 是 Laurens van der Maaten 和 Geoffrey Hintton 在 2008 年提出的，它的定位是高维数据的可视化。我们总喜欢看到直观的展示结果，然而在聚类分析中，输入的特征数通常是高维的（大于 3 维），难以直接以原特征对聚类结果进行展示。TSNE 提供了一种有效的数据降维方式，让我们可以在 2 维或者 3 维的空间中展示聚类结果。

用 TSNE 将上述 k 均值聚类结果以 2 维的方式展示出来，如代码清单 5-6 所示，得到的结果如图 5-17 所示。

代码清单 5-6 用 TSNE 进行数据降维并展示聚类结果

```
# 接 k-means.py
from sklearn.manifold import TSNE

tsne = TSNE(random_state=105)
tsne.fit_transform(data_zs)                              # 进行数据降维
tsne = pd.DataFrame(tsne.embedding_, index=data_zs.index)  # 转换数据格式

import matplotlib.pyplot as plt
plt.rcParams['font.sans-serif'] = ['SimHei']            # 用来正常显示中文标签
plt.rcParams['axes.unicode_minus'] = False             # 用来正常显示负号

# 不同类别用不同颜色和样式绘图
d = tsne[r['聚类类别'] == 0]
plt.plot(d[0], d[1], 'r.')
d = tsne[r['聚类类别'] == 1]
plt.plot(d[0], d[1], 'go')
d = tsne[r['聚类类别'] == 2]
plt.plot(d[0], d[1], 'b*')
plt.show()
```

* 代码详见：demo/code/05-tsne.py。

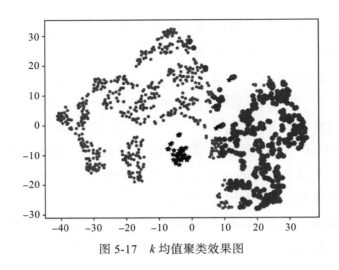

图 5-17 k 均值聚类效果图

5.3 关联规则

下面通过餐饮企业的一个实际情景引出关联规则的概念。客户在餐厅点餐时，面对菜单中大量的菜品信息，往往无法迅速找到满意的菜品，既增加了点菜的时间，又降低了客户的就餐体验。实际上，菜品的合理搭配是有规律可循的：顾客的饮食习惯、菜品的荤素和口味，有些菜品之间是相互关联的，而有些菜品之间是对立或竞争关系（负关联）。这些规律都隐藏在大量的历史菜单数据中，如果能够通过数据挖掘发现客户点餐的规律，就可以快速识别客户的口味偏好，当客户下单某个菜品时推荐与之相关联的菜品，引导客户消费，提高客户的就餐体验和餐饮企业的业绩水平。

关联规则分析也称为购物篮分析，最早是为了发现超市销售数据库中不同的商品之间的关联关系。例如，一个超市的经理想要更多地了解客户的购物习惯，比如"哪组商品可能会在一次购物中被同时购买？"或者"某客户购买了个人电脑，那该客户 3 个月后购买数码相机的概率有多大？"他可能会发现，购买了面包的客户很有可能同时购买牛奶，这就导出了一条关联规则"面包⇒牛奶"，其中面包称为规则的前项，而牛奶称为规则的后项。通过降低面包售价来进行促销，而适当提高牛奶的售价，关联销售出的牛奶就有可能增加超市整体的利润。

关联规则分析是数据挖掘中最活跃的研究方法之一，它的目的是在一个数据集中找出各项之间的关联关系，而这种关系并没有在数据中直接表示出来。

5.3.1　常用的关联规则算法

常用的关联规则算法如表 5-18 所示。

表 5-18　常用的关联规则算法

算法名称	算 法 描 述
Apriori	关联规则是最常用的也是最经典的挖掘频繁项集的算法，其核心思想是通过连接产生候选项及其支持度，然后通过剪枝生成频繁项集
FP-Tree	FP-Tree 和 Apriori 都是寻找频繁项集的算法，但 FP-Tree 是针对 Apriori 算法固有的多次扫描事务数据集的缺陷，提出的不产生候选频繁项集的方法
Eclat 算法	Eclat 算法是一种深度优先算法，采用垂直数据表示形式，在概念格理论的基础上利用基于前缀的等价关系将搜索空间划分为较小的子空间
灰色关联法	一种分析和确定各因素之间的影响程度或若干个子因素（子序列）对主因素（母序列）的贡献度的方法

本节重点介绍 Apriori 算法。

5.3.2　Apriori 算法

以超市销售数据为例，当存在很多商品时，可能的商品组合（规则的前项与后项）数目会达到一种令人望而却步的程度，这是提取关联规则的最大困难。因而各种关联规则分析算法分别从不同方面入手来减小可能的搜索空间的大小以及减少扫描数据的次数。Apriori $\ominus$ 算法是最经典的挖掘频繁项集的算法，它第一次实现了在大数据集上可行的关联规则提取，其核心思想是通过连接产生候选项与关联规则的支持度，然后通过剪枝生成频繁项集。

1. 关联规则和频繁项集

（1）关联规则的一般形式

项集 A、B 同时发生的概率称为关联规则的支持度（也称相对支持度），如式（5-33）所示。

$$\text{Support}(A \Rightarrow B) = P(A \cup B) \qquad (5\text{-}33)$$

项集 A 发生，则项集 B 发生的概率为关联规则的置信度，如式（5-34）所示。

$$\text{Confidence}(A \Rightarrow B) = P(B \mid A) \qquad (5\text{-}34)$$

⊖　Jiawei Han, Micheline Kamber. Data Mining Concepts and Techniques[M]. 北京：机械工业出版社 . 2012: 247-254.

（2）最小支持度和最小置信度

最小支持度是用户或专家定义的衡量支持度的一个阈值，表示项目集在统计意义上的最低重要性；最小置信度是用户或专家定义的衡量置信度的一个阈值，表示关联规则的最低可靠性。同时满足最小支持度阈值和最小置信度阈值的规则称作强规则。

（3）项集

项集是项的集合。包含 k 个项的项集称为 k 项集，如集合 { 牛奶, 麦片, 糖 } 是一个 3 项集。

项集的出现频率是所有包含项集的事务计数，又称作绝对支持度或支持度计数。如果项集 I 的相对支持度满足预定义的最小支持度阈值，则 I 是频繁项集。频繁 k 项集通常记作 L_k。

（4）支持度计数

项集 A 的支持度计数是事务数据集中包含项集 A 的事务个数，简称为项集的频率或计数。

已知项集的支持度计数，则规则 $A \Rightarrow B$ 的支持度和置信度很容易从所有事务计数、项集 A 和项集 $A \cup B$ 的支持度计数推出式（5-35）和式（5-36），其中 N 表示总事务个数，σ 表示计数。

$$\mathrm{Support}(A \Rightarrow B) = \frac{A, B\text{同时发生的事务个数}}{\text{总事务个数}} = \frac{\sigma(A \cup B)}{N} \qquad （5\text{-}35）$$

$$\mathrm{Confidence}(A \Rightarrow B) = P(B \mid A) = \frac{\sigma(A \cup B)}{\sigma(A)} \qquad （5\text{-}36）$$

也就是说，一旦得到总事务个数，A、B 和 $A \cup B$ 的支持度计数，就可以导出对应的关联规则 $A \Rightarrow B$ 和 $B \Rightarrow A$，并可以检查该规则是不是强规则。

在 Python 中实现上述 Apriori 算法的代码如代码清单 5-7 所示。其中，我们自行编写了 Apriori 算法的 apriori 函数。读者有需要的时候可以直接使用，也可以参考代码读懂实现过程。

代码清单 5-7　使用 Apriori 算法挖掘菜品订单关联规则

```
from __future__ import print_function
import pandas as pd
from apriori import *                        # 导入自行编写的apriori函数

inputfile = '../data/menu_orders.xls'
outputfile = '../tmp/apriori_rules.xls'  # 结果文件
```

```
data = pd.read_excel(inputfile, header = None)

print('\n转换原始数据至0-1矩阵...')
ct = lambda x : pd.Series(1, index = x[pd.notnull(x)]) # 转换0-1矩阵的过渡函数
b = map(ct, data.values)                     # 用map方式执行
data = pd.DataFrame(list(b)).fillna(0)        # 实现矩阵转换，空值用0填充
print('\n转换完毕。')
del b                                         # 删除中间变量b，节省内存

support = 0.2                                 # 最小支持度
confidence = 0.5                              # 最小置信度
ms = '---'                                    # 连接符，默认'--'，用来区分不同元素，如A--B。
                                              # 需要保证原始表格中不含该字符

find_rule(data, support, confidence, ms).to_excel(outputfile) # 保存结果
```

* 代码详见：demo/code/06-cal_apriori.py。

运行代码清单 5-7 的结果如下：

	support	confidence
e---a	0.3	1.000000
e---c	0.3	1.000000
c---e---a	0.3	1.000000
a---e---c	0.3	1.000000
a---b	0.5	0.714286
c---a	0.5	0.714286
a---c	0.5	0.714286
c---b	0.5	0.714286
b---a	0.5	0.625000
b---c	0.5	0.625000
b---c---a	0.3	0.600000
a---c---b	0.3	0.600000
a---b---c	0.3	0.600000
a---c---e	0.3	0.600000

其中，"e---a"表示 e 发生能够推出 a 发生，置信度为 100%，支持度为 30%；"b---c---a"表示 b、c 同时发生时能够推出 a 发生，置信度为 60%，支持度为 30%。注意，搜索出来的关联规则不一定具有实际意义，需要根据问题背景筛选适当的有意义的规则，并赋予合理的解释。

2. Apriori 算法：使用候选产生频繁项集

Apriori 算法的主要思想是找出事务数据集中最大的频繁项集，再利用得到的最大频繁项集与预先设定的最小置信度阈值生成强关联规则。

（1）Apriori 的性质

频繁项集的所有非空子集也必须是频繁项集。根据该性质可以得出：向不是频繁项集 I 的项集中添加事务 A，新的项集 $I \cup A$ 一定也不是频繁项集。

（2）Apriori 算法实现的两个过程

①找出所有的频繁项集（支持度必须大于或等于给定的最小支持度阈值），在这个过程中连接步和剪枝步互相融合，最终得到最大频繁项集 L_k。

a. 连接步

连接步的目的是找到 k 项集。对给定的最小支持度阈值，分别对 1 项候选集 C_1，剔除小于该阈值的项集得到 1 项频繁项集 L_1；下一步由 L_1 自身连接产生 2 项候选集 C_2，保留 C_2 中满足约束条件的项集得到 2 项频繁项集，记为 L_2；再由 L_2 与 L_1 连接产生 3 项候选集 C_3，保留 C_2 中满足约束条件的项集得到 3 项频繁项集，记为 L_3……这样循环下去，得到最大频繁项集 L_k。

b. 剪枝步

剪枝步紧接着连接步，在产生候选集 C_k 的过程中起到减小搜索空间的目的。由于 C_k 是 L_{k-1} 与 L_1 连接产生的，根据 Apriori 的性质：频繁项集的所有非空子集也必须是频繁项集，所以不满足该性质的项集将不会存在于 C_k 中，该过程就是剪枝。

②由频繁项集产生强关联规则。由过程①可知，未超过预定的最小支持度阈值的项集已被剔除，如果剩下这些规则又满足了预定的最小置信度阈值，那么就挖掘出了强关联规则。

下面将结合餐饮行业的实例来讲解 Apriori 关联规则算法挖掘的实现过程。数据库中部分点餐数据如表 5-19 所示。

表 5-19　数据库中部分点餐数据

序列	时间	订单号	菜品 id	菜品名称
1	2023/8/21	101	18491	健康麦香包
2	2023/8/21	101	8693	香煎葱油饼
3	2023/8/21	101	8705	翡翠蒸香茜饺
4	2023/8/21	102	8842	菜心粒咸骨粥
5	2023/8/21	102	7794	养颜红枣糕
6	2023/8/21	103	8842	金丝燕麦包
7	2023/8/21	103	8693	三丝炒河粉
……	……	……	……	……

首先将表 5-19 中的事务数据（一种特殊类型的记录数据）整理成关联规则模型所需的数据结构，从中抽取 10 个点餐订单作为事务数据集，设支持度为 0.2（支持度计数为 2），为方便起见将菜品 18491、8842、8693、7794、8705 分别简记为 a、b、c、d、e，如表 5-20 所示。

表 5-20　某餐厅事务数据集

订单号	菜品 id	菜品 id	订单号	菜品 id	菜品 id
1	18491,8693,8705	a,c,e	6	8842,8693	b,c
2	8842,7794	b,d	7	18491,8842	a,b
3	8842,8693	b,c	8	18491,8842,8693,8705	a,b,c,e
4	18491,8842,8693,7794	a,b,c,d	9	18491,8842,8693	a,b,c
5	18491,8842	a,b	10	18491,8693	a,c,e

Apriori 算法实现过程如图 5-18 所示。

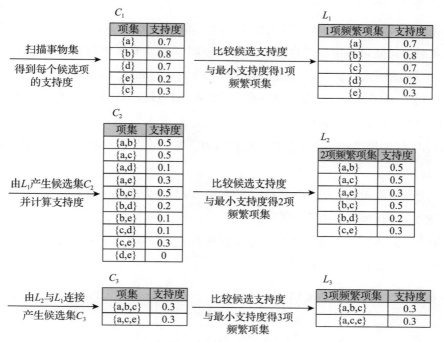

图 5-18　Apriori 算法实现过程

过程一：找最大 k 项频繁项集

①算法简单扫描所有的事务，事务中的每一项都是候选 1 项集的集合 C_1 的成员，计算每一项的支持度。比如 $P(\{a\}) = \dfrac{\text{项集} \{a\} \text{的支持度计数}}{\text{所有事务个数}} = \dfrac{7}{10} = 0.7$。

②对 C_1 中各项集的支持度与预先设定的最小支持度阈值进行比较，保留大于或等于该阈值的项，得 1 项频繁项集 L_1。

③扫描所有事务，L_1 与 L_1 连接得候选 2 项集 C_2，并计算每一项的支持度。如 $P(\{a,b\}) =$ $\dfrac{项集\{a,b\}的支持度计数}{所有事务个数} = \dfrac{5}{10} = 0.5$。接下来是剪枝步，由于 C_2 的每个子集（即 L_1）都是频繁项集，所以没有项集从 C_2 中剔除。

④对 C_2 中各项集的支持度与预先设定的最小支持度阈值进行比较，保留大于或等于该阈值的项，得 2 项频繁项集 L_2。

⑤扫描所有事务，L_2 与 L_1 连接得候选 3 项集 C_3，并计算每一项的支持度，如 $P(\{a,b,c\}) =$ $\dfrac{项集\{a,b,c\}的支持度计数}{所有事务个数} = \dfrac{3}{10} = 0.3$。接下来是剪枝步。$L_2$ 与 L_1 连接的所有项集为：{a,b,c},{a,b,d},{a,b,e},{a,c,d},{a,c,e},{b,c,d},{b,c,e}，根据 Apriori 算法，频繁项集的所有非空子集也必须是频繁项集，因为 {b,d},{b,e},{c,d} 不包含在 b 项频繁项集 L_2 中，不是频繁项集，所以应剔除，最后 C_3 中的项集只有 {a,b,c} 和 {a,c,e}。

⑥对 C_3 中各项集的支持度与预先设定的最小支持度阈值作比较，保留大于或等于该阈值的项，得 3 项频繁项集 L_3。

⑦L_3 与 L_1 连接得候选 4 项集 C_4，剪枝后为空集。最后得到最大 3 项频繁项集 {a,b,c} 和 {a,c,e}。

由以上过程可知 L_1、L_2、L_3 都是频繁项集，L_3 是最大频繁项集。

过程二：由频繁项集产生关联规则

根据式（5-36），尝试基于该例产生关联规则。

Python 程序输出的关联规则如下：

```
Rule        (Support, Confidence)
e -> a      (30%, 100%)
e -> c      (30%, 100%)
c,e -> a    (30%, 100%)
a,e -> c    (30%, 100%)
a -> b      (50%, 71.4286%)
c -> a      (50%, 71.4286%)
a -> c      (50%, 71.4286%)
c -> b      (50%, 71.4286%)
b -> a      (50%, 62.5%)
b -> c      (50%, 62.5%)
```

```
b,c -> a   (30%, 60%)
a,c -> b   (30%, 60%)
a,b -> c   (30%, 60%)
a,c -> e   (30%, 60%)
```

就第一条输出结果进行解释：客户同时点菜品 e 和 a 的概率是 30%，点了菜品 e，再点菜品 a 的概率是 100%。知道了这些，就可以对客户进行智能推荐，满足客户需求，同时增加菜品销量。

5.4　时序模式

由于餐饮行业是生产和销售同时进行的，因此销售预测对于餐饮企业十分必要。如何基于菜品历史销售数据做好餐饮销售预测，以便减少菜品脱销现象；如何避免因备料不足而造成的生产延误，从而减少菜品生产等待时间，提供更优质的服务；如何减少安全库存量，做到生产准时制，降低物流成本；这些都是餐饮企业经常会碰到的问题。

餐饮销售预测可以看作基于时间序列的短期数据预测，预测对象为具体菜品销售量。

常用按时间顺序排列的一组随机变量 $X_1, X_2, \cdots, X_t$ 来表示一个随机事件的时间序列，简记为 $\{X_t\}$；用 $x_1, x_2, \cdots, x_n$ 或 $\{x_t, t=1, 2, \cdots, n\}$ 表示该随机序列的 n 个有序观察值，称为序列长度为 n 的观察值序列。

本节应用时间序列分析[一]的目的就是给定一个已被观测了的时间序列，预测该序列的未来值。

5.4.1　时间序列算法

常用的时间序列模型见表 5-21。

表 5-21　常用的时间序列模型

模 型 名 称	描　　　　　述
平滑法	平滑法常用于趋势分析和预测，利用修匀技术，削弱短期随机波动对序列的影响，使序列平滑化。根据所用平滑技术的不同，可具体分为移动平均法和指数平滑法
趋势拟合法	趋势拟合法把时间作为自变量，相应的序列观察值作为因变量，建立回归模型。根据序列的特征，可具体分为线性拟合和曲线拟合

　⊖　王燕. 应时间序列分析 [M]. 北京：中国人民大学出版社. 2012.

（续）

模 型 名 称	描　　　述
组合模型	时间序列的变化主要受到长期趋势（T）、季节变动（S）、周期变动（C）和不规则变动（ε）这 4 个因素的影响。根据序列的特点，可以构建加法模型和乘法模型 加法模型：$x_t=T_t+S_t+C_t+\varepsilon_t$；乘法模型：$x_t=T_t \cdot S_t \cdot C_t \cdot \varepsilon_t$
AR 模型	$x_t = \phi_0 + \phi_1 x_{t-1} + \phi_2 x_{t-2} + \cdots + \phi_p x_{t-p} + \varepsilon_t$ 以前 p 期的序列值 $x_{t-1}, x_{t-2}, \cdots, x_{t-p}$ 为自变量，以随机变量 X_t 的取值 x_t 为因变量，建立线性回归模型
MA 模型	$x_t = \mu + \varepsilon_t - \theta_1 \varepsilon_{t-1} - \theta_2 \varepsilon_{t-2} - \cdots - \theta_q \varepsilon_{t-q}$ 随机变量 X_t 的取值 x_t 与以前各期的序列值无关，建立 x_t 与前 q 期的随机扰动 $\varepsilon_{t-1}, \varepsilon_{t-2}, \cdots, \varepsilon_{t-q}$ 的线性回归模型
ARMA 模型	$x_t = \phi_0 + \phi_1 x_{t-1} + \phi_2 x_{t-2} + \cdots + \phi_p x_{t-p} + \varepsilon_t - \theta_1 \varepsilon_{t-1} - \theta_2 \varepsilon_{t-2} - \cdots - \theta_q \varepsilon_{t-q}$ 随机变量 X_t 的取值 x_t 不仅与以前 p 期的序列值有关，还与前 q 期的随机扰动有关
ARIMA 模型	如果非平稳序列差分后显示出平稳序列的性质，则称这个非平稳序列为差分平稳序列。对差分平稳序列可以使用 ARIMA 模型进行拟合
ARCH 模型	ARCH 模型能准确地模拟时间序列变量的波动性变化，适用于序列具有异方差性并且异方差函数短期自相关的情况
GARCH 模型及其衍生模型	GARCH 模型称为广义 ARCH 模型，是 ARCH 模型的拓展。相比 ARCH 模型，GARCH 模型及其衍生模型更能反映实际序列中的长期记忆性、信息的非对称性等性质

本节将重点介绍 AR 模型、MA 模型、ARMA 模型和 ARIMA 模型。

5.4.2　时间序列的预处理

拿到一个观察值序列后，首先要对它的纯随机性和平稳性进行检验，这两个重要的检验称为序列的预处理。根据检验结果可以将序列分为不同的类型，对不同类型的序列采取不同的分析方法。

纯随机序列又叫白噪声序列，该序列的各项之间没有任何相关关系，且在进行完全无序的随机波动，因此可以终止对该序列的分析。白噪声序列是没有信息可提取的平稳序列。

对于平稳非白噪声序列，它的均值和方差是常数。现已有一套非常成熟的平稳序列的建模方法，即建立一个线性模型来拟合序列的发展，借此提取该序列的有用信息。ARMA 模型是最常用的平稳序列拟合模型。

对于非平稳序列，由于它的均值和方差不稳定，处理方法一般是将其转变为平稳序列，这样就可以应用有关平稳时间序列的分析方法，如建立 ARMA 模型来进行相应的研究。如果一个时间序列经差分运算后具有平稳性，则称该序列为差分平稳序列，可以使用 ARIMA 模型进行分析。

1. 平稳性检验

（1）平稳时间序列的定义

对于随机变量 X，可以计算其均值（数学期望）μ、方差 σ^2；对于两个随机变量 X 和 Y，可以计算 X 与 Y 的协方差 $\mathrm{cov}(X,Y) = E[(X - \mu_x)(Y - \mu_y)]$ 和相关系数 $\rho(X,Y) = \dfrac{\mathrm{cov}(X,Y)}{\sigma_x \sigma_y}$，它们度量了两个不同事件之间的相互影响程度。

对于时间序列 $\{X_t, t \in T\}$，任意时刻的序列值 X_t 都是一个随机变量，每一个随机变量都会有均值和方差，记 X_t 的均值为 μ_t，方差为 σ_t；任取 $t, s \in T$，定义序列 $\{X_t\}$ 的自协方差函数 $\gamma(t,s) = E[(X_t - \mu_t)(X_s - \mu_s)]$ 和自相关系数 $\rho(t,s) = \dfrac{\mathrm{cov}(X_t, X_s)}{\sigma_t \sigma_s}$（特别地，$\gamma(t,t) = \gamma(0) = 1, \rho_0 = 1$）。之所以称它们为自协方差函数和自相关系数，是因为它们衡量的是同一个事件在两个不同时期（时刻 t 和 s）之间的相关程度，形象地讲就是度量自己过去的行为对自己现在的影响。

如果时间序列 $\{X_t, t \in T\}$ 在某一常数附近波动且波动范围有限，即有常数均值和常数方差，并且延迟 k 期的序列变量的自协方差和自相关系数是相等的，或者延迟 k 期的序列变量之间的影响程度是一样的，则称 $\{X_t, t \in T\}$ 为平稳序列。

（2）平稳性的检验

对序列平稳性的检验有两种方法：一种是根据时序图和自相关图的特征做出判断的图检验，该方法操作简单、应用广泛，缺点是带有主观性；另一种是通过构造检验统计量来进行检验的方法，目前最常用的方法是单位根检验。

①时序图检验

根据平稳时间序列的均值和方差都为常数的性质，平稳序列的时序图显示该序列值始终在一个常数附近随机波动，而且波动的范围有界；如果表现出明显的趋势性或者周期性，那它通常不是平稳序列。

②自相关图检验

平稳序列具有短期相关性，这表明对平稳序列而言通常只有近期的序列值对现时值的影响比较明显，间隔越远的过去值对现时值的影响越小。随着延迟期数 k 的增加，平稳序列的自相关系数 ρ_k（延迟 k 期）会比较快地衰减，趋向于零，并在零附近随机波动。而非平稳序列的自相关系数衰减的速度比较慢，这就是利用自相关图进行平稳性检验的标准。

③单位根检验

单位根检验是指检验序列中是否存在单位根,存在单位根就是非平稳时间序列。

2. 纯随机性检验

如果一个序列是纯随机序列,那么它的序列值之间应该没有任何关系,即满足 $\gamma(k)=0$,$k \neq C$,这是一种理论上才会出现的理想状态。实际上,纯随机序列的样本自相关系数不会绝对为零,但是可以接近零,并在零附近随机波动。

纯随机性检验也称白噪声检验,一般通过构造检验统计量来检验序列的纯随机性。常用的检验统计量有 Q 统计量和 LB 统计量,由样本各延迟期数的自相关系数可以计算得到检验统计量,然后计算出对应的 p 值,如果 p 值明显大于显著性水平 α,则表示该序列不能拒绝纯随机的原假设,可以停止对该序列的分析。

5.4.3 平稳时间序列分析

自回归移动平均模型(Autoreg Ressive Moving Average Model,简称 ARMA 模型),是目前最常用的拟合平稳序列的模型。它又可以细分为 AR 模型、MA 模型和 ARMA 模型这三大类,三者都可以看作多元线性回归模型。

1. AR 模型

具有式(5-37)所示结构的模型称为 p 阶自回归模型,简记为 AR(p)。

$$x_t = \phi_0 + \phi_1 x_{t-1} + \phi_2 x_{t-2} + \cdots + \phi_p x_{t-p} + \varepsilon_t \tag{5-37}$$

即在 t 时刻的随机变量 X_t 的取值 x_t 是前 p 期 $x_{t-1}, x_{t-2}, \cdots, x_{t-p}$ 的多元线性回归,误差项是当期的随机干扰 ε_t,为零均值白噪声序列。AR 模型认为 x_t 主要受过去 p 期的序列值的影响。

平稳 AR 模型的统计量及其性质见表 5-22。

表 5-22　平稳 AR 模型的统计量及其性质

统计量	性　质	统计量	性　质
均值	常数均值	自相关系数(ACF)	拖尾
方差	常数方差	偏自相关系数(PACF)	p 阶截尾

(1)均值

对满足平稳性条件的 AR(p)模型的方程,两边取期望,得式(5-38)。

$$E(x_t) = E(\phi_0 + \phi_1 x_{t-1} + \phi_2 x_{t-2} + \cdots + \phi_p x_{t-p} + \varepsilon_t) \tag{5-38}$$

已知 $E(x_t) = \mu, E(\varepsilon_t) = 0$ ，所以有 $\mu = \phi_0 + \phi_1\mu + \phi_2\mu + \cdots + \phi_p\mu$ ，解得式（5-39）。

$$\mu = \frac{\phi_0}{1 - \phi_1 - \phi_2 - \cdots - \phi_p} \tag{5-39}$$

（2）方差

平稳 AR(p) 模型的方差有界，等于常数。

（3）自相关系数（ACF）

平稳 AR(p) 模型的自相关系数 $\rho_k = \rho(t, t-k) = \dfrac{\operatorname{cov}(X_t, X_{t-k})}{\sigma_t \sigma_{t-k}}$ 呈指数趋势衰减，始终有

非零取值，不会在 k 大于某个常数之后就恒等于零，这表明平稳 AR(p) 模型的自相关系数 ρ_k 具有拖尾性。

（4）偏自相关系数（PACF）

对于一个平稳 AR(p) 模型，求出延迟 k 期自相关系数 ρ_k 时，实际上得到的并不是 X_t 与 X_{t-k} 之间单纯的相关关系，因为 X_t 同时还会受中间 $k-1$ 个随机变量 $X_{t-1}, X_{t-2}, \cdots, X_{t-k+1}$ 的影响，所以自相关系数 ρ_k 里实际上掺杂了其他变量对 X_t 与 X_{t-k} 的相关影响，为了单纯地测度 X_{t-k} 对 X_t 的影响，引进了偏自相关系数的概念。

可以证明平稳 AR(p) 模型的偏自相关系数具有 p 阶截尾性。这个性质连同前面的自相关系数的拖尾性是 AR(p) 模型重要的识别依据。

2. MA 模型

具有式（5-40）所示结构的模型称为 q 阶移动平均模型，简记为 MA(q)。

$$x_t = \mu + \varepsilon_t - \theta_1\varepsilon_{t-1} - \theta_2\varepsilon_{t-2} - \cdots - \theta_q\varepsilon_{t-q} \tag{5-40}$$

即在 t 时刻的随机变量 X_t 的取值 x_t 是前 q 期的随机扰动 $\varepsilon_{t-1}, \varepsilon_{t-2}, \cdots, \varepsilon_{t-q}$ 的多元线性函数，误差项是当期的随机干扰 ε_t ，为零均值白噪声序列，μ 是序列 $\{X_t\}$ 的均值。MA 模型认为 x_t 主要受过去 q 期的误差项的影响。

平稳 MA(q) 模型的统计量及其性质见表 5-23。

表 5-23　平稳 MA(q) 模型的统计量及其性质

统计量	性　质	统计量	性　质
均值	常数均值	自相关系数（ACF）	q 阶截尾
方差	常数方差	偏自相关系数（PACF）	拖尾

3. ARMA 模型

具有式（5-41）所示结构的模型称为自回归移动平均模型，简记为 ARMA(p,q)。

$$x_t = \phi_0 + \phi_1 x_{t-1} + \phi_2 x_{t-2} + \cdots + \phi_p x_{t-p} + \varepsilon_t - \theta_1 \varepsilon_{t-1} - \theta_2 \varepsilon_{t-2} - \cdots - \theta_q \varepsilon_{t-q} \qquad （5-41）$$

即在 t 时刻的随机变量 X_t 的取值 x_t 是前 p 期 $x_{t-1}, x_{t-2}, \cdots, x_{t-p}$ 和前 q 期 $\varepsilon_{t-1}, \varepsilon_{t-2}, \cdots, \varepsilon_{t-q}$ 的多元线性函数，误差项是当期的随机干扰 ε_t，为零均值白噪声序列。ARMA 模型认为 x_t 主要受过去 p 期的序列值和过去 q 期的误差项的共同影响。

特别需要注意的是，当 q=0 时，是 AR(p) 模型；当 p=0 时，是 MA(q) 模型。

平稳 ARMA(p,q) 模型的统计量及其性质见表 5-24。

表 5-24　平稳 ARMA(p,q) 模型的统计量及其性质

统计量	性　质
均值	常数均值
方差	常数方差
自相关系数（ACF）	拖尾
偏自相关系数（PACF）	拖尾

4. 平稳时间序列建模

如果某个时间序列经过预处理，被判定为平稳非白噪声序列，则可以利用 ARMA 模型进行建模。计算出平稳非白噪声序列 {X_t} 的自相关系数和偏自相关系数，再根据 AR(p)、MA(q) 和 ARMA(p,q) 模型的自相关系数和偏自相关系数的性质，选择合适的模型。平稳时间序列建模步骤如图 5-19 所示。

1）计算 ACF 和 PACF。先计算非平稳白噪声序列的自相关系数（ACF）和偏自相关系数（PACF）。

2）ARMA 模型识别。也称为模型定阶，根据 AR(p)、MA(q) 和 ARMA(p,q) 模型的自相关系数和偏自相关系数的性质选择合适的模型。识别原则见表 5-25。

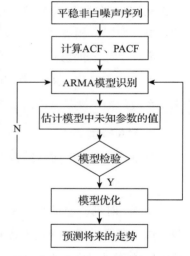

图 5-19　平稳时间序列建模步骤

表 5-25　ARMA 模型识别原则

模　　型	自相关系数（ACF）	偏自相关系数（PACF）
AR(p)	拖尾	p 阶截尾
MA(q)	q 阶截尾	拖尾
ARMA(p,q)	p 阶拖尾	q 阶拖尾

①估计模型中未知参数的值并进行参数检验。

②模型检验。

③模型优化。

④模型应用：进行短期预测。

5.4.4　非平稳时间序列分析

前面介绍了平稳时间序列的分析方法。实际上，在自然界中绝大部分序列都是非平稳的。因而非平稳时间序列的分析更普遍、更重要，创造出来的分析方法也更多。

非平稳时间序列的分析方法可以分为确定性因素分解的时序分析和随机时序分析两大类。

确定性因素分解的时序分析法把所有序列的变化都归结为 4 个因素（长期趋势、季节变动、循环变动和随机波动）的综合影响，其中长期趋势和季节变动的规律性信息通常比较容易提取，而由随机因素导致的波动则难以确定和分析，对随机信息浪费严重，会导致模型拟合精度不够理想。

随机时序分析法的发展弥补了确定性因素分解的时序分析法的不足。根据时间序列的不同特点，随机时序分析可以建立的不同模型，包括 ARIMA 模型、残差自回归模型、季节模型、异方差模型等。本节重点介绍 ARIMA 模型对非平稳时间序列进行建模的相关内容。

1. 差分运算

（1）p 阶差分

相距一期的两个序列值之间的减法运算称为 1 阶差分运算。

（2）k 步差分

相距 k 期的两个序列值之间的减法运算称为 k 步差分运算。

2. ARIMA 模型

前文提到，差分运算具有强大的确定性信息提取能力，许多非平稳序列差分后会显示出平稳序列的性质，这时称这个非平稳序列为差分平稳序列。差分平稳序列可以使用 ARMA 模型进行拟合。ARIMA 模型的实质就是差分运算与 ARMA 模型的组合。掌握了 ARMA 模型的建模方法和步骤以后，对序列建立 ARIMA 模型就比较简单了。

差分平稳时间序列建模步骤如图 5-20 所示。

下面应用以上理论知识，对表 5-26 中某餐厅 2023 年 1 月 1 日到 2023 年 2 月 6 日的销售数据进行建模。

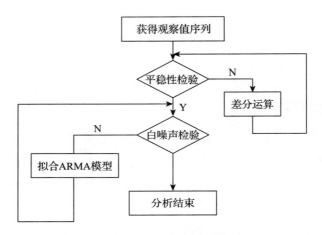

图 5-20　差分平稳时间序列建模步骤

表 5-26　某餐厅的销售数据

日　期	销量 / 个	日　期	销量 / 个
2023/1/1	3023	2023/1/20	3443
2023/1/2	3039	2023/1/21	3428
2023/1/3	3056	2023/1/22	3554
2023/1/4	3138	2023/1/23	3615
2023/1/5	3188	2023/1/24	3646
2023/1/6	3224	2023/1/25	3614
2023/1/7	3226	2023/1/26	3574
2023/1/8	3029	2023/1/27	3635
2023/1/9	2859	2023/1/28	3738
2023/1/10	2870	2023/1/29	3707
2023/1/11	2910	2023/1/30	3827
2023/1/12	3012	2023/1/31	4039
2023/1/13	3142	2023/2/1	4210
2023/1/14	3252	2023/2/2	4493
2023/1/15	3342	2023/2/3	4560
2023/1/16	3365	2023/2/4	4637
2023/1/17	3339	2023/2/5	4755
2023/1/18	3345	2023/2/6	4817
2023/1/19	3421		

＊数据详见：demo/data/arima_data.xls。

（1）检验序列的平稳性

图 5-21 显示该序列具有明显的单调递增趋势，可以判断为非平稳序列；图 5-22 的自相关图显示自相关系数长期大于零，说明序列间具有很强的长期相关性；表 5-27 中单位根检验统计量对应的 p 值显著大于 0.05，最终将该序列判断为非平稳序列（非平稳序列一定不是白噪声序列）。

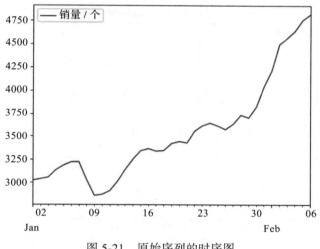

图 5-21　原始序列的时序图

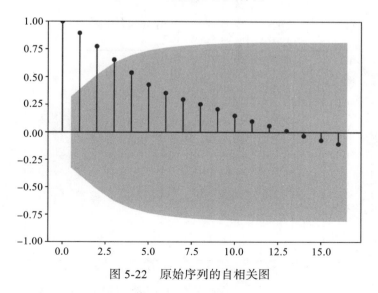

图 5-22　原始序列的自相关图

（2）对原始序列进行一阶差分，并进行平稳性和白噪声检验

1）对一阶差分后的序列再次做平稳性判断。一阶差分之后序列的时序图如图 5-23

所示，自相关图如图 5-24 所示，单位根检验如表 5-28 所示。

表 5-27　原始序列的单位根检验

adf	cValue			p 值
	1%	5%	10%	
1.8138	−3.7112	−2.9812	−2.6301	0.9984

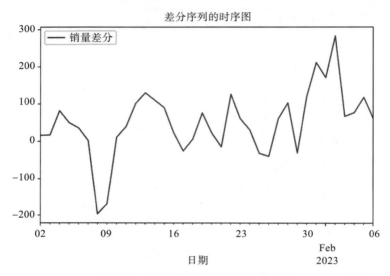

图 5-23　一阶差分之后序列的时序图

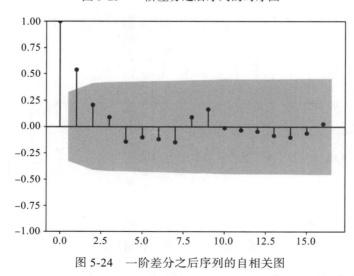

图 5-24　一阶差分之后序列的自相关图

结果显示，一阶差分之后序列的时序图在均值附近比较平稳地波动、自相关图有很强的短期相关性、单位根检验 p 值小于 0.05，所以一阶差分之后的序列是平稳序列。

表 5-28　一阶差分之后序列的单位根检验

adf	cValue			p 值
	1%	5%	10%	
−3.1561	−3.6327	−2.9485	−2.6130	0.0227

2）对一阶差分后的序列做白噪声检验，如表 5-29 所示。

表 5-29　一阶差分之后序列的白噪声检验

stat	p 值
11.304022	0.000773

输出的 p 值远小于 0.05，所以一阶差分之后的序列是平稳非白噪声序列。

（3）对一阶差分之后的平稳非白噪声序列拟合 ARMA 模型

下面进行模型定阶。模型定阶就是确定 p 和 q。

第一种方法：人为识别，根据图 5-25 进行模型定阶。

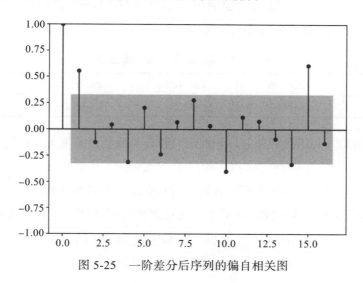

图 5-25　一阶差分后序列的偏自相关图

一阶差分后自相关图显示出 1 阶截尾，偏自相关图显示出拖尾性，所以可以考虑用 MA(1) 模型拟合 1 阶差分后的序列，即对原始序列建立 ARIMA(0,1,1) 模型。

第二种方法：相对最优模型识别。

计算 ARMA(p,q) 当 p 和 q 均小于或等于 3 的所有组合的贝叶斯信息量（BIC），取其中 BIC 达到最小的模型阶数。

计算完成的 BIC 矩阵如下：

```
438.408893        424.350507        427.653560        426.418221
422.817415        426.301323        428.151390        429.746909
426.339071        426.660227        429.953819        433.214130
429.547314        429.825668        433.283967        432.608372
```

当 p 值为 1、q 值为 0 时，最小 BIC 值为 422.817415。p、q 定阶完成。

用 AR(1) 模型拟合一阶差分后的序列，即对原始序列建立 ARIMA(1, 1, 0) 模型。

对一阶差分后的序列拟合的 AR(1) 模型的参数检验和参数估计见表 5-30。

表 5-30　模型参数

Parameter	Coef.	Std.Err	z
ar.L1	0.6347	0.109	5.821
sigma2	5963.5743	1327.260	4.493

（4）ARIMA 模型预测

应用 ARIMA(0,1,1) 对表 5-26 中某餐厅 2023 年 1 月 1 日到 2023 年 2 月 6 日的销售数据做为期 5 天的预测，结果如表 5-31 所示。

表 5-31　预测未来 5 天的销售额

2023/2/7	2023/2/8	2023/2/9	2023/2/10	2023/2/11
4856.4	4881.3	4897.2	4907.2	4913.6

需要说明的是，利用模型向前预测的时期越长，预测误差越大，这是时间预测的典型特点。

在 Python 中实现 ARIMA 模型建模过程的代码如代码清单 5-8 所示。可以看到，我们使用了 StatsModels，其实我们在第 2 章就对此进行了介绍，只是在这里才真正用上它。这表明对于通常的数据探索任务来说，NumPy 与 pandas 结合的能力已经相当强大了，只有用到较为深入的统计模型时，才会用到 StatsModels。

代码清单 5-8　实现 ARIMA 模型

```python
import numpy as np
import pandas as pd
# 参数初始化
discfile = '../data/arima_data.xls'
forecastnum = 5
```

```
# 读取数据，指定日期列为指标，pandas自动将"日期"列识别为Datetime格式
data = pd.read_excel(discfile, index_col = '日期')

# 时序图
import matplotlib.pyplot as plt
plt.rcParams['font.sans-serif'] = ['SimHei']        # 用来正常显示中文标签
plt.rcParams['axes.unicode_minus'] = False          # 用来正常显示负号
data.plot()
plt.show()


# 自相关图
from statsmodels.graphics.tsaplots import plot_acf
plot_acf(data).show()


# 平稳性检测
from statsmodels.tsa.stattools import adfuller as ADF
print('原始序列的ADF检验结果为: ', ADF(data['销量/个']))
# 返回值依次为adf、pvalue、usedlag、nobs、critical values、icbest、regresults、resstore


# 差分后的结果
D_data = data.diff().dropna()
D_data.columns = ['销量差分']
D_data.plot()                                        # 时序图
plt.show()
plot_acf(D_data).show()                              # 自相关图
from statsmodels.graphics.tsaplots import plot_pacf
plot_pacf(D_data).show()                             # 偏自相关图
print('差分序列的ADF检验结果为: ', ADF(D_data['销量差分']))# 平稳性检测


# 白噪声检验
from statsmodels.stats.diagnostic import acorr_ljungbox
print('差分序列的白噪声检验结果为: \n ', acorr_ljungbox(D_data, lags=1))  # 返回统计量和p值


from statsmodels.tsa.arima.model import ARIMA

# 定阶
data['销量/个'] = data['销量/个'].astype(float)
pmax = int(len(D_data)/10)                           # 一般阶数不超过length/10
qmax = int(len(D_data)/10)                           # 一般阶数不超过length/10
bic_matrix = []                                      # BIC矩阵
for p in range(pmax+1):
    tmp = []
    for q in range(qmax+1):
        try:                                         # 存在部分报错，所以用try来跳过报错
            tmp.append(ARIMA(data, order=(p,1,q)).fit().bic)
        except:
            tmp.append(None)
    bic_matrix.append(tmp)
```

```
# 从中可以找出最小值
bic_matrix = pd.DataFrame(bic_matrix)
p,q = bic_matrix.stack().idxmin()          # 先用stack展平，然后用idxmin找出最小值位置
print('BIC最小的p值和q值为: %s、%s' %(p,q))
model = ARIMA(data, order=(p, 1, q)).fit() # 建立ARIMA(1, 1, 0)模型
print('模型报告为: \n', model.summary())
forecast_results = model.get_forecast(steps=5)
# 打印完整的预测结果
print('预测未来5天，其预测结果、标准误差、置信区间下界、置信区间上界如下: \n', forecast_results.
    summary_frame())
```

* 代码详见：demo/code/07-arima_test.py。

运行代码清单 5-8 可以得到如下输出结果：

原始序列的 ADF 检验结果为： (1.8137710150945274, 0.9983759421514264, 10, 26, {'1%': -3.7112123008648155, '5%': -2.981246804733728, '10%': -2.6300945562130176}, 299.46989866024177)

差分序列的 ADF 检验结果为： (-3.1560562366723532, 0.02267343544004886, 0, 35, {'1%': -3.6327426647230316, '5%': -2.9485102040816327, '10%': -2.6130173469387756}, 287.5909090780334)

差分序列的白噪声检验结果为：

```
      lb_stat     lb_pvalue
1   11.304022    0.000773
```

BIC 最小的 p 值和 q 值为：1、0

模型报告为：

```
                               SARIMAX Results
==============================================================================
Dep. Variable:               销量/个   No. Observations:                 37
Model:               ARIMA(1, 1, 0)   Log Likelihood              -207.825
Date:             Thu, 28 Mar 2024   AIC                          419.650
Time:                    15:57:41   BIC                          422.817
Sample:                01-01-2023   HQIC                         420.756
                     - 02-06-2023
Covariance Type:                opg
==============================================================================
                 coef    std err          z      P>|z|      [0.025      0.975]
------------------------------------------------------------------------------
ar.L1          0.6347      0.109      5.821      0.000       0.421       0.848
sigma2      5963.5743   1327.260      4.493      0.000    3362.192    8564.957
==============================================================================
Ljung-Box (L1) (Q):                   0.01   Jarque-Bera (JB):              1.13
Prob(Q):                              0.91   Prob(JB):                      0.57
Heteroskedasticity (H):               1.52   Skew:                         -0.30
Prob(H) (two-sided):                  0.48   Kurtosis:                      3.63
==============================================================================
```

预测未来5天，其预测结果、标准误差、置信区间下界、置信区间上界如下：

销量/个	mean	mean_se	mean_ci_lower	mean_ci_upper
2023-02-07	4856.351924	77.224182	4704.995308	5007.708540
2023-02-08	4881.328922	147.986031	4591.281632	5171.376213
2023-02-09	4897.182034	216.006070	4473.817916	5320.546152
2023-02-10	4907.244139	279.322876	4359.781362	5454.706915
2023-02-11	4913.630641	337.609249	4251.928672	5575.332610

5.4.5　Python 的主要时序模式算法

Python 实现时序模式的主要库是 StatsModels（当然，如果 pandas 能做的，就可以利用 pandas 去做），算法主要是 ARIMA 模型。在使用该模型进行建模时，需要进行一系列判别操作，主要包含平稳性检验、白噪声检验、是否差分、AIC 和 BIC 指标值、模型定阶，最后再做预测。时序模式算法函数列表如表 5-32 所示。

表 5-32　时序模式算法函数列表

函数名	函数功能	所属工具箱
acf()	计算自相关系数	statsmodels.tsa.stattools
plot_acf()	绘制自相关系数图	statsmodels.graphics.tsaplots
pacf()	计算偏自相关系数	statsmodels.tsa.stattools
plot_pacf()	绘制偏自相关系数图	statsmodels.graphics.tsaplots
adfuller()	对观测值序列进行单位根检验	statsmodels.tsa.stattools
diff()	对观测值序列进行差分计算	pandas 对象自带的方法
ARIMA()	创建一个 ARIMA 时序模型	statsmodels.tsa.arima_model
summary() 或 summary2()	给出一份 ARIMA 模型的报告	ARIMA 模型对象自带的方法
aic/bic/hqic	计算 ARIMA 模型的 AIC/BIC/HQIC 指标值	ARIMA 模型对象自带的变量
forecast()	应用构建的时序模型进行预测	ARIMA 模型对象自带的方法
acorr_ljungbox()	Ljung-Box 检验，检验是否为白噪声	statsmodels.stats.diagnostic

（1）acf()

❏　功能

计算自相关系数。

❏　使用格式

```
autocorr = acf(data, unbiased=False, nlags=40, qstat=False, fft=False, alpha=None)
```

输入参数 data 为观测值序列（即时间序列，可以是 DataFrame 或 Series），返回参数 autocorr 为观测值序列自相关函数。其余为可选参数，如 qstat=True 时同时返回 Q 统计

量和对应 p 值。

（2）plot_acf()

❑ 功能

绘制自相关系数图。

❑ 使用格式

```
p = plot_acf(data)
```

返回一个 Matplotlib 对象，可以用 .show() 方法显示图像。

（3）pacf() / plot_pacf()

❑ 功能

计算偏自相关系数，绘制偏自相关系数图。

❑ 使用格式

使用格式与 acf() / plot_acf() 类似，不再赘述。

（4）adfuller()

❑ 功能

对观测值序列进行单位根检验。

❑ 使用格式

```
h = adfuller(Series, maxlag=None, regression='c', autolag='AIC', store=False,
    regresults=False)
```

输入参数 Series 为一维观测值序列，返回值依次为 adf、pvalue、usedlag、nobs、critical values、icbest、regresults、resstore。

（5）diff()

❑ 功能

对观测值序列进行差分计算。

❑ 使用格式

```
D.diff()
```

D 为 pandas 的 DataFrame 或 Series。

（6）ARIMA

❑ 功能

设置时序模式的建模参数，创建 ARIMA 时序模型。

❑ 使用格式

```
arima = ARIMA(data, (p,1,q)).fit()
```

data 参数为输入的时间序列，p、q 为对应的阶，d 为差分次数。

（7）summary() / summary2()

❑ 功能

生成已有模型的报告。

❑ 使用格式

```
arima.summary() / arima.summary2()
```

其中 arima 为已经建立好的 ARIMA 模型，返回一份格式化的模型报告，包含模型的系数、标准误差、p 值、AIC、BIC 等详细指标。

（8）aic/bic/hqic

❑ 功能

计算 ARIMA 模型的 AIC、BIC、HQIC 指标值。

❑ 使用格式

```
arima.aic
arima.bic
arima.hqic
```

其中，arima 为已经建立好的 ARIMA 模型，返回值是 Model 时序模型得到的 AIC、BIC、HQIC 指标值。

（9）forecast()

❑ 功能

用得到的时序模型进行预测。

❑ 使用格式

```
a,b,c = arima.forecast(num)
```

输入参数 num 为要预测的天数，arima 为已经建立好的 ARIMA 模型，a 为返回的预测值，b 为预测的误差，c 为预测置信区间。

（10）acorr_ljungbox()

❑ 功能

检测是否为白噪声序列。

❑ 使用格式

```
acorr_ljungbox(data, lags=1)
```

输入参数 data 为时间序列数据，lags 为滞后数，返回统计量和 p 值。

5.5 离群点检测

餐饮企业经常会碰到以下这些问题：

1）如何根据客户的消费记录检测是否为异常刷卡消费？

2）如何检测是否有异常订单？

这些异常问题可以通过离群点检测解决。

离群点检测是数据挖掘中重要的一部分，它的任务是发现与大部分其他对象显著不同的对象。大部分数据挖掘方法都将这种差异信息视为噪声而丢弃，然而在一些应用中，罕见的数据可能蕴含着更大的研究价值。

在数据的散布图中，如图 5-26 所示，离群点明显远离其他数据点。因为离群点的属性值明显偏离期望或常见的属性值，所以离群点检测也称偏差检测。

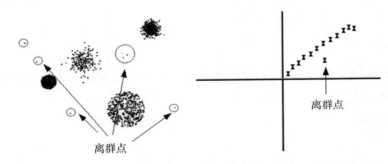

图 5-26　数据的散布图

离群点检测已经被广泛应用于电信和信用卡的诈骗检测、贷款审批、电子商务、网络入侵、天气预报等领域，如可以利用离群点检测分析运动员的统计数据，以发现异常的运动员。

5.5.1　离群点的成因及类型

（1）离群点的成因

离群点的主要成因有：数据来源于不同的类、自然变异、数据测量和收集误差。

（2）离群点的类型

离群点的大致分类见表 5-33。

表 5-33　离群点的大致分类

分类标准	分类名称	分类描述
数据范围	全局离群点和局部离群点	从整体来看，某些对象没有离群特征，但是从局部来看，它们却显示了一定的离群性。如图 5-27 所示，C 是全局离群点，D 是局部离群点
数据类型	数值型离群点和分类型离群点	这是以数据集的属性类型进行划分的
属性个数	一维离群点和多维离群点	一个对象可能有一个或多个属性

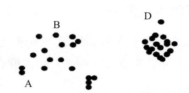

图 5-27　全局离群点和局部离群点

5.5.2　离群点检测方法

常用的离群点检测方法[⊖]见表 5-34。

表 5-34　常用的离群点检测方法

离群点检测方法	方法描述	方法评估
基于统计模型	大部分基于统计模型的离群点检测方法是构建一个概率分布模型，并计算对象符合该模型的概率，把具有低概率的对象视为离群点	基于统计模型的离群点检测方法的前提是必须知道数据集服从什么分布；对于高维数据，检验效果可能很差
基于邻近度	通常可以在数据对象之间定义邻近性度量，把远离大部分点的对象视为离群点	简单、二维或三维的数据可以做散点图观察；大数据集不适用；对参数选择敏感；具有全局阈值，不能处理具有不同密度区域的数据集
基于密度	考虑数据集可能存在不同密度区域这一事实，从基于密度的观点分析，离群点是在低密度区域中的对象。一个对象的离群点得分是该对象周围密度的逆	给出了对象是离群点的定量度量，并且即使数据具有不同的区域也能够很好地处理；大数据集不适用；参数选择是困难的
基于聚类	一种基于聚类检测离群点的方法是丢弃远离其他簇的小簇；另一种更系统的方法是首先聚类所有对象，然后评估对象属于簇的程度（离群点得分）	基于聚类技术来发现离群点可能是高度有效的；聚类算法产生的簇的质量对该算法产生的离群点的质量影响非常大

⊖　Pang-Ning Tan, Michael Steinbach, Vipin Kumar.Introduction to Data Mining[M]. 北京：人民邮电出版社 . 2010:404-415.

基于统计模型的离群点检测方法需要满足统计学原理，如果分布已知，则检验可能非常有效。基于邻近度的离群点检测方法比统计学方法更容易使用，因为确定数据集有意义的邻近度量比确定它的统计分布更容易。基于密度的离群点检测与基于邻近度的离群点检测密切相关，因为密度常用邻近度定义：一种是定义密度为到 k 个最邻近的平均距离的倒数，如果该距离小，则密度高；另一种是使用 DBSCAN 聚类算法，一个对象周围的密度等于该对象指定距离 d 内对象的个数。

下面重点介绍基于统计模型和聚类的离群点检测方法。

5.5.3　基于统计模型的离群点检测方法

通过估计概率分布的参数来建立一个数据模型，如果一个数据对象不能很好地与该模型拟合，即如果它不服从该分布，则它很可能是一个离群点。

1. 一元正态分布中的离群点检测

正态分布是统计学中最常用的分布之一。

若随机变量 x 的密度函数 $\phi(x) = \dfrac{1}{\sqrt{2\pi}}\mathrm{e}^{-\frac{(x-\mu)^2}{2\sigma^2}}$ $(x \in \mathbf{R})$，则称 x 服从正态分布，简称 x 服从正态分布 $N(\mu,\sigma)$，其中参数 μ 和 σ 分别为均值和标准差。

图 5-28 显示 $N(0,1)$ 的概率密度函数。$N(0,1)$ 的数据对象出现在该分布的两边尾部的机会很小，因此可以用它作为检测数据对象是不是离群点的基础。数据对象落在 3 倍标准差中心区域之外的概率仅有 0.0027。

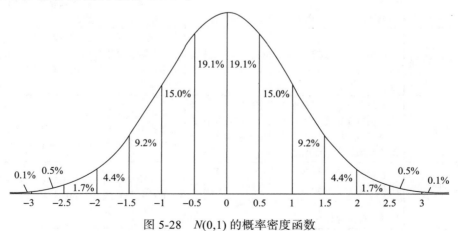

图 5-28　$N(0,1)$ 的概率密度函数

2. 混合模型的离群点检测

这里首先介绍混合模型。混合模型是一种特殊的统计模型，它使用若干统计分布对数

据建模。每一个分布对应一个簇，而每个分布的参数提供对应簇的描述，通常用中心和发散描述。

混合模型将数据看作从不同的概率分布得到的观测值的集合。概率分布可以是任何分布，但是通常是多元正态的，因为这种类型的分布不难理解，容易从数学上进行处理，并且已经证明在许多情况下都能产生好的结果。多元正态分布可以对椭圆簇建模。

总的来讲，混合模型的数据产生过程为：给定几个类型相同但参数不同的分布，随机选取一个分布并由它产生一个对象，重复该过程 m 次，其中 m 是对象的个数。

具体来讲，假定有 K 个分布和 m 个对象，$X=\{x_1, x_2, \cdots, x_m\}$，设第 j 个分布的参数为 α_j，并设 A 是所有参数的集合，即 $A=\{\alpha_1, \alpha_2, \cdots, \alpha_K\}$，则 $P(x_i \mid \alpha_j)$ 是第 i 个对象来自第 j 个分布的概率。选取第 j 个分布产生一个对象的概率由权值 $w_j(1 \leqslant j \leqslant K)$ 给定，其中权值（概率）受限于其和为 1 的约束，即 $\sum_{j=1}^{K} w_j = 1$。于是，对象 X 的概率由式（5-42）给出。

$$P(x \mid A) = \sum_{j=1}^{K} w_j P_j(x \mid \theta_j) \qquad (5\text{-}42)$$

如果对象以独立的方式产生，则整个对象集的概率是每一个个体对象 x_i 的概率的乘积，如式（5-43）所示。

$$P(X \mid \alpha) = \prod_{i=1}^{m} P(x_i \mid \alpha) = \prod_{i=1}^{m} \sum_{j=1}^{K} w_j P_j(x \mid \alpha_j) \qquad (5\text{-}43)$$

对于混合模型，每个分布描述一个不同的组，即一个不同的簇。通过使用统计方法，可以由数据估计这些分布的参数，从而描述这些分布（簇），也可以识别哪个对象属于哪个簇。然而，混合模型只是给出具体对象属于特定簇的概率。

聚类时，混合模型假定数据来自混合概率分布，并且每个簇可以用这些分布进行识别。同样，对于离群点检测，数据用两个分布的混合模型建模，一个分布为正常数据，而另一个为离群点。

聚类和离群点检测的目标都是估计分布的参数，以最大化数据的总似然。

这里提供一种常用的离群点检测方法：先将所有数据对象放入正常数据集，这时离群点集为空集；再用一个迭代过程将数据对象从正常数据集转移到离群点集，只要该转移能提高数据的总似然。具体操作如下。

假设数据集 U 包含来自两个概率分布的数据对象：M 是大多数（正常）数据对象的分布，而 N 是离群点对象的分布。数据的总概率分布可以记作：

$$U(x) = (1-\lambda)M(x) + \lambda N(x)$$

其中，x 是一个数据对象；$\lambda \in [0,1]$，给出离群点的期望比例。分布 M 由数据估计得到，而分布 N 通常取均匀分布。设 M_t 和 N_t 分别为 t 时刻正常数据和离群点对象的集合。初始 $t = 0$，$M_0 = D$，而 $N_0 = \varnothing$。

根据混合模型中公式 $P(x|A) = \sum\limits_{j=1}^{K} w_j P_j(x|\alpha_j)$ 推导，整个数据集的似然和对数似然可分别由式（5-44）和式（5-45）给出。

$$L_t(U) = \prod_{x_i \in U} P_U(x_i) = \left\{ (1-\lambda)^{M_t} \prod_{x_i \in M_t} P_{M_t}(x_i) \right\} \left\{ \lambda^{N_t} \prod_{x_i \in N_t} P_{N_t}(x_i) \right\} \tag{5-44}$$

$$\ln L_t(U) = |M_t| \ln(1-\lambda) + \sum_{x_i \in M_t} \ln P_{M_t}(x_i) + |N_t| \ln\lambda + \sum_{x_i \in N_t} \ln P_{N_t}(x_i) \tag{5-45}$$

其中，P_{M_t}、P_{N_t} 分别是 M_t、N_t 的概率分布函数。

因为正常数据对象的数量比离群点对象的数量大很多，所以当一个数据对象移动到离群点集后，正常数据对象的分布变化不大。在这种情况下，每个正常数据对象的总似然的贡献保持不变。此外，如果假定离群点服从均匀分布，则移动到离群点集的每一个数据对象对离群点的似然贡献一个固定的量。这样，当一个数据对象移动到离群点集时，数据总似然的改变粗略地等于该数据对象在均匀分布下的概率（用 λ 加权）减去该数据对象在正常数据分布下的概率（用 $1-\lambda$ 加权）。离群点是由在正常数据分布中概率较低，但在均匀分布下概率较高的数据对象所构成的。

在某些情况下是很难建立模型的，如数据的统计分布未知或没有训练数据可用。在这种情况下，可以考虑其他不需要建立模型的检测方法。

5.5.4　基于聚类的离群点检测方法

聚类分析用于发现局部强相关的对象组，而异常检测用来发现不与其他对象强相关的对象。因此聚类分析非常自然地可以用于离群点检测。本节主要介绍两种基于聚类的离群点检测方法。

1. 丢弃远离其他簇的小簇

一种基于聚类的离群点检测方法是丢弃远离其他簇的小簇。通常，该过程可以简化为丢弃小于某个最小阈值的所有簇。

这个方法可以和其他任何聚类技术一起使用，但是需要最小簇大小和小簇与其他簇之间距离的阈值。而且这种方法对簇的个数高度敏感，该方法很难将离群点得分附加到对象上。

在图 5-29 中，聚类簇数 $k=2$，可以直观地看出其中一个包含 5 个对象的小簇远离大部分对象，可以视为离群点。

2. 基于原型的聚类

还有一种更系统的方法——基于原型的聚类。首先聚类所有对象，然后评估对象属于簇的程度（离群点得分）。在这种方法中，可以用对象到它的簇中心的距离来度量属于簇的程度。特别地，如果删除一个对象可显著改进聚类的效果，则将该对象视为离群

图 5-29　k 均值聚类算法的聚类图

点。例如，在 k 均值聚类算法中，删除远离其相关簇中心的对象能够显著改进该簇的误差平方和（SSE）。

对于基于原型的聚类，评估对象属于簇的程度（离群点得分）主要有两种方法：一是度量对象到簇原型的距离，并用它作为该对象的离群点得分；二是考虑到簇具有不同的密度，可以度量簇到原型的相对距离。相对距离是点到质心的距离与簇中所有点到质心的距离的中位数之比。

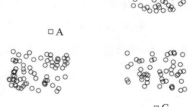

图 5-30　基于距离的离群点检测

如图 5-30 所示，如果选择聚类簇数 $k=3$，则对象 A、B、C 应分别属于距离它们最近的簇，但相对于簇内的其他对象，这 3 个点又分别远离各自的簇，所以有理由怀疑对象 A、B、C 是离群点。

（1）诊断步骤

1）进行聚类。选择聚类算法（如 k 均值聚类算法），将样本集聚为 k 簇，并找到各簇的质心。

2）计算各对象到它的最近质心的距离。

3）计算各对象到它的最近质心的相对距离。

4）与给定的阈值进行比较。

如果某对象距离大于该阈值，就认为该对象是离群点。

（2）基于聚类的离群点检测方法的改进

1）离群点对初始聚类的影响

通过聚类检测离群点，离群点会影响聚类结果。为了解决此问题，可以使用的方法有：对象聚类、删除离群点、对象再次聚类（不能保证产生最优结果）。

2）一种更复杂的方法

取一组不能很好地拟合任何簇的特殊对象，这组对象代表潜在的离群点。在聚类过程中，簇在不断变化。不再强属于任何簇的对象被添加到潜在的离群点集合；而当前在该集合中的对象被测试，如果它现在强属于一个簇，就可以将它从潜在的离群点集合中移除。聚类过程结束时还留在该集合中的点被分类为离群点（这种方法也不能保证产生最优解，甚至不比前面的简单算法好，尤其在使用相对距离计算离群点得分时）。

对象是否被认为是离群点可能依赖于簇的个数（如 k 很大时的噪声簇）。该问题也没有简单的答案。一种策略是对于不同的簇个数重复该分析。另一种方法是找出大量小簇，其想法是：

❑ 较小的簇倾向于凝聚。

❑ 在存在大量小簇时，若一个对象是离群点，则它多半是一个真正的离群点。

不利的一面是一组离群点可能形成小簇从而逃避检测。

利用表 5-15 的数据进行聚类分析，并计算各个样本到各自聚类中心的距离，分析离群样本，得到如图 5-31 所示的距离误差图。

分析图 5-31 可以得到，如果距离阈值设置为 2，那么所给的数据中有 8 个离散点，在聚类的时候应该剔除这些数据。

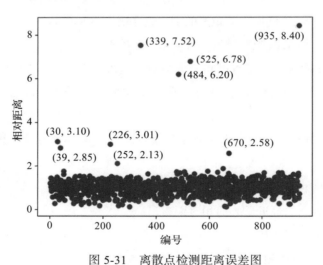

图 5-31　离散点检测距离误差图

离散点检测的 Python 代码如代码清单 5-9 所示。

代码清单 5-9　离散点检测

```
import numpy as np
import pandas as pd
```

```
# 参数初始化
inputfile = '../data/consumption_data.xls'              # 销量及其他属性数据
k = 3                                                    # 聚类的类别
threshold = 2                                            # 离散点阈值
iteration = 500                                          # 聚类最大循环次数
data = pd.read_excel(inputfile, index_col = 'ID')        # 读取数据
data_zs = 1.0*(data - data.mean())/data.std()            # 数据标准化

from sklearn.cluster import KMeans
model = KMeans(n_clusters = k, max_iter = iteration)     # 分为k类，并发数为4
model.fit(data_zs)                                       # 开始聚类

# 标准化数据及其类别
r = pd.concat([data_zs, pd.Series(model.labels_, index = data.index)], axis = 1)
        # 每个样本对应的类别
r.columns = list(data.columns) + ['聚类类别']             # 重命名表头

norm = []
for i in range(k):                                       # 逐一处理
    norm_tmp = r[['R', 'F', 'M']][r['聚类类别'] == i]-model.cluster_centers_[i]
    norm_tmp = norm_tmp.apply(np.linalg.norm, axis = 1)  # 求出绝对距离
    norm.append(norm_tmp/norm_tmp.median())              # 求相对距离并添加

norm = pd.concat(norm)                                   # 合并

import matplotlib.pyplot as plt
plt.rcParams['font.sans-serif'] = ['SimHei']             # 用来正常显示中文标签
plt.rcParams['axes.unicode_minus'] = False               # 用来正常显示负号
norm[norm <= threshold].plot(style = 'go')               # 正常点

discrete_points = norm[norm > threshold]                 # 离群点
discrete_points.plot(style = 'ro')

for i in range(len(discrete_points)):                    # 离群点做标记
    id = discrete_points.index[i]
    n = discrete_points.iloc[i]
    plt.annotate('(%s, %0.2f)'%(id, n), xy = (id, n), xytext = (id, n))

plt.xlabel('编号')
plt.ylabel('相对距离')
plt.show()
```

* 代码详见：demo/code/08-discrete_point_test.py。

5.6 小结

本章主要根据数据挖掘的应用分类，重点介绍了对应的数据挖掘建模方法及实现过

程。在以后的数据挖掘过程中采用适当的算法并按本章所陈述的步骤实现综合应用。希望本章能给读者一些启发，思考如何改进或创造更好的挖掘算法。

归纳起来，数据挖掘技术的基本任务主要体现在分类与预测、聚类、关联规则、时序模式、离群点检测 5 个方面。5.1 节主要介绍了决策树和人工神经网络两个分类模型、回归分析预测模型及其实现过程；5.2 节主要介绍了 k 均值聚类算法，建立分类方法按照接近程度对观测对象给出合理的分类并解释类与类之间的区别；5.3 节主要介绍了 Apriori 算法，以在一个数据集中找出各项之间的关系；5.4 节从序列的平稳性和非平稳性出发，对平稳时间序列主要介绍了 ARMA 模型，对差分平稳序列建立了 ARIMA 模型，应用这两个模型对相应的时间序列进行研究，找寻变化发展的规律，预测将来的走势；5.5 节主要介绍了基于模型和聚类的离群点检测方法，用以发现与大部分其他对象显著不同的对象。

前 5 章是数据挖掘必备的原理知识，为本书后面章节的案例理解和实验操作奠定了理论基础。

实 战 篇

房屋租金影响因素分析与预测

随着信息化的发展和科学技术的进步，数据分析与挖掘技术开始得到广泛应用。人们无时无刻不面对着海量的数据，这些海量数据中隐藏着人们所需要的具有决策意义的信息。数据分析与挖掘技术的产生和发展就是帮助人们来利用这些数据，并从中发现有用的、隐藏的信息。

在此背景下，本章主要运用数据分析与挖掘技术对房屋租金影响因素进行分析，展示不同因素对房屋价格的影响，并根据房屋信息预测房屋租金，希望能够给租房者提供一定的参考。

6.1 背景与挖掘目标

近年来，随着城市化进程的加快，越来越多的人口涌入城市，给租赁市场带来了较大的需求。然而，房屋租金受多种因素的影响，如供需关系、经济发展水平、政策法规等。为了更好地了解房屋租金的变化趋势，本章将采用数据分析与挖掘的方法进行预测和分析。

结合房屋租金影响因素分析与预测的需求分析，本次数据分析建模目标主要有以下两个：

1）分析不同因素对房屋价格的影响。

2）根据房屋信息预测房屋租金。

6.2　分析方法与过程

本案例的总体流程如图 6-1 所示，主要包括以下步骤。

1）对原始数据进行预处理分析，提高数据质量。

2）对步骤 1 形成的数据进行数据探索分析，分析不同因素对房屋租金的影响。

3）对步骤 1 形成的数据进行属性构造，并提取关键属性。

4）利用步骤 3 的数据建立支持向量回归预测模型，并对模型进行评价。

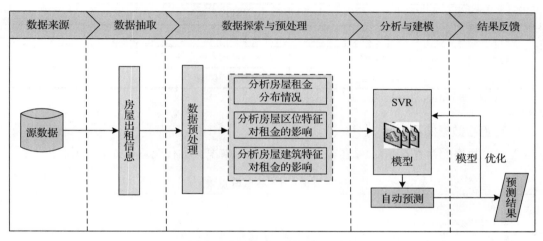

图 6-1　房屋租金影响因素分析与预测流程

6.2.1　数据预处理

本案例的数据预处理主要包含查看数据情况、检测与处理重复值、检测与处理异常值、检测与处理缺失值、特征变换等。

某企业收集了某市房屋出租的相关信息，包含某主流住房租赁平台的房屋的地点、价格信息及地铁位置数据等，各项属性名称和说明如表 6-1 所示。

表 6-1　属性名称和说明

表名	属性名称	属性说明
houses	行政区	房子的行政区 id
	租房类型	租房类型，包括 whole、shared。其中 whole 表示整租，shared 表示合租
	房屋面积 / 平方米	房子的面积大小

（续）

表名	属性名称	属性说明
houses	租房价格 / 元	房子租金
	每平方米租金 /（元 / 平方米）	每平方米租金
	楼层	房子楼层位置（L 为低；M 为中；H 为高）
	最高楼层数	房屋所在建筑物的最高楼层数
	是否有电梯	建筑物是否有电梯（有，无）
	社区 ID	房屋所在社区 id
	地理位置	社区的地理位置
metro	线路代码（LineCode）	地铁系统官方线路代码
	车站代码（StationCode）	地铁线路的官方车站代码
	地理位置（Geometry）	站点的地理位置

* 数据详见：demo/data/houses.csv、metro.csv。

1. 查看数据情况

读取数据，并查看 houses 表和 metro 表的数据情况，如代码清单 6-1 所示。

代码清单 6-1　查看数据情况

```python
# 导入Python库包
import pandas as pd
import numpy as np

# 数据导入
house = pd.read_csv('../data/houses.csv')
# 数据形式
print(house.head())
# 查看houses表数据情况
print(houses.info())
# 查看分类变量种类情况
print(house[["行政区","租房类型","楼层","是否有电梯","社区ID"]].nunique())
# 创建处理副本
house_copy = house.copy()

# metro表数据情况
metro = pd.read_csv('../data/metro.csv')
print(metro.head())
# 查看数据整体情况
print(metro.info())
```

* 代码详见：demo/code/01-data_clean.py。

由代码清单 6-1 可以得到 houses 表和 metro 表各属性的基本情况，如表 6-2、表 6-3 所示。

表 6-2　houses 表各属性的基本情况

#	Column	Non-Null Count	Dtype
0	行政区	11128 non-null	object
1	租房类型	11128 non-null	object
2	房屋面积 / 平方米	11128 non-null	int64
3	租房价格 / 元	11128 non-null	int64
4	每平方米租金 / (元 / 平方米)	11128 non-null	int64
5	楼层	11125 non-null	object
6	最高楼层数	11127 non-null	float64
7	是否有电梯	11123 non-null	float64
8	社区 ID	11128 non-null	int64
9	地理位置	11128 non-null	object

表 6-3　metro 表各属性的基本情况

#	Column	Non-Null Count	Dtype
0	LineCode	274 non-null	object
1	StationCode	274 non-null	int64
2	Geometry	274 non-null	object

根据表 6-2、表 6-3 可知，houses 表中"楼层""最高楼层数""是否有电梯"3 个属性中存在缺失值，metro 表中不存在缺失值、重复值。

2. 重复值检测与处理

对 houses 表进行重复值检测与处理，如代码清单 6-2 所示。

代码清单 6-2　重复值检测与处理

```
# 查看数据重复值
print("重复值:",house_copy.duplicated().sum())      #输出为'重复值: 406'
# 剔除重复值
house_copy.drop_duplicates(inplace=True)
```

* 代码详见：demo/code/01-data_clean.py。

由代码清单 6-2 可知，houses 表中存在 406 个重复值，对重复值进行删除处理。

3. 异常值检测与处理

对 houses 表中的类别型属性、数值型属性进行描述性分析，并绘制箱形图对数值型数据进行分析，如代码清单 6-3 所示。

代码清单 6-3 异常值检测

```
# 查看数据异常值
# 1.类别型属性描述性统计
house_copy[["行政区","租房类型","楼层","是否有电梯","社区ID"]].astype(object).
    describe()

# 2.数值型属性描述性统计
house_copy[["房屋面积/平方米","每平方米租金/（元/平方米）","最高楼层数","租房价格/元"]].
    describe()

import matplotlib.pyplot as plt
import seaborn as sns
# 3.数值型数据箱形图
boxplotlist = ["房屋面积/平方米","租房价格/元","每平方米租金/（元/平方米）","最高楼层数"]
fig = plt.figure(dpi=150,figsize=(15,5))
plt.rcParams['font.sans-serif'] ='SimHei'
plt.subplots_adjust(left=None, bottom=None, right=None, top=None, wspace=0.5,
    hspace=0.5)

for i in range(1,len(boxplotlist)+1):
    plt.subplot(2,2,i)
    sns.boxplot(house_copy[boxplotlist[i-1]], orient='h')
    plt.title(boxplotlist[i-1])
plt.show()
```

*代码详见：demo/code/01-data_clean.py。

由代码清单 6-3 可以得到类别型属性和数值型属性的基本情况，如表 6-4、表 6-5 所示。

表 6-4 类别型属性的基本情况

	行政区	租房类型	楼层	是否有电梯	社区 ID
count	10722	10722	10719	10717.0	10722
unique	11	2	48	2.0	2964
top	城区 D	Whole	M	1.0	498
freq	2624	10393	3806	7283.0	55

表 6-5 数值型属性的基本情况

	房屋面积 / 平方米	每平方米租金 /（元/平方米）	最高楼层数	租房价格 / 元
count	10722.000000	10722.000000	10721.000000	10722.000000
mean	76.432195	60.090935	19.240276	4060.263197
std	71.296029	78.034560	10.907930	4504.913339
min	1.000000	1.000000	0.000000	400.000000
25%	50.000000	38.000000	9.000000	2500.000000
50%	73.000000	53.000000	18.000000	3500.000000
75%	95.000000	71.000000	29.000000	4700.000000
max	5000.000000	5600.000000	62.000000	300000.000000

　　由表 6-4、表 6-5 可知,"楼层"属性表示楼层位置信息(分为高、中、低 3 类),描述性统计结果显示"楼层"属性存在 48 个类别,可能是数据中存在具体数字楼层;"最高楼层数"属性中存在 0 层或为空白信息的情况,不符合实际情况;"房屋面积 / 平方米"属性中存在房屋面积大小小于 5 平方米的情况,不符合该市房屋租赁管理规定,并且数据中存在异常值;"租房价格 / 元"属性和"每平方米租金 /(元 / 平方米)"属性中也存在一定的异常值。运行代码得到的箱形图如图 6-2 所示。

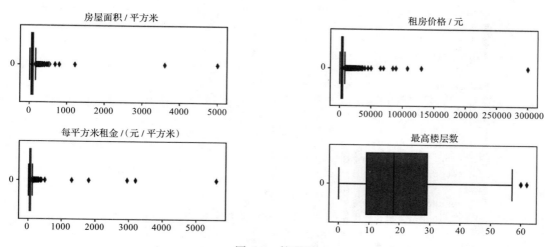

图 6-2　箱形图

　　对运行结果的异常值的处理原则如下。

　　1)删除"最高楼层数"属性中为 0 或为空的数据。

　　2)提取"楼层"属性中的数值型数据,当楼层数小于或等于最高楼层数的 1/3 时,标记为"L";当楼层数小于或等于最高楼层数的 2/3 时,标记为"M";当楼层数大于最高楼层数的 2/3 时,标记为"H"。

　　3)删除"房屋面积 / 平方米"属性中面积小于 5 的数据。

　　4)使用 3sigma 原则删除"房屋面积 / 平方米""租房价格 / 元""每平方米租金 /(元 / 平方米)""最高楼层数"属性中的异常数据。

　　对 houses 表中的异常值进行处理,如代码清单 6-4 所示。

代码清单 6-4　异常值处理

```
# 1.最高楼层数类别异常值检测与处理
house_copy[house_copy["最高楼层数"]==0]["最高楼层数"].value_counts()
# 异常值剔除:最高楼层数为0
```

```
house_copy = house_copy.drop(house_copy[house_copy.最高楼层数 == 0].index)
# 异常值剔除：最高楼层数为空
house_copy = house_copy[house_copy['最高楼层数'].notna()]
# 查看楼层数据情况
house_copy['最高楼层数'].describe()


import warnings
warnings.filterwarnings('ignore')               # 忽略无关警报信息
# 2. 楼层类别异常处理
# 第一步：提取真实楼层数
aa = house_copy[(house_copy["楼层"]!='H')&(house_copy['楼层']!='M') &(house_copy['
    楼层']!='L')]
aa['楼层'] = aa['楼层'].astype(float)
aa['最高楼层数'] = aa['最高楼层数'].astype(float)
aa['one_third'] = aa['最高楼层数']/3
aa['two_third'] = aa['最高楼层数']*2/3
# 第二步：以最高楼层数的每1/3作为楼层位置划分依据
def change_value(row):
    if row['楼层'] <= row['one_third']:
        return 'L'
    elif row['楼层'] <= row['two_third']:
        return 'M'
    else:
        return 'H'
# 第三步：使用apply方法，将自定义函数应用于每一行的数据
aa['楼层'] = aa.apply(change_value, axis=1)
# 用修改后的数据替换原始数据中的楼层数
house_copy.loc[aa.index,'楼层'] = aa['楼层']
print(house_copy['楼层'].value_counts())


# 3. 房屋面积、每平方米租金、最高楼层数、租房价格异常值处理
# 删除面积小于5的异常数据
house_copy = house_copy.drop(house_copy[house_copy["房屋面积/平方米"]<5].index)
# 使用3sigma原则剔除租金过高、面积过大的豪华房屋数据
aa = house_copy.copy()
def OutlierDetection(df,col,ks_res):
    # 计算均值
    u = df[col].mean()
    # 计算标准差
    std = df[col].std()
    if ks_res==1:
        # 使用3sigma原则识别异常值
        # 识别异常值
        error = df[np.abs(df[col] - u) > 3 * std]
        # 剔除异常值，保留正常的数据
        data_c = df[np.abs(df[col] - u) <= 3 * std]
        return error,data_c
```

```
# 异常值处理
error,data_c = OutlierDetection(aa,'租房价格/元',1)
error1,data_c1 = OutlierDetection(data_c,'房屋面积/平方米',1)
error2,data_c2 = OutlierDetection(data_c1,'每平方米租金/（元/平方米）',1)
error3,data_c3 = OutlierDetection(data_c2,'最高楼层数',1)
# 数据存储
house1 = data_c3
```

*代码详见：demo/code/01-data_clean.py。

4. 缺失值检测与处理

对 houses 表进行缺失值检测与处理，如代码清单 6-5 所示。

代码清单 6-5　缺失值检测与处理

```
# 1.缺失值检测
missing=house1.isnull().sum().reset_index().rename(columns={0:'missNum'})
print(missing)

# 2.剔除缺失值
house1 = house1.dropna(axis=0, how='any', subset=None, inplace=False)
```

*代码详见：demo/code/01-data_clean.py。

5. 数据变换

为了满足后续分析和算法的需求，需要对数据进行变换，包含地理位置变换、构建距离属性、"是否有电梯"数据变换等。

（1）地理位置变换

由于 houses 表、metro 表中的社区地理位置信息与地铁位置信息为字符型的"度分秒"经纬度信息，难以进行分析，因此对这些数据进行拆分，拆解为经纬度两列数据，并利用正则提取度分秒数据的数字部分，进而转换为度数据，将其整理为列表格式以便后续距离计算。

拆分经纬度数据，并进行数据变换，如代码清单 6-6 所示。

代码清单 6-6　地理位置变换

```
# houses表地理位置数据变换
house2 = house1.copy()
# 1.先将地理位置列拆分为两列
names = ['行政区', '租房类型', '房屋面积/平方米', '租房价格/元', '每平方米租金/（元/平方米）',
         '楼层', '最高楼层数', '是否有电梯', '社区ID', '地理位置', '纬度', '经度']
house2 = pd.concat([house2, house2['地理位置'].str.split(',', expand=True)],
axis=1)
house2.columns = names
```

```python
house2['纬度'] = house2['纬度'].apply(lambda x:x[0:3]+'d'+x[3:])
house2['经度'] = house2['经度'].apply(lambda x:x[0:4]+'d'+x[4:])
house2 = house2.drop('地理位置',axis = 1)

# 2. 将度分秒转换为度
import math
import re
def to_degrees(s):
    s1 = s
    arr = re.findall("\d+",s1)
    # 将度分秒转换为弧度
    angle = math.radians(int(arr[0])) + math.radians(int(arr[1])/ 60) + math.
        radians(int(arr[2])/ 3600)
    # 将弧度转换为度
    return math.degrees(angle)
house2['经度'] = house2['经度'].apply(lambda x:to_degrees(x))
house2['纬度'] = house2['纬度'].apply(lambda x:to_degrees(x))

# 3.将经纬度以列表格式存储
house2 = house2.reset_index().drop("index",axis = 1)
house2["经纬度"] = pd.DataFrame({"经纬度":[[house2["纬度"][i], house2["经度"][i]]
                                    for i in range(0,len(house2))]})
house2["经纬度"] = house2["经纬度"].apply(lambda x:tuple(x))
print(house2.head())

# metro表地理位置数据变换
# 1.先将地理位置列拆分为两列
names = ['线路代码', '车站代码', '地理位置','纬度','经度']
metro1 = pd.concat([metro, metro['Geometry'].str.split(',', expand=True)], axis=1)
metro1.columns = names
metro1["纬度"] = metro1["纬度"].apply(lambda x:x[0:3]+"d"+x[3:])
metro1["经度"] = metro1["经度"].apply(lambda x:x[0:4]+"d"+x[4:])
metro1   = metro1.drop("地理位置",axis = 1)
# 2.将度分秒转换为度
metro1["经度"]= metro1["经度"].apply(lambda x:to_degrees(x))
metro1["纬度"]= metro1["纬度"].apply(lambda x:to_degrees(x))

# 3.将经纬度以列表格式存储
metro1["经纬度"] = pd.DataFrame({"经纬度":[[metro1["纬度"][i],metro1["经度"][i]]
                                    for i in range(0,len(metro1))]})
# 转换为元组
metro1["经纬度"] = metro1["经纬度"].apply(lambda x:tuple(x))
```

* 代码详见: demo/code/01-data_clean.py。

（2）构建距离属性

使用整理所得的经纬度数据计算社区位置与最近地铁站的距离，构建距离指标，并获得最近地铁的经纬度信息，如代码清单 6-7 所示。

代码清单 6-7　构建距离属性

```python
# 1.计算房屋社区位置与最近地铁站的距离
import math
import haversine
from haversine import haversine,Unit

# 租房经纬度列表
rental_locations = house2["经纬度"]
# 地铁站经纬度列表
subway_locations = metro1["经纬度"]

# 计算每个社区到最近地铁站的距离
nearest_distances = []
nearest_subways = []
for rental_pos in rental_locations:
    nearest_distance = float('inf')
    nearest_subway = None
    for subway_pos in subway_locations:
        distance = haversine(rental_pos, subway_pos, unit=Unit.KILOMETERS)
        if distance < nearest_distance:
            nearest_distance = distance
            nearest_subway = subway_pos
    nearest_distances.append(nearest_distance)
    nearest_subways.append(nearest_subway)


# 2.合并距离以及对应的最近地铁站的地理位置
house2[["distance", "地理位置"]] = pd.DataFrame({"distance": nearest_distances,
                                              "地理位置":nearest_subways})

# 3.拆分最近地铁站的经纬度
house2["纬度"] = house2["地理位置"].apply(lambda x:x[0])
house2["经度"] = house2["地理位置"].apply(lambda x:x[1])
```

* 代码详见：demo/code/01-data_clean.py。

（3）"是否有电梯"数据变换

由于原始数据中分类数据的名称以数字编码指代，不方便进行探索性分析，因此将对"是否有电梯"进行数据变换，如代码清单 6-8 所示。

代码清单 6-8　"是否有电梯"数据变换

```python
def change_name2(row):
    if row['是否有电梯'] == 1.0:
```

```
        return '有电梯'
    else:
        return '无电梯'
# 使用apply方法，将自定义函数应用于每一行的数据
house2['是否有电梯'] = house2.apply(change_name2, axis=1)
```

* 代码详见：demo/code/01-data_clean.py。

6. 数据合并

根据经纬度信息，将 houses 表与 metro 表进行合并，并删除冗余属性，如代码清单 6-9 所示。

代码清单 6-9　数据合并并删除冗余属性

```
# 依据最近地铁站合并house2和metro1，获得最近的地铁线路和站点信息
house_new = pd.merge(house2,metro1,on=["纬度","经度"],how = "left")

# 删除冗余列，获得清洗后的数据
house_new = house_new.drop(["经纬度_x","经纬度_y","地理位置","车站名称","纬度","经度
    "],axis = 1)
house_new.to_csv('../tmp/house_new.csv',encoding='gbk',index=False)
```

* 代码详见：demo/code/01-data_clean.py。

6.2.2　数据探索

通过对数据的探索性分析，可以获取数据的基本概况，发现数据间的关联关系，揭示不同变量之间的关系，提取隐藏在数据中的规律和趋势，为后续的建模和预测提供指导。

本节主要分析房屋租金分布情况、房屋区位特征对租金的影响、房屋建筑特征对租金的影响。

1. 房屋租金分布情况

选取房屋价格、整租方式的房屋租金、合租方式的房屋租金进行探索，分析房屋租金分布情况，如代码清单 6-10 所示。

代码清单 6-10　分析房屋租金分布情况

```
import pandas as pd
import matplotlib.pyplot as plt
import seaborn as sns
house_new = pd.read_csv('../tmp/house_new.csv',encoding='gbk')
```

```
import warnings
warnings.filterwarnings('ignore')                   # 忽略无关警报信息
from IPython.core.interactiveshell import InteractiveShell
InteractiveShell.ast_node_interactivity = "all"     # 不输出绘图详细信息
plt.rcParams['font.sans-serif']=['SimHei']          # 用来正常显示中文标签
plt.rcParams['axes.unicode_minus']=False            # 用来正常显示负号
plt.rcParams.update({'font.size':13})               # 设置显示字体大小


plt.figure(dpi = 150,figsize=(16,12))
# 某市整体房屋租金分布情况
plt.subplot(3,1,1)
house_new['租房价格/元'].hist(grid=False,bins=100,facecolor='dodgerblue',edgecol
    or = 'black')
plt.title('某市住房租金分布情况')
plt.xlabel('租金/元')
plt.ylabel('频数')

# 某市整租方式的房屋租金分布情况
plt.subplot(3,1,2)
house_new[house_new["租房类型"]=="Whole"]["租房价格/元"].hist(grid=False,bins=100,
    facecolor='dodgerblue',edgecolor = "black")
plt.title('整租房屋租金分布情况')
plt.xlabel('租金/元')
plt.ylabel('频数')

# 某市合租方式的房屋租金分布情况
plt.subplot(3,1,3)
house_new[house_new["租房类型"]=="Shared"]["租房价格/元"].hist(grid=False,bins=100,
    facecolor='dodgerblue',edgecolor = "black")
plt.title('合租房屋租金分布情况')
plt.xlabel('租金/元')
plt.ylabel('频数')
plt.tight_layout()
plt.show()
```

* 代码详见：demo/code/02-data_distribution.py。

通过代码清单 6-10 得到某市住房租金分布情况、整租方式的房屋租金分布情况、合租方式的房屋租金分布情况，如图 6-3 所示。

由图 6-3 可知，住房租金呈现右偏分布，租金为 1000～5000 元分布得最为密集。两种不同租赁方式的租金分布范围具有明显的差异。整租住房的租金区间主要分布在 2000～5000 元，而合租住房的租金区间主要分布在 1000～2000 元，合租房源的整体租金水平低于整租房源的整体租金水平。

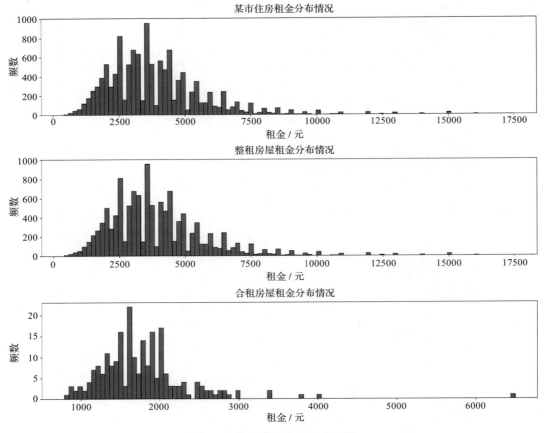

图 6-3　分析房屋租金分布情况

2. 房屋区位特征对租金的影响

选取行政区、租房价格进行探索，分析不同房屋行政区对租金的影响，如代码清单 6-11 所示。

代码清单 6-11　分析不同房屋行政区对租金的影响

```python
# 不同行政区下住房租金的分布情况
plt.figure(dpi = 150,figsize=(16,8))
# 不同行政区住房数量
plt.subplot(1, 2, 1)
colors = ["#4E79A7", "#A0CBE8", "#F28E2B", "#FFBE7D", "#59A14F", "#8CD17D",
    "#B6992D", "#F1CE63", "#499894", "#86BCB6", "#E15759", "#E19D9A"]
house_new["行政区"].value_counts().plot.pie(explode = (0,0,0,0,0,0.2,0.2,0.2,0.2,0.
    2,0.2), autopct="%1.1f%%", pctdistance = 0.8, textprops={'fontsize':12})
plt.ylabel("")
plt.title("不同行政区住房数量")
```

```
# 不同行政区租金分布
temp = pd.DataFrame(house_new.groupby("行政区")["租房价格/元"].mean()).reset_
    index().sort_values(by = "租房价格/元")
plt.subplot(1,2,2)
ax = sns.barplot(x="行政区", y="租房价格/元", data=temp)
for p in ax.patches:
    height = round(p.get_height(),1)
    ax.text(p.get_x() + p.get_width() / 2, height, height, ha='center')
plt.title("不同行政区房屋租金分布情况")
plt.ylabel("租金/元")
plt.xlabel("行政区")
plt.tight_layout()
plt.show()
```

* 代码详见：demo/code/02-data_distribution.py。

通过代码清单 6-11 得到不同房屋行政区对租金的影响，如图 6-4 所示。

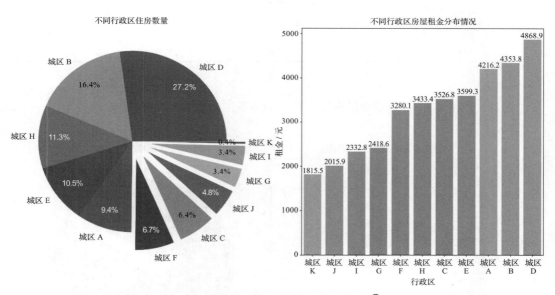

图 6-4　不同行政区房屋租金分布情况⊖

由图 6-4 可知，城区 D、城区 B、城区 H、城区 E 的房源数量较多；城区 D、城区 B、城区 A 的租金较高，平均租金均超过 4000 元。

选取房屋与地铁的距离、租房价格，分析地铁距离与租金的关系，如代码清单 6-12 所示。

代码清单 6-12　分析地铁距离与租金的关系

```
# 地铁距离与租金的关系
house_new["distance_level"]=pd.cut(house_new['distance'],bins=[0,1,2,3,5], include_
```

⊖　因数据四舍五入，饼图中数据占比总和可能不等于 100%，特此标注。后面还有类似情况，原因与此相同。

```
    lowest=True,right=False, labels=['0-1km', '1-2km', '2-3km', '3km+'])
plt.figure(dpi = 150,figsize=(10,5))
# 租金与离地铁最近距离
plt.subplot(1,2,1)
plt.rcParams.update({'font.size':10})        # 设置显示字体大小
price_distance = house_new[['租房价格/元','distance']]
plt.scatter(price_distance["distance"],price_distance["租房价格/元"],marker='.',
    color="#4E79A7")
plt.title('租金&离地铁最近距离')
plt.ylabel('租金/元')
plt.xlabel('距离/km')

# 不同地铁距离房屋数量
plt.subplot(1,2,2)
pd.value_counts(house_new["distance_level"]).plot.pie(explode = (0,0.2,0.2,0.2),
    autopct="%1.1f%%", textprops={'color':'black', 'fontsize':12}, counterclock =
    False)                                      # 时针方向
plt.ylabel("")
plt.title("不同地铁距离房屋数量")
plt.tight_layout()
plt.show()
```

*代码详见：demo/code/02-data_distribution.py。

通过代码清单 6-12 得到地铁距离与租金的关系，如图 6-5 所示。

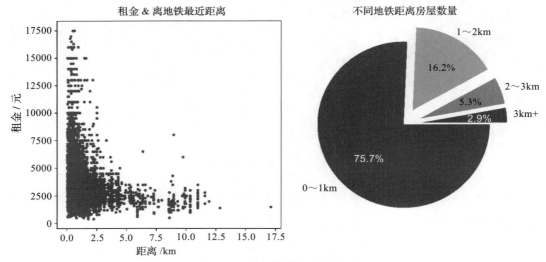

图 6-5　地铁距离与租金的关系

由图 6-5 可知，地铁距离对租金有影响，社区与地铁距离小于 1km 的房屋数量最多，占比为 75.7%，同时对应的平均租金最高。当距离大于 3km 时，房屋需求量较少，所以相对租金较低。

3. 房屋建筑特征对租金的影响

（1）分析不同房屋面积与租金的关系

选取房屋面积、租房价格进行探索，分析不同房屋面积对租金的影响，如代码清单 6-13 所示。

代码清单 6-13　分析不同房屋面积与租金的关系

```python
plt.figure(dpi = 150,figsize=(10,5))
# 不同面积房屋数量
house_new["square_level"]=pd.cut(house_new['房屋面积/平方米'], bins=[0,30,60,90,120,
    150,300], include_lowest=True,right=False, labels=['0-30', '30-60', '60-90', '90-
    120', '120-150', '150+'])
plt.subplot(1,2,1)
pd.value_counts(house_new["square_level"]).plot.pie(explode = (0,0,0,0.2,0.2,0.2),
    autopct="%1.1f%%", textprops={'color':'black', 'fontsize':12}, counterclock =
    False)    # 时针方向
plt.ylabel("")
plt.title("不同面积房屋数量")


# 房屋面积与租金分布
temp = pd.DataFrame(house_new.groupby("square_level")["租房价格/元"].mean()).
    reset_index()
plt.subplot(1,2,2)
sns.boxplot(x = "square_level",y = "租房价格/元",data = house_new)
plt.title("房屋面积&租金分布")
plt.ylabel("租金/元")
plt.xlabel("房屋面积/平方米")
plt.tight_layout()
plt.show()
```

* 代码详见：demo/code/02-data_distribution.py。

通过代码清单 6-13 得到不同房屋面积与租金的关系，如图 6-6 所示。

由图 6-6 可知，86.5% 的房屋面积集中在 30～120 平方米，符合租客整租与合租的情况。房屋面积与租金分布呈阶梯形，随着房屋面积增大，房屋平均租金也上升。

（2）分析不同行政区房屋面积与租金的关系

选取行政区、租房价格进行探索，分析不同行政区房屋面积对租金的影响，如代码清单 6-14 所示。

代码清单 6-14　分析不同行政区房屋面积与租金的关系

```python
plt.figure(dpi = 150,figsize=(18,6))
sns.boxplot(x = "行政区", y = "租房价格/元",hue = "square_level",data = house_new)
plt.show()
```

* 代码详见：demo/code/02-data_distribution.py。

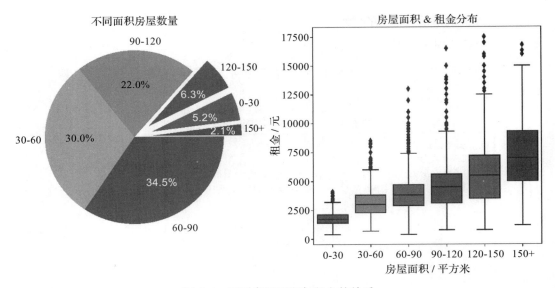

图 6-6　不同房屋面积与租金的关系

通过代码清单 6-14 得到不同行政区房屋面积与租金的关系，如图 6-7 所示。

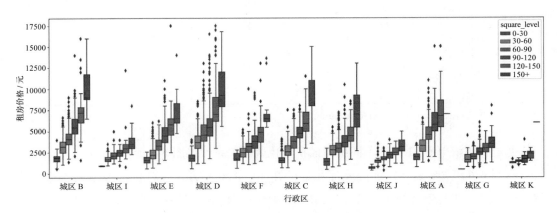

图 6-7　不同行政区房屋面积与租金的关系

由图 6-7 可知，在不同行政区，房屋面积越大对应的房屋租金越高，市中心区域及附近辖区房屋租金高于远离市中心区域的房屋租金。

（3）分析不同租房类型与租金的关系

选取租房类型、租房价格进行探索，分析不同租房类型与租金的关系，如代码清单 6-15 所示。

代码清单 6-15　分析不同租房类型与租金的关系

```
plt.figure(dpi = 150,figsize=(10,5))

# 不同租房类型房屋数量
plt.subplot(1,2,1)
house_new["租房类型"].value_counts().plot.pie(explode = (0,0.3), autopct="%1.1f%%",
    pctdistance = 0.8, textprops={'fontsize':12})
plt.ylabel("")
plt.title("不同租房类型住房数量")

# 不同租房类型房屋租金分布
plt.subplot(1,2,2)
dt_rent = house_new[['租房类型','租房价格/元']].sort_values(by=['租房类型'])
sns.boxplot(x='租房类型',y='租房价格/元',data=dt_rent,linewidth=0.5)
plt.ylabel('租金/元')
plt.xlabel('')
plt.title('租房类型&租金分布')
plt.tight_layout()
plt.show()
```

* 代码详见：demo/code/02-data_distribution.py。

通过代码清单 6-15 得到不同租房类型与租金的关系，如图 6-8 所示。

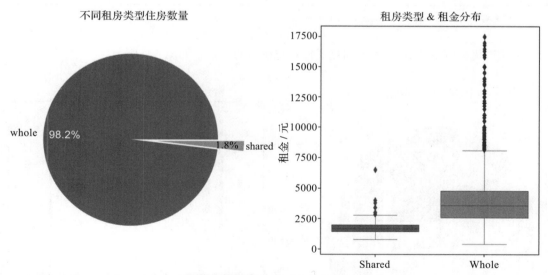

图 6-8　不同租房类型与租金的关系

由图 6-8 可知，98.2% 为整租（whole）房屋，仅 1.8% 为合租（shared）房屋。整租类型的租房价格比合租类型的租房价格高，且整租类型的租金范围也大于合租类型的租金范围。整租房屋由于提供了更大的空间独立性、个人便利性以及完善而多样化的配套设施，因此租金更高；而合租房屋由多个租客合租，空间共享性强，因此租金相对较低。

（4）分析不同楼层位置与租金的关系

选取楼层、租房价格进行探索，分析不同楼层位置与租金的关系，如代码清单 6-16 所示。

代码清单 6-16　分析不同楼层位置与租金的关系

```
plt.figure(dpi = 150,figsize=(10,5))
# 不同楼层位置房屋数量
plt.subplot(1,2,1)
house_new['楼层'].value_counts().plot.pie(explode = (0, 0,0.2), autopct="%1.1f%%",
    textprops={ 'fontsize':10})plt.ylabel("")
plt.title("不同楼层位置房屋数量")

# 不同楼层位置租金分布
plt.subplot(1,2,2)
temp = house_new[['楼层','租房价格/元 ']].sort_values(by=['楼层'])
sns.boxplot(x='楼层',y='租房价格/元 ',data=temp,linewidth=0.5)
plt.ylabel('租金')
plt.xlabel('')
plt.title('楼层位置&租金分布')
plt.tight_layout()
plt.show()
```

* 代码详见：demo/code/02-data_distribution.py。

通过代码清单 6-16 得到不同楼层位置与租金的关系，如图 6-9 所示。

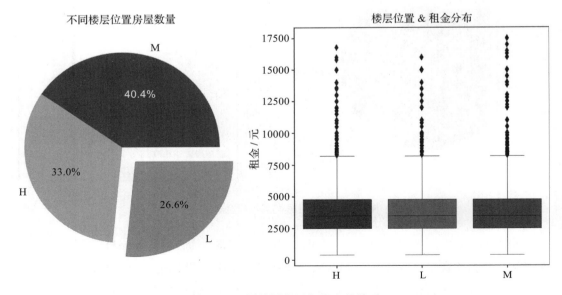

图 6-9　不同楼层位置与租金的关系

由图 6-9 可知，不同楼层位置对房屋租金没有实质性的影响，三种楼层的房屋租金分布相似，这主要是因为不同楼层有不同的优缺点，低楼层出行方便但容易受噪声影响，高楼层出行不便但视野开阔，相较于关注房屋所在楼层位置，租赁者更关心房屋的其他特征。

（5）分析有无电梯与租金的关系

选取是否有电梯、租房价格进行探索，分析有无电梯与租金的关系，如代码清单 6-17 所示。

代码清单 6-17　分析有无电梯与租金的关系

```
plt.figure(dpi = 150,figsize=(10,5))

# 有无电梯房屋数量
plt.subplot(1,2,1)
house_new['是否有电梯'].value_counts().plot.pie(labels = ["有","无"],explode =
    (0,0.2), autopct="%1.1f%%", textprops={ 'fontsize':10})
plt.ylabel("")
plt.title("有无电梯房屋数量")

# 有无电梯下住房租金的分布情况
plt.subplot(1,2,2)
temp = house_new[['是否有电梯','租房价格/元']].sort_values(by=['是否有电梯'],
    ascending = False)
sns.boxplot(x='是否有电梯',y='租房价格/元',data=temp,linewidth=0.5)
plt.xlabel('')
plt.ylabel('租金/元')
plt.title('有无电梯&租金分布')
plt.tight_layout()
plt.show()
```

* 代码详见：demo/code/02-data_distribution.py。

通过代码清单 6-17 得到有无电梯与租金的关系，如图 6-10 所示。

由图 6-10 可知，有电梯的房屋数量相对较多，占总体房屋数量的 68.9%，并且有无电梯对于房屋租金有较大的影响，有电梯房屋的租金明显高于无电梯的，无电梯房屋的楼层主要集中在低楼层，有电梯房屋相对而言出行更方便，因此租金也更高。

（6）分析房屋最高楼层数与租金的关系

选取最高楼层数、租房价格进行探索，分析房屋最高楼层数与租金的关系，如代码清单 6-18 所示。

代码清单 6-18　分析房屋最高楼层数与租金的关系

```
plt.figure(dpi = 150,figsize=(10,5))
```

```
# 建筑最高楼层数分布
house_new["floor_level"]=pd.cut(house_new['最高楼层数'], bins=[0,10,20,30,60],
    include_lowest=True, right=False, labels=['1-10', '10-20', '20-30', '30+'])
plt.subplot(1,2,1)
pd.value_counts(house_new["floor_level"]).plot.pie(explode = (0.2,0,0,0),
    autopct="%1.1f%%", textprops={'color':'black', 'fontsize':12}, counterclock =
    False)                    # 时针方向
plt.ylabel("")
plt.title("房屋最高楼层数分布")

# 建筑最高楼层数对应房屋租金分布
temp = pd.DataFrame(house_new.groupby("floor_level")["租房价格/元"].mean()).
    reset_index()
plt.subplot(1,2,2)
sns.boxplot(x = "floor_level",y = "租房价格/元",data = house_new)
plt.title("房屋最高楼层数&租金分布")
plt.ylabel("租金/元")
plt.xlabel("楼层")

plt.tight_layout()
plt.show()
```

* 代码详见：demo/code/02-data_distribution.py。

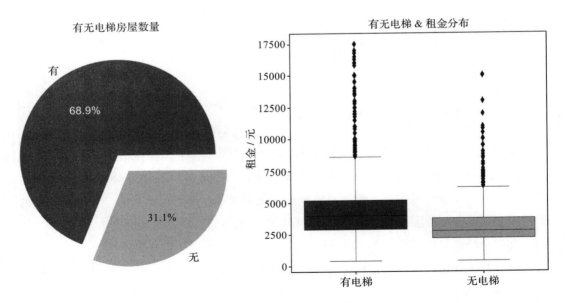

图 6-10　有无电梯与租金的关系

通过代码清单 6-18 得到房屋最高楼层数与租金的关系，如图 6-11 所示。

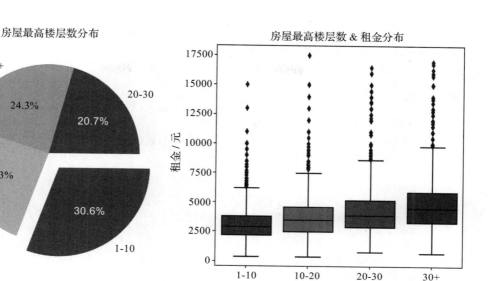

图 6-11 房屋最高楼层数与租金的关系

由图 6-11 可知，建筑楼层高度对房屋租金有一定的影响。30.6% 的房屋所在建筑最高楼层在 10 层以内，24.3% 的房屋所在建筑最高楼层在 30 层以上，楼层高度与租金分布呈阶梯形，数据显示最高楼层数越大的房屋的平均租金也越高。

6.2.3 模型构建

1. 属性构造

为了提取更有用的信息，提高挖掘结果的精度，需要利用已有的属性构造新的属性。本小节构造的属性主要包括不同行政区的房屋数量、不同小区的房屋数量、不同小区的房屋平均面积、不同行政区的房屋平均面积，如代码清单 6-19 所示。

代码清单 6-19　属性构造

```python
# 导入库包
import pandas as pd
import numpy as np
import matplotlib.pyplot as plt
import seaborn as sns

house_new = pd.read_csv('../tmp/house_new.csv',encoding='gbk')
# 指标特征构建
house_copy = house_new.copy()
# 不同行政区的房屋数量
```

```
temp = pd.DataFrame(house_copy['行政区'].value_counts()).reset_index()
temp.columns = ['行政区','行政区房屋数量/间']
house_copy = house_copy.merge(temp, how = 'left',on = '行政区')

# 不同小区的房屋数量
temp = house_copy.groupby('社区ID')['租房价格/元'].count().reset_index()
temp.columns = ['社区ID','小区房屋数量/间']
house_copy = house_copy.merge(temp, how = 'left',on = '社区ID')

# 不同小区的房屋平均面积
temp = house_copy.groupby('社区ID')['房屋面积/平方米'].mean().reset_index()
temp.columns = ['社区ID','小区房屋平均面积/平方米']
house_copy = house_copy.merge(temp, how = 'left',on = '社区ID')

# 不同行政区的房屋平均面积
temp = house_copy.groupby('行政区')['房屋面积/平方米'].mean().reset_index()
temp.columns = ['行政区','行政区房屋平均面积/平方米']
house_copy = house_copy.merge(temp, how = 'left',on = '行政区')
```

* 代码详见：demo/code/03-predict.py。

对预测房屋租金的属性进行相关性分析，如代码清单 6-20 所示。

代码清单 6-20　相关性分析

```
# 指标相关性分析
house_copy = house_copy.drop(["线路代码","车站代码"],axis = 1)
plt.subplots(figsize=(20, 10))
plt.rcParams['font.sans-serif']=['SimHei']
plt.rcParams['axes.unicode_minus']=False
plt.rcParams.update({'font.size': 12})
sns.heatmap(house_copy.corr(),annot=True, vmax=1, linewidths=0.3,linecolor="gr
    ey",cmap="RdBu_r", fmt='.2g')
plt.show()
```

* 代码详见：demo/code/03-predict.py。

通过代码清单 6-20 得到预测房屋租金的属性的相关性，如图 6-12 所示。

由图 6-12 可知，租房价格与房屋面积、每平方米租金、最高楼层数、行政区房屋数量、小区房屋平均面积、行政区房屋平均面积的相关性均在 0.3 左右，没有很强的线性相关关系，说明房屋租金受多个因素影响，而不是由单一特征决定的，因此尽管线性相关性不高，但这些特征对于租金也可能存在一定的影响。

2. SVR 算法

SVR（Support Vector Regression，支持向量回归）是指在做拟合时，采用支持向量的思想来对数据进行回归分析。给定训练数据集 $T=\{(\boldsymbol{x}_1, y_1), (\boldsymbol{x}_2, y_2), \cdots, (\boldsymbol{x}_n, y_n)\}$ ，其中 $\boldsymbol{x}_i = (x_i^{(1)}, x_i^{(2)}, \cdots, x_i^{(n)})^{\mathrm{T}} \in \mathbf{R}^n, y_i \in \mathbf{R}, i = 1, 2, \cdots, n$ 。对于样本 $(\boldsymbol{x}_i, y_i)$ ，通常根据模型输出 $f(\boldsymbol{x}_i)$ 与真实值 y_i 之间的差别来计算损失，当且仅当 $f(\boldsymbol{x}_i) = y_i$ 时损失才为零。

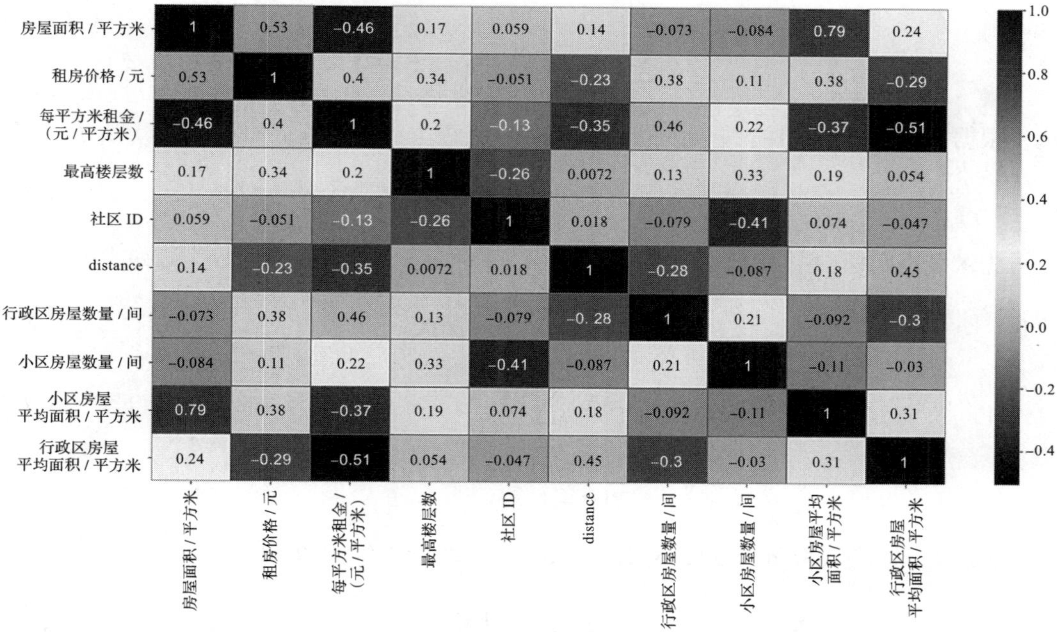

图 6-12 相关性分析

SVR 的基本思路是：允许 $f(\boldsymbol{x}_i)$ 与 y_i 之间最多有 ε 的偏差。仅当 $|f(\boldsymbol{x}_i) = y_i| > \varepsilon$ 时，才计算损失。当 $|f(\boldsymbol{x}_i) = y_i| \leqslant \varepsilon$ 时，认为预测准确。用数学语言描述 SVR 问题，如式（6-1）所示。

$$\min_{\boldsymbol{w}, b} \frac{1}{2} \| \boldsymbol{w} \|^2 + C \sum_{i=1}^{n} L_\varepsilon(f(\boldsymbol{x}_i) - y_i) \qquad (6\text{-}1)$$

其中 $C \geqslant 0$ 为罚项系数，L_ε 为损失函数。

更进一步，引入松弛变量 ξ_i、$\hat{\xi}_i$，则新的最优化问题如式（6-2）和式（6-3）所示。

$$\min_{\boldsymbol{w}, b, \xi, \hat{\xi}} \frac{1}{2} \| \boldsymbol{w} \|^2 + C \sum_{i=1}^{n} (\xi_i + \hat{\xi}_i) \qquad (6\text{-}2)$$

$$\begin{cases} \text{s. t.} \ f(\boldsymbol{x}_i) - y_i \leqslant \varepsilon + \xi_i \\ y_i - f(\boldsymbol{x}_i) \leqslant \varepsilon + \hat{\xi}_i \\ \xi_i \geqslant 0, \hat{\xi}_i \geqslant 0, i = 1, 2, \cdots, n \end{cases} \qquad (6\text{-}3)$$

这就是 SVR 原始问题。类似地，引入拉格朗日乘子，$\mu_i \geq 0$，$\hat{\mu}_i \geq 0$，$\alpha_i \geq 0$，$\hat{\alpha}_i \geq 0$，定义拉格朗日函数如式（6-4）所示。

$$L(\boldsymbol{w}, b, \alpha, \hat{\alpha}, \xi, \hat{\xi}, \mu, \hat{\mu}) = \frac{1}{2} \| \boldsymbol{w} \|^2 + C \sum_{i=1}^{n} (\xi_i + \hat{\xi}_i) - \sum_{i=1}^{n} \mu_i \xi_i - \sum_{i=1}^{n} \hat{\mu}_i \hat{\xi}_i + \tag{6-4}$$
$$\sum_{i=1}^{n} \alpha_i (f(\boldsymbol{x}_i) - y_i - \varepsilon - \xi_i) + \sum_{i=1}^{n} \hat{\alpha}_i (y_i - f(\boldsymbol{x}_i) - \varepsilon - \hat{\xi}_i)$$

根据拉格朗日对偶性，原始问题的对偶问题是极大极小问题，如式（6-5）所示。

$$\max_{\alpha, \hat{\alpha}} \min_{\boldsymbol{w}, b, \xi, \hat{\xi}} L(\boldsymbol{w}, b, \alpha, \hat{\alpha}, \xi, \hat{\xi}, \mu, \hat{\mu}) \tag{6-5}$$

先求极小问题：根据对 $L(\boldsymbol{w}, b, \alpha, \hat{\alpha}, \xi, \hat{\xi}, \mu, \hat{\mu})$ 对 $\boldsymbol{w}$、b、ξ、$\hat{\xi}$ 求偏导数，可得式（6-6）。

$$\begin{cases} \boldsymbol{w} = \sum_{i=1}^{n} (\hat{\alpha}_i - \alpha_i) \boldsymbol{x}_i \\ 0 = \sum_{i=1}^{n} (\hat{\alpha}_i - \alpha_i) \\ C = \alpha_i + \mu_i \\ C = \hat{\alpha}_i + \hat{\mu}_i \end{cases} \tag{6-6}$$

再求极大问题（取负号变极小问题），如式（6-7）和式（6-8）所示。

$$\min_{\alpha, \hat{\alpha}} \sum_{i=1}^{n} [y_i(\hat{\alpha}_i - \alpha_i) - \varepsilon(\hat{\alpha}_i + \alpha_i)] + \frac{1}{2} \sum_{i=1}^{n} \sum_{j=1}^{n} (\hat{\alpha}_i - \alpha_i)(\hat{\alpha}_j - \alpha_j) \boldsymbol{x}_i^{\mathrm{T}} \boldsymbol{x}_j \tag{6-7}$$

$$\begin{cases} \text{s. t.} \sum_{i}^{n} (\hat{\alpha}_i - \alpha_i) = 0 \\ 0 \leq \alpha_i, \hat{\alpha}_i \leq C \end{cases} \tag{6-8}$$

KKT 条件如式（6-9）所示。

$$\begin{cases} \alpha_i(f(\boldsymbol{x}_i) - y_i - \varepsilon - \xi_i) = 0 \\ \alpha_i(y_i - f(\boldsymbol{x}_i) - \varepsilon - \hat{\xi}_i) = 0 \\ \alpha_i \hat{\alpha}_i = 0 \\ \xi_i \hat{\xi}_i = 0 \\ (C - \alpha_i)\xi_i = 0 \\ (C - \hat{\alpha}_i)\hat{\xi}_i = 0 \end{cases} \tag{6-9}$$

假设最终解为 $\boldsymbol{\alpha}^* = (\alpha_1^* + \alpha_2^* + \cdots + \alpha_n^*)^{\mathrm{T}}$，在 $\hat{\boldsymbol{\alpha}} = (\hat{\alpha}_1^* + \hat{\alpha}_2^* + \cdots + \hat{\alpha}_n^*)^{\mathrm{T}}$ 中找出 $\boldsymbol{\alpha}^*$ 的某个分量 $C > \alpha_j^* > 0$，则有式（6-10）和式（6-11）。

$$b^* = y_i + \varepsilon - \sum_{i=1}^{n} (\hat{\alpha}_i^* + \alpha_i^*) \boldsymbol{x}_i^{\mathrm{T}} \boldsymbol{x}_j \qquad (6\text{-}10)$$

$$f(\boldsymbol{x}) = \sum_{i=1}^{n} (\hat{\alpha}_i^* + \alpha_i^*) \boldsymbol{x}_i^{\mathrm{T}} \boldsymbol{x} + b^* \qquad (6\text{-}11)$$

更进一步，考虑使用核技巧，给定核函数 $K(\boldsymbol{x}_i, \boldsymbol{x})$，则 SVR 可以表示为式（6-12）。

$$f(\boldsymbol{x}) = \sum_{i=1}^{n} (\hat{\alpha}_i - \alpha_i) K(\boldsymbol{x}_i, \boldsymbol{x}) + b \qquad (6\text{-}12)$$

由于支持向量机拥有完善的理论基础和良好的特性，因此人们对其进行了广泛的研究和应用，涉及分类、回归、聚类、时间序列分析、异常点检测等诸多方面。具体的研究内容包括统计学习理论基础、各种模型的建立、相应优化算法的改进以及实际应用。支持向量回归也在这些研究中得到了发展和逐步完善，已有丰富的研究成果。

相较于其他方法，支持向量回归的优点是：它不仅适用于线性模型，也能很好地抓住数据和特征之间的非线性关系；不需要担心多重共线性问题，可以避免局部极小化问题，提高泛化性能，解决高维问题；虽然它不会在过程中直接排除异常点，但会使得由异常点引起的偏差更小。支持向量回归的缺点是计算复杂度高，在面临数据量大的情况时，计算耗时长。

3. 构建房屋租金预测模型

构建支持向量回归预测模型，并预测房屋租金，如代码清单 6-21 所示。

代码清单 6-21　构建支持向量回归预测模型

```
# 数据变换处理
# 对租金进行对数化
house_copy1 = house_copy.copy()
house_copy1["租房价格/元"] = np.log1p(house_copy1["租房价格/元"]) # 后续可使用np.expm1进行还原

temp = house_copy1.groupby('社区ID')['租房价格/元'].mean().reset_index()
temp.columns = ['社区ID','Community']
house_copy1 =house_copy1.merge(temp, how = 'left',on = '社区ID')

# 对分类数据进行独热编码
oh_cate = ["行政区","租房类型","楼层","是否有电梯"]
oh_data = pd.DataFrame(pd.get_dummies(house_copy1[oh_cate], columns = oh_cate).
    reset_index().drop("index",axis = 1)

# 数值数据
cate = ["行政区","租房类型","楼层","是否有电梯","楼层","社区ID", "每平方米租金/（元/平方
    米）","租房价格/元"]
```

```
indicator_num = house_copy1.drop(cate,axis = 1)

# 数据拼接
X= pd.concat([indicator_num,oh_data],axis = 1)
y = house_copy1["租房价格/元"]

# 划分训练集和测试集
from sklearn.model_selection import train_test_split    # 用于划分训练集和测试集
X_train,X_test,y_train,y_test = train_test_split(X,y,test_size=0.2,random_state = 1024)
X_train = X_train.reset_index().drop("index",axis = 1)
X_test = X_test.reset_index().drop("index",axis = 1)

# 训练集和测试集数据标准化
from sklearn.preprocessing import StandardScaler
transfer = StandardScaler()
train_td = pd.DataFrame(transfer.fit_transform(X_train[indicator_num.columns]),
    columns = indicator_num.columns)
test_td= pd.DataFrame(transfer.fit_transform(X_test[indicator_num.columns]), columns =
    indicator_num.columns)

# 获得训练集和测试集
X_train = pd.concat([train_td,X_train[oh_data.columns]],axis = 1)
X_test = pd.concat([test_td,X_test[oh_data.columns]],axis = 1)

from sklearn.svm import LinearSVR
from sklearn.metrics import mean_absolute_error, mean_squared_error,r2_score
# 设置随机种子
np.random.seed(0)
linearsvr = LinearSVR()    # 调用LinearSVR()函数
linearsvr.fit(X_train, y_train)
result = linearsvr.predict(X_test)
print('均方误差:', mean_squared_error(np.expm1(y_test),np.expm1(result)))
print('平均绝对误差:',mean_absolute_error(np.expm1(y_test),np.expm1(result)))
print('R方值:',r2_score(np.expm1(y_test),np.expm1(result)))
print("train score: ", linearsvr.score(X_train, y_train))
print("test score: ", linearsvr.score(X_test, y_test))
# 查看真实值和预测值
print('租金真实值\n', np.expm1(y_test))
print('租金预测值\n', np.expm1(result))
```

* 代码详见: demo/code/03-predict.py。

4. 结果分析

构建支持向量回归模型，得到部分房屋租金的预测值，如表6-6所示。

表 6-6　预测值

真实值	预测值	真实值	预测值
5000	5197.67459243	……	……
4300	4327.75426829	1800	1839.08881741
2200	2755.39438673	3300	3740.26655705
……	……	1800	1715.76151434

采用回归模型评价指标对房屋租金的预测值进行评价，得到的结果如表 6-7 所示。

表 6-7　模型评价指标

平均绝对误差	均方误差	R 方值
409.7115	443927.4372	0.8865

由表 6-7 可以看出，平均绝对误差相对较小，R 方值接近 1，表明建立的支持向量回归模型的拟合效果较好，但是还有一定的优化空间。

6.3　上机实验

1. 实验目的

本上机实验有以下目的：

1）掌握数据预处理的基本方法。

2）分析影响房屋租金的因素。

3）构建支持向量回归模型。

2. 实验内容

本上机实验的内容包含以下方面：

1）对数据进行预处理，提高数据的质量。

2）分析不同因素对租金的影响。

3）根据筛选出的关键影响因素预测房屋租金。

3. 实验方法与步骤

本上机实验的具体方法与步骤如下：

1）对数据进行重复值检测与处理、异常值检测与处理。

2）对数据进行变换，包括地理位置变换、距离属性构建、"行政区""是否有电梯"数据变换，并合并数据。

3）分析房屋面积、行政区房屋面积、租房类型、楼层、有无电梯、最高楼层数等因素对租金的影响。

4）构造属性，筛选出关键影响因素，并使用支持向量回归模型对房屋租金进行预测。

4. 思考与实验总结

通过上机实验，我们可以对以下问题进行思考与总结：

1）在构建 SVR 预测模型前使用了标准差对数据进行标准化处理，如果使用其他标准化处理方法，会对结果造成怎样的影响呢？

2）在构建支持向量回归模型时是否可以使用其他方法查找最优参数？

6.4 拓展思考

MLP（Multi-Layer Perceptron，多层感知器）是一种前向结构的人工神经网络（ANN），它将一组输入向量映射到一组输出向量。MLP 可以看作一个有向图，由多个节点层组成，每一层都全连接到下一层。除了输入节点，每个节点都是一个带有非线性激活函数的神经元。使用 BP（反向传播）算法的监督学习方法来训练 MLP。MLP 基于感知器进行了优化，克服了感知器不能对线性不可分数据进行识别的弱点。

相对于单层感知器，MLP 的输出端从一个变成了多个，输入端和输出端之间不仅只有一层，现在有两层——输出层和隐藏层，如图 6-13 所示。

MLP 是前馈神经网络的一个例子，一个前馈神经网络可以包含 3 种节点。

1）输入节点（Input Node）：也称为输入层，从外部世界提供信息。在输入节点中不进行任何计算，仅向隐藏节点传递信息。

2）隐藏节点（Hidden Node）：也称为隐藏层，和外部世界没有直接联系。隐藏节点会进行计算，并将信息从输入节点传递到输出节点。尽管一个前馈神经网络只有一个输入层和一个输出层，但网络

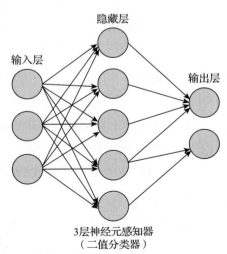

图 6-13 多层感知器

里可以没有隐藏层，也可以有多个隐藏层。

3）输出节点（Output Node）：也称为输出层，负责计算，并从网络向外部世界传递信息。

在前馈网络中，信息只单向移动——从输入层开始前向移动，然后通过隐藏层，再到输出层。在网络中没有循环或回路。

MLP 在 20 世纪 80 年代曾是相当流行的机器学习方法，拥有广泛的应用场景，譬如语音识别、图像识别、机器翻译等，但自 90 年代以来，MLP 遇到更为简单的支持向量机这一强劲的竞争对手。近年来，由于深层学习的成功，MLP 又重新得到了关注。

MLP 拥有高度的并行处理、高度的非线性全局作用、良好的容错性、联想记忆功能、非常强的自适应性、自学习功能等。但是为 MLP 网络选取隐藏节点个数非常难，停止阈值、学习率、动量常数的选取需要采用"试错法"，极其耗时，学习速度慢并且容易陷入局部极值。

使用 MLP 算法实现对本案例房屋租金的预测，并与支持向量回归模型的预测效果进行对比。

6.5　小结

本章通过房屋租金影响因素分析与预测案例，介绍了原始数据的处理、影响因素分析、支持向量回归模型构建、模型的评价等内容，重点探究了房屋租金的关键影响因素，在模型的构建阶段，根据筛选出的关键影响因素，建立支持向量回归模型，得到房屋租金的最终预测值。

商超客户价值分析

在商超行业，客户关系管理（CRM）扮演着至关重要的角色。通过 CRM 系统，商超可以有效地管理和维护与客户之间的关系，实现精准化运营并获得最大的转化率。其中，客户画像和客户分类是 CRM 的核心环节，它们为商超提供了将客户群体细分为不同类型的低价值客户和高价值客户的能力。因此，在商超行业，借助客户关系管理系统，结合客户画像和客户分类的方法，商超可以实现精准化经营，提升客户忠诚度和满意度，从而取得更大的市场份额和竞争优势。

本章将利用商超的客户数据，结合 RFMPI 模型和 k 均值聚类算法，对客户进行分群，比较不同类别客户的客户价值，进而制定相应的营销策略。

7.1 背景与挖掘目标

信息时代的到来标志着企业营销核心从产品中心向客户中心的转变，客户关系管理变得尤为重要。在这一背景下，客户分类成为企业优化营销资源分配的关键问题之一。通过客户分类，企业可以精准区分出低价值客户和高价值客户，为不同价值客户群体设计个性化服务方案和营销策略，以最大限度利用有限资源，实现利润最大化。客户分类结果的准确性对于企业决策至关重要，因为它是优化营销资源分配的基础依据，有助于企业建立更有效的客户关系管理体系。随着信息技术的不断发展，企业能够更精准地进行客户分类，实现个性化营销，提升客户满意度，取得更大的市场竞争优势。

在激烈的市场竞争中，各家商超纷纷推出更具吸引力的营销方式，以吸引更多的客户。盒马通过建立会员体系，跟踪客户购买数据并分析消费习惯，向会员提供个性化的推荐和促销活动，增强客户黏性，同时通过积分兑换和优惠策略激励客户持续消费，提高客户忠诚度。山姆则采用批发会员模式吸引企业和个人客户，建立稳定的客户群体，设立专业的客户服务团队为客户提供个性化服务，从而提高客户满意度和忠诚度。这些策略和手段有助于盒马和山姆在客户关系管理上不断提升客户体验、增加客户忠诚度，并实现销售额的增长。

然而，某商超面临着客户流失、竞争力下降和未充分利用商超资源等经营危机。为了应对这些挑战，该商超决定建立一个合理的客户价值评估模型，通过对客户进行分类，进一步分析和比较不同客户群的客户价值，制定相应的营销策略并提供个性化服务，以便有针对性地利用有限的资源来满足不同价值客户的需求。通过这样的举措，商超将能够更有效地应对市场竞争，提升客户忠诚度，并实现业务的可持续增长。

结合已积累的大量会员档案信息和购物记录，该商超希望实现以下目标。

1）利用商超客户数据对客户进行分类。

2）对不同客户类别进行特征分析，比较不同类别客户的客户价值。

3）为不同价值客户类别提供个性化服务，并制定相应的营销策略。

7.2　分析方法与过程

商超客户价值分析总体流程如图 7-1 所示，主要包括以下 4 个步骤。

1）抽取注册日期为 2021 年至 2023 年的会员消费数据。

2）对抽取的数据进行数据探索与预处理，包括数据质量评估与处理、可视化分析、相关性分析等操作。

3）基于改进的 RFM 模型——RFMPI，通过肘方法确定最佳聚类数量，并使用 k 均值聚类算法进行客户分群。

4）针对模型结果进行分析，从而对不同价值的客户采用不同的营销手段，提供定制化的服务。

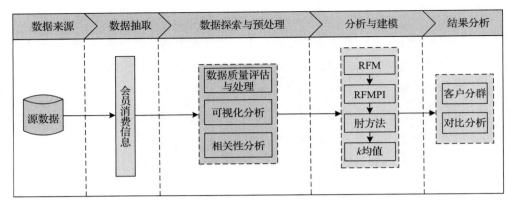

图 7-1　商超客户价值分析总体流程

7.2.1　数据探索与预处理

本节将分三个部分介绍数据探索分析在客户关系管理中的重要性和应用。首先，对数据进行质量评估与预处理，包括数据描述性分析和清洗等步骤，以确保后续分析结果的准确性和可靠性。其次，对客户基本信息、消费行为、消费渠道和客户满意度等方面进行可视化分析，展现数据间的关联和趋势，以理解客户行为和需求。最后，通过相关性分析揭示不同变量之间的关联程度，以发现潜在的影响因素和规律，从而优化客户关系管理策略，提升服务质量和客户满意度。

1. 数据质量评估与预处理

从商超系统的详细数据中，选择宽度为三年的时间段作为分析的观测窗口，抽取 2021 年 1 月 1 日至 2023 年 12 月 31 日之间注册为商超会员的客户的详细数据。商超会员的数据包括客户基本信息、注册信息、消费信息、参与促销信息、客诉信息等方面，总共涵盖了 29 个属性，如表 7-1 所示。

表 7-1　商超客户信息字段说明

信息类型	字段名称	说明
客户基本信息	客户 ID	客户的注册 ID
	出生年份	客户的出生年份
	受教育程度	客户的受教育程度，为本科、硕士、博士、其他
	婚姻状况	客户的婚姻状况，为未婚、已婚、离异、丧偶
	年收入 / 元	客户的家庭年收入
	儿童数量 / 人	客户家庭中的儿童数量
	青少年数量 / 人	客户家庭中的青少年数量

（续）

信息类型	字段名称	说明
注册信息	注册日期	客户在公司注册的日期
	入会费用 / 元	入会费用
	注册手续费 / 元	注册手续费
消费信息	距上次消费天数 / 天	自客户上次消费以来的天数
	酒类消费 / 元	过去 2 年在酒类产品上花费的金额
	水果消费 / 元	过去 2 年在水果类产品上花费的金额
	肉类消费 / 元	过去 2 年在肉类产品上花费的金额
	鱼类消费 / 元	过去 2 年在鱼类产品上花费的金额
	糖果消费 / 元	过去 2 年在糖果类产品上花费的金额
	黄金消费 / 元	过去 2 年在黄金产品上花费的金额
	折扣消费次数 / 次	使用折扣消费的次数
	网站消费次数 / 次	通过公司网站消费的次数
	App 消费次数 / 次	通过公司 App 消费的次数
	商店消费次数 / 次	直接在商店消费的次数
	上月网站访问次数 / 次	上个月访问公司网站的次数
参加促销信息	第一次促销	如果客户参加了第一次促销活动，则为 1，否则为 0
	第二次促销	如果客户参加了第二次促销活动，则为 1，否则为 0
	第三次促销	如果客户参加了第三次促销活动，则为 1，否则为 0
	第四次促销	如果客户参加了第四次促销活动，则为 1，否则为 0
	第五次促销	如果客户参加了第五次促销活动，则为 1，否则为 0
	最近一次促销	如果客户参加了最近一次促销活动，则为 1，否则为 0
客诉信息	是否投诉	如果客户在过去 2 年内投诉，则为 1，否则为 0

　　对商超客户详细数据集进行缺失值评估，查看数据集中的数据缺失情况，并根据缺失情况决定处理方法，如代码清单 7-1 所示。

代码清单 7-1　数据缺失值评估

```
import pandas as pd
data = pd.read_excel('../data/商超客户价值分析数据.xlsx')
# 将注册日期转换为连续型数据
import datetime
today = datetime.date(2023, 12, 31)
data['注册日期'] = data['注册日期'].apply(lambda x:datetime.datetime.strptime(x,
    '%Y-%m-%d').date())
# 数据缺失情况
# 获取每个字段的缺失值个数
```

```
info_missing = data.isnull().sum()
# 获取每个字段的最大值
info_max = data.max()
# 获取每个字段的最小值
info_min = data.min()
# 将结果合并成一个数据框
info_data = pd.concat([info_missing, info_max, info_min], axis=1)
info_data.columns = ['缺失值个数', '最大值', '最小值']
# 处理缺失值
data = data.dropna()   # 删除包含缺失值的样本
```

经过检查，发现 2238 条记录中仅年收入字段存在 24 个缺失值，占比为 1%，如表 7-2 所示。由于该字段中的缺失值占比较低，因此将这些含有缺失值的记录删除。

表 7-2　商超客户信息描述性分析

字段名称	缺失值个数	最大值	最小值
客户 ID	0	11191	0
出生年份	0	2009	1906
受教育程度	0	硕士	其他
婚姻状况	0	离异	丧偶
年收入 / 元	24	162397	1730
儿童数量 / 人	0	2	0
青少年数量 / 人	0	2	0
注册日期	0	2023/12/30	2021/1/1
入会费用 / 元	0	3	3
注册手续费 / 元	0	11	11
距上次消费天数 / 天	0	99	0
酒类消费 / 元	0	1493	0
水果消费 / 元	0	199	0
肉类消费 / 元	0	1725	0
鱼类消费 / 元	0	259	0
糖果消费 / 元	0	262	0
黄金消费 / 元	0	321	0
折扣消费次数 / 次	0	15	0
网站消费次数 / 次	0	27	0
App 消费次数 / 次	0	28	0
商店消费次数 / 次	0	13	0
上月网站访问次数 / 次	0	20	0
第一次促销	0	1	0

（续）

字段名称	缺失值个数	最大值	最小值
第二次促销	0	1	0
第三次促销	0	1	0
第四次促销	0	1	0
第五次促销	0	1	0
最近一次促销	0	1	0
是否投诉	0	1	0

此外，为方便后续分析，对原始数据进行如下处理，如代码清单 7-2 所示。

1）将客户出生年份信息转换为年龄信息。

2）将客户注册日期信息转换为注册天数信息。

3）由于入会费用和注册手续费均相同，对这两列进行剔除处理。

代码清单 7-2　数据预处理

```
# 数据预处理
data['年龄'] = 2023 - data['出生年份']
data['注册天数/天'] = data['注册日期'].apply(lambda x:(today - x).days)
data.drop(columns=['入会费用', '注册手续费'], inplace=True)
data.to_csv('../tmp/数据预处理.csv', index=False, encoding='UTF-8')
```

2. 可视化分析

可视化分析在客户基本信息、消费行为、消费渠道和客户满意度等方面的数据分析中起着关键作用。通过可视化分析，我们可以直观地了解客户群体特点、购买习惯、消费渠道偏好和客户满意度变化趋势，为制定营销策略和提升客户体验提供有力支持。

（1）客户基本信息

客户基本信息中的客户年龄、年收入、受教育程度和婚姻状况是企业了解客户特征和需求的重要指标。这些信息可以帮助企业更好地制定个性化营销策略，满足不同客户群体的需求，提供更有针对性的产品和服务。

1）客户年龄

绘制柱形图以分析商超客户的年龄情况，如代码清单 7-3 所示。

代码清单 7-3　客户年龄可视化分析

```
import matplotlib.pyplot as plt
import pandas as pd
```

```
import numpy as np
plt.rcParams['font.sans-serif']=['SimHei']
plt.rcParams['axes.unicode_minus'] = False
font = 30
figa, figb = (25,15),(12,12)
data = pd.read_csv('../tmp/数据预处理.csv', encoding='UTF-8')
data.set_index(['客户ID'],inplace=True)

age_bins = range(0, max(data['年龄']) + 11, 10)          # 以10为间隔创建分组范围
age_groups = ['{}-{}'.format(b, b + 9) for b in age_bins[:-1]]# 创建分组标签
data['年龄分组'] = pd.cut(data['年龄'], bins=age_bins, labels=age_groups,
    right=False)                                        # 分组并标记分组结果
age_distribution = data['年龄分组'].value_counts().sort_index()# 计算分组数量并按照分组标
                                                        # 签排序

age_distribution
# 绘制柱形图
outfile_png = '../tmp/01-年龄分布柱形图.png'
plt.figure(figsize=figa)
bars = plt.bar(age_groups, age_distribution)
plt.bar_label(bars, fontsize=font)
plt.xticks(fontsize=font)
plt.yticks(fontsize=font)
plt.xlabel('年龄分布',fontsize=font)
plt.ylabel('人数/人',fontsize=font)
plt.title('年龄分布柱形图',fontsize=font)
plt.tight_layout()                                      # tight_layout()方法可以
                                                        # 保证图像的完整度
plt.savefig(outfile_png, dpi=1080)
plt.show()
# 剔除年龄≥110
data = data[data['年龄']<110]
```

结果如图 7-2 所示，本数据集中客户年龄主要分布在 20～69 岁之间，而且可以观察到以下特征。

①30～39 岁的客户数量最多。这个年龄段的客户是商超的主要客户群体。他们可能处于事业发展、家庭成立或养育子女的阶段，在购物方面有一定的消费能力和需求。因此，针对这一年龄段的客户进行市场推广和产品定位会有更大的潜力。

②年龄不小于 70 岁的客户较少。数据显示，只有 4 个客户年龄不小于 70 岁，其中有 3 个客户的年龄段为 110～119。但是 80～109 年龄段的客户数为 0，考虑到这个年龄段的老人不太可能成为新注册客户，因此认为年龄不小于 110 岁的 3 个客户为异常值，需要对其进行清理。

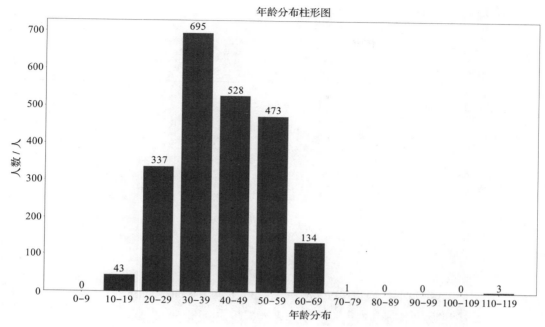

图 7-2　年龄分布柱形图

2）客户年收入

绘制条形图以分析商超客户的年收入情况，如代码清单 7-4 所示。

代码清单 7-4　客户年收入可视化分析

```
data['年收入/元'] = data['年收入/元'].astype('int')
n = 30000
income_bins = range(0, max(data['年收入/元']) + n + 1, n)    # 以30000为间隔创建分组范围
income_groups = ['{}-{}'.format(b, b + n) for b in income_bins[:-1]]
# 创建分组标签
# 分组并标记分组结果
data['年收入分组'] = pd.cut(data['年收入/元'], bins=income_bins, labels=income_
    groups, right=False)
# 计算分组数量并按照分组标签排序
income_distribution = data['年收入分组'].value_counts().sort_index()
# 绘制条形图
outfile_png = '../tmp/02-年收入分布条形图.png'
plt.figure(figsize=figa)
bars = plt.barh(income_groups, income_distribution)
plt.bar_label(bars, fontsize=font)
plt.xticks(fontsize=font)
plt.yticks(fontsize=font)
plt.xlabel('人数/人',fontsize=font)
```

```
plt.ylabel('年收入/元',fontsize=font)
plt.title('年收入分布条形图',fontsize=font)
plt.tight_layout()
plt.savefig(outfile_png, dpi=1080)
plt.show()
```

结果如图 7-3 所示，可以观察到以下特征。

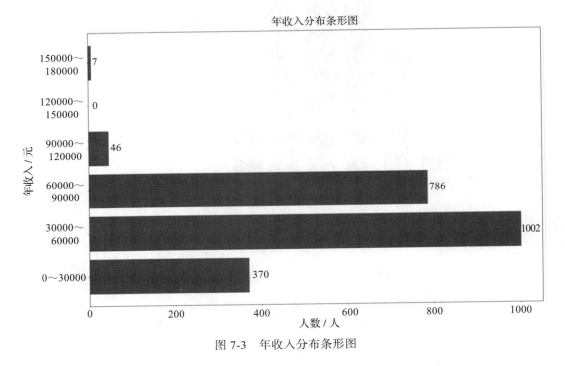

图 7-3　年收入分布条形图

①年收入主要集中在 3 万～9 万元之间。处于这个收入水平范围的客户数量最多，即商超主要服务的客户群体的收入水平属于中等偏上。这可能意味着商超提供的产品或服务定位较高端，价格相对亲民，符合目标客户的消费能力和需求。

②年收入低于 3 万元或不低于 9 万元的客户人数较少，分别为 370 人和 53 人。这些客户可能不是商超的主要目标客户群体，但是商超也需要考虑到他们的消费需求和购物习惯。

3）客户受教育程度

绘制圆环图以分析商超客户的受教育程度，如代码清单 7-5 所示。

代码清单 7-5　客户受教育程度可视化分析

```
education = data['受教育程度'].value_counts()
outfile_png = '../tmp/03-学历分布圆环图.png'
```

```
plt.figure(figsize=figb)
colors = plt.get_cmap('BuPu')(np.linspace(0.2, 0.7, len(education)))
patches, texts, autotexts = plt.pie(education.values, labels=education.index,
    colors=colors, autopct='%1.1f%%', startangle=60, wedgeprops=dict(width=0.3,
    edgecolor='white'))
plt.setp(autotexts, fontsize=font)
plt.setp(texts, fontsize=font)
plt.axis('equal')
plt.title('学历分布圆环图',fontsize=font)
plt.tight_layout()
plt.savefig(outfile_png, dpi=1080)
plt.show()
```

结果如图 7-4 所示，可以观察到以下特征。

①本科学历的客户占总客户数的 50%，占比最高。即半数客户拥有本科学历，这意味着这些客户具有较高的消费能力和购买决策能力，对于商超提供的产品或服务有一定的要求。

②硕士和博士学历的客户分别占总客户数的 16.1% 和 21.4%，说明商超的客户中有一部分高学历人群。这些客户可能更加注重产品的品质、品牌和服务质量等方面，因此商超需要针对这些客户制定更加精准的市场策略和产品定位。

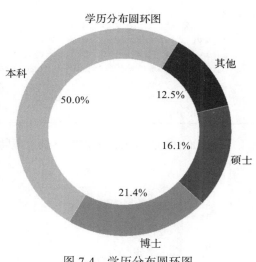

图 7-4　学历分布圆环图

③其他学历的客户占总客户数的 12.5%，这些客户可能具有不同的消费需求和购物习惯，需要商超根据不同学历的客户特点，开展不同的营销活动，制定不同的服务策略。

基于这些数据，商超可以考虑针对不同学历的客户制定不同的市场推广和产品定位策略，以满足不同客户的消费需求。比如，可以分别推出高品质、高价值的产品和服务，或更加实惠、适用的产品和服务。

4）客户婚姻状况

绘制柱形图以分析商超客户的婚姻状况，如代码清单 7-6 所示。

代码清单 7-6　客户婚姻状况可视化分析

```
martial_status = data['婚姻状况'].value_counts()
# 绘制柱形图
```

```
outfile_png = '../tmp/04-婚姻状况分布柱形图.png'
categories = martial_status.index
values = martial_status.values
# 计算总和
total = sum(values)
# 计算每个类别的百分比
percentages = [(value/total)*100 for value in values]
# 绘制柱形图
plt.figure(figsize=figa)
plt.bar(categories, percentages, color='skyblue')
# 显示百分比标签
for i, percentage in enumerate(percentages):
    plt.text(i, percentage + 1, f'{percentage:.1f}%', ha='center', fontsize=font)
# 添加标题和标签
plt.xticks(fontsize=font)
plt.yticks(fontsize=font)
plt.ylabel('人数占比', fontsize=font)
plt.title('婚姻状况分布柱形图',fontsize=font)
plt.tight_layout()
plt.savefig(outfile_png, dpi=1080)
plt.show()
```

结果如图 7-5 所示，可以观察到以下特征。

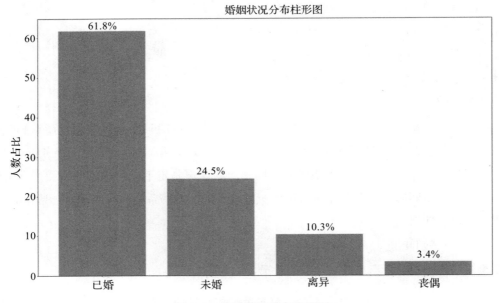

图 7-5　婚姻状况分布柱形图

①已婚客户占总客户数的 61.8%，占比最高。即商超主要服务的客户群体中，大多

数客户是已婚人士。已婚客户可能更注重购买日常生活用品、家庭用品以及孩子的教育产品等。

②未婚客户占总客户数的 24.5%，占比适中。这部分客户可能更关注时尚、个性化的产品和服务，而且在消费习惯上可能更加自由和多样化。

③离异客户占总客户数的 10.3%，丧偶客户占总客户数的 3.4%，占比较低。这部分客户可能在日常用品和健康产品上有更多的消费需求。

基于这些数据，商超可以针对不同群体制定相应的市场推广和产品定位策略。比如，为已婚客户提供家庭生活用品、亲子教育产品等；为未婚客户提供时尚、个性化的商品和服务等。

（2）消费行为

分析客户的消费行为，包括消费次数、消费金额、消费产品类别偏好等，以了解客户的消费习惯和消费需求，为精准营销和个性化推荐提供依据。

1）品类消费情况

绘制柱形图以分析商超客户的品类消费状况，查看各品类的消费金额，如代码清单 7-7 所示。

代码清单 7-7　品类消费情况可视化分析

```
category = data.iloc[:,8:14].sum(axis=0)
# 绘制柱形图
outfile_png = '../tmp/05-品类消费柱形图.png'
plt.figure(figsize=figa)
bars = plt.bar(category.index, category.values)
plt.bar_label(bars, fontsize=font)
plt.xticks(fontsize=font)
plt.yticks(fontsize=font)
plt.xlabel('消费品类',fontsize=font)
plt.ylabel('消费金额/元',fontsize=font)
plt.title('品类消费柱形图',fontsize=font)
plt.tight_layout()
plt.savefig(outfile_png, dpi=1080)
plt.show()
```

结果如图 7-6 所示，可以观察到以下特征。

①酒类消费总金额最多，达到了 676061 元。表明商超客户在酒类产品上投入了相当大的金额。有多种原因可能导致这一结果，例如酒类产品单价通常较高，且在节假日和其他庆祝活动中往往都需要用到酒类产品。

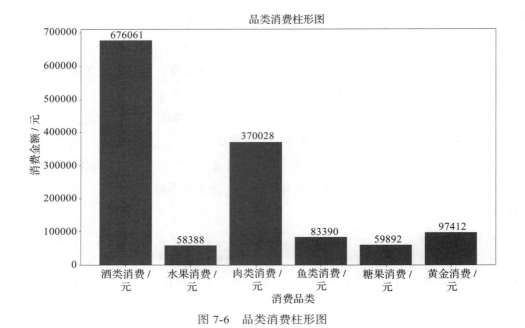

图 7-6　品类消费柱形图

②肉类消费总金额次之，为 370028 元，位居第二。这表明商超客户在各种肉类产品上也有相当大的支出。肉类在人们的膳食中通常占据着重要地位，因此这一结果并不令人意外。商超可能提供了丰富的肉类，满足了客户对于肉类品质和种类的需求。

③水果消费总金额为 58388 元，相对较低，但表明商超客户在水果产品上也有一定的花费。水果在健康饮食中起着重要作用，含有丰富的维生素和膳食纤维等，并且受到许多人的青睐，因此商超提供的各种新鲜和优质的水果可能是吸引客户购买的原因之一。

④鱼类消费总金额为 83390 元，与水果一样，尽管相对较低，但仍然表明商超的客户在鱼类产品上有一定的花费。鱼类是人类膳食中重要的优质蛋白来源之一，具有丰富的营养价值，因此客户会购买鱼类产品来满足他们的需求。

⑤糖果消费总金额为 59892 元，与水果、鱼类一样，尽管相对较低，但仍然表明商超客户也会花费一定的金额购买糖果产品。糖果是人们日常生活中的休闲食品，也会作为节庆活动的零食或礼物等，因此商超提供了各种糖果，满足了客户对于甜食的需求。

⑥黄金消费总金额为 97412 元，虽然与酒类、肉类产品相差较多，但比水果、鱼类和糖果产品高，表明商超客户也会在黄金产品上花费一定的金额。黄金被视为一种重要的投资产品，具有保值和增值的特性，因此一些客户会购买黄金来满足他们的需求。

2）参与促销情况

分析商超客户参与促销的情况，如代码清单 7-8 所示。

代码清单 7-8　客户参与促销情况可视化分析

```
category = data.iloc[:,19:25].sum(axis=0)
# 绘制柱形图
outfile_png = '../tmp/06-参与促销人数柱形图.png'
plt.figure(figsize=figa)
bars = plt.bar(category.index, category.values)
plt.bar_label(bars, fontsize=font)
plt.xticks(fontsize=font)
plt.yticks(fontsize=font)
plt.ylabel('参与人数/人',fontsize=font)
plt.title('参与促销人数柱形图',fontsize=font)
plt.show()
plt.tight_layout()
plt.savefig(outfile_png, dpi=1080)
```

结果如图 7-7 所示，可以观察到以下特征。

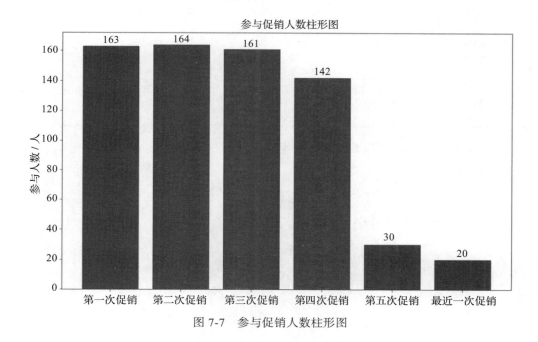

图 7-7　参与促销人数柱形图

①从第一次到第五次促销活动，参与人数总体上呈现下降趋势。具体来看，参与人数分别为 163 人、164 人、161 人、142 人和 30 人，其中第五次促销活动的参与人数急剧下降。这种情况可能表明商超的前四次促销活动没有达到客户期望的优惠力度或产品

选择不够吸引人，导致客户逐渐失去参与的兴趣。

②最后一次促销的参与人数明显较低，为 20 人。可能有多种原因导致这种情况，如缺乏有效的宣传、促销活动吸引力不足、客户疲劳感等。

商超需要进一步研究和分析促销活动的具体细节和效果，以在未来的促销活动中吸引更多客户参与并提高销售量。这可能包括改进促销策略、增加产品选择、加大促销力度等方面。

（3）消费渠道

绘制饼图分析客户的渠道来源，了解客户是如何找到商超并进行购物的，为渠道投入和推广策略提供指导，如代码清单 7-9 所示。

代码清单 7-9　客户消费渠道可视化分析

```
category = data.iloc[:,15:18].sum(axis=0)
outfile_png = '../tmp/07-消费渠道占比饼图.png'
plt.figure(figsize=figb)
patches, texts, autotexts = plt.pie(category.values, labels=category.index,
    autopct='%1.1f%%', startangle=90, wedgeprops={'edgecolor': 'white'})
plt.setp(autotexts, fontsize=font)
plt.setp(texts, fontsize=font)
plt.axis('equal')
plt.title('消费渠道占比饼图',fontsize=font)
plt.tight_layout()
plt.savefig(outfile_png, dpi=1080)
plt.show()
```

结果如图 7-8 所示，可以观察到以下特征。

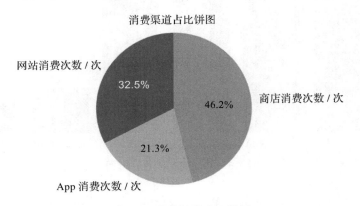

图 7-8　消费渠道占比饼图

1）商店消费次数的占比为 46.2%，显示了线下实体店在消费渠道中的重要性。商超可以进一步加强宣传和推广线下实体店，提供舒适的购物环境和个性化的服务，以吸引更多客户到店消费。

2）网站是客户找到商超并进行购物的主要渠道之一，占比为 32.5%。这意味着商超的网站对于吸引客户和促进购物具有重要作用。商超可以进一步优化网站的客户体验，提高网站的可用性和吸引力，以吸引更多客户访问和购物。

3）App 是另一个重要的渠道，占比为 21.3%。这表明商超的移动应用程序在客户购物过程中起到了一定的作用。商超可以投入更多资源来开发和推广移动应用程序，提供更好的客户体验和更丰富的功能，以吸引更多客户使用 App 进行购物。

4）此外，线上消费渠道（网站和 App）的消费总占比为 53.8%，明显高于线下消费渠道的 46.2%。这表明线上渠道在客户购物行为中扮演着重要角色，并且具有较大的发展潜力。基于这一情况，商店可以采取一些策略来进一步发展线上渠道，如提升线上渠道的客户体验、开展线上独家促销活动、加强线上营销推广、强化线上客户服务等，提升线上渠道消费在整体销费渠道中的占比，同时满足消费者对线上购物的需求，实现线上线下渠道的良性互动和发展。

（4）客户满意度

通过客户反馈、评价和投诉等数据，绘制饼图以分析客户满意度和体验感受，了解客户对商超的整体满意度和改进需求，如代码清单 7-10 所示。

代码清单 7-10　客户满意度可视化分析

```
complain = data['是否投诉'].value_counts()
outfile_png = '../tmp/08-投诉情况占比饼图.png'
plt.figure(figsize=figb)
patches, texts, autotexts = plt.pie(complain.values, labels=['无投诉','有投诉'],
    autopct='%1.1f%%', startangle=90, wedgeprops={'edgecolor': 'white'})
plt.setp(autotexts, fontsize=font)
plt.setp(texts, fontsize=font)
plt.axis('equal')
plt.title('投诉情况占比饼图',fontsize=font)
plt.tight_layout()
plt.savefig(outfile_png, dpi=1080)
plt.show()
```

结果如图 7-9 所示，可以观察到以下特征。

1）无投诉占比为 84.9%，说明近两年内大部分客户对商超的整体满意度较高。这表明商超在服务质量、产品质量、售后支持等方面取得了一定的成就，能够满足大部分客户的需求。

2）有投诉占比为 15.1%，虽然相对较低，但仍然表示存在一部分客户对商超的服务不满意或遇到了问题。商超需要重视这部分客户的反馈和投诉，并积极采取改进措施，提高客户的满意度，并增加客户的忠诚度和口碑效应。

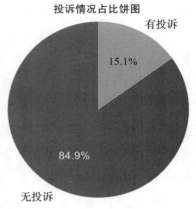

图 7-9　投诉情况占比饼图

3）此外，有一部分客户可能在遇到问题或不满意的情况下选择了默默离开，而未进行投诉或表达意见。这类客户无法通过数据直接反映出来，但他们的离开对商店的业务发展同样具有一定的影响。商超可以通过调查问卷、客户调研等方式获取更多的客户反馈，也可以通过社交媒体、在线评论等途径收集客户的意见和建议。积极解决线上渠道的问题，提高客户满意度和忠诚度，减少客户无声离开的情况。

3. 相关性分析

客户信息之间存在一定相关性，选取数值型属性，计算相关性并绘制热力图，以发现不同变量之间的关联程度，揭示潜在的影响因素和规律，为后续属性构造提供依据。具体步骤如下。

（1）相关性计算

在处理客户信息之前，首先选择数值型属性作为分析的对象。然后，使用皮尔逊相关系数计算每对属性之间的相关性。相关系数的取值范围为 –1 到 1，其中 1 表示完全正相关，–1 表示完全负相关，0 表示无相关性。

绘制热力图，将相关系数转换成颜色来展示属性之间的相关性。热力图中的每个方格代表两个属性之间的相关性，颜色越深表示相关性越强。通过热力图，我们可以直观地观察属性之间的相关性程度，如代码清单 7-11 所示。绘制结果如图 7-10 所示。

代码清单 7-11　相关性分析

```
import seaborn as sns
import matplotlib.pyplot as plt
from matplotlib.colors import LinearSegmentedColormap
import pandas as pd

data = pd.read_csv('../tmp/数据预处理.csv', encoding='UTF-8')
data.set_index(['客户ID'],inplace=True)
# 计算相关系数矩阵
data.columns
```

```
corcols = ['年龄','年收入/元','注册天数/天','距上次消费天数/天','酒类消费/元','水果消费/
        元','肉类消费/元','鱼类消费/元','糖果消费/元','黄金消费/元','折扣消费次数/次',
        '网站消费次数/次','App消费次数/次','商店消费次数/次','上月网站访问次数/次']
corr_matrix = data[corcols].corr()
# 绘制热力图矩阵
# 定义colormap的颜色列表
colors = [(1, 1, 1), (0, 0, 0.5)]
# 创建colormap对象
cmap = LinearSegmentedColormap.from_list('my_cmap', colors)
outfile_png = '../tmp/09-相关性热力图.png'
plt.figure(figsize=(15,10)) # 设置绘图尺寸
plt.rcParams['font.sans-serif']=['SimHei']
plt.rcParams['axes.unicode_minus'] = False
sns.heatmap(corr_matrix, cmap=cmap, annot=False, fmt=".2f", annot_kws={"size": 20})
plt.tick_params(axis='both', which='major', labelsize=15)
# 显示图形
plt.tight_layout()
plt.savefig(outfile_png, dpi=1080)
plt.show()
```

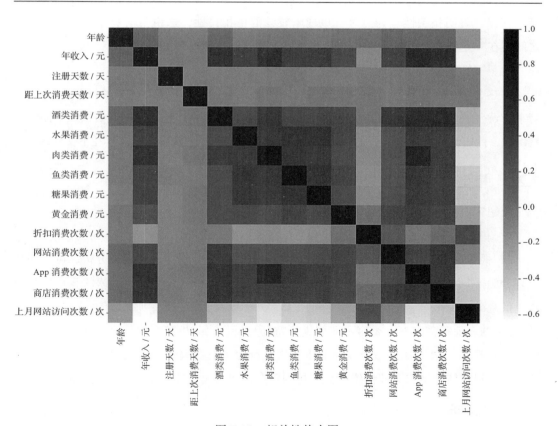

图 7-10　相关性热力图

观察相关性热力图后可得出以下结论。

1）年龄和年收入之间的相关性热力图的颜色较浅，相关系数为 0.1997，表明二者存在一定正相关性，但相关性并不十分显著。

2）注册天数与其他特征之间的相关性热力图的颜色均较浅，绝对值均不超过 0.1，因此可以认为注册天数与其他特征之间的线性相关性并不明显。

3）针对消费类别观察，酒类消费与肉类消费、鱼类消费、糖果消费之间的相关性热力图均呈现较深的颜色，表明存在一定程度的正相关性，这可能意味着这些消费项目之间存在某种购买偏好或者消费行为的关联。另外，水果消费也与其他消费类别呈现一定的正相关性。

4）折扣消费次数与各项消费之间的相关性热力图的颜色较浅，暗示折扣消费次数与消费项目之间的线性相关性并不显著。

5）网站消费次数、App 消费次数、商店消费次数与各项消费之间的相关性热力图的颜色较深，表明相关性较为显著且呈现出较强的正相关性，这说明消费方式与消费项目之间存在一定程度的关联。

（2）属性构造

将热力图中颜色较深、相关性较强的属性进行综合。选取酒类、水果、肉类、鱼类、糖果、黄金消费这六个属性进行综合，以计算消费金额属性；选取网站消费次数、App 消费次数、商店消费次数这三个属性进行综合，以计算折扣消费比例，具体将在下文介绍。

7.2.2 模型构建及结果分析

商超客户价值分析模型构建与结果分析主要包括以下 3 个部分。

1）基于 RFM 模型，选取和构建合适的指标以建立 RFMPI 模型用于聚类。

2）根据商超客户的五个指标数据，对客户进行聚类分组。通过聚类分析，可以将客户划分为不同的群体，以便识别客户群体之间的相似性和差异性，为后续的客户价值分析提供基础。

3）结合业务需求对每个客户群体进行特征分析，以分析其客户价值，并对每个客户群体进行排名。深入分析每个客户群体的购买行为、消费偏好、忠诚度等数据，有助于评估各客户群体的潜在商业价值，为商超制定个性化营销策略和服务方案提供依据。

1. 指标选取

指标选取在客户分析中至关重要。RFM 模型是按照最近一次消费时间、消费频率和消费金额来划分不同的客户群体，存在局限性。改进后的 RFM 模型引入了更多指标，如客户基本情况、客户消费偏好，使客户价值分析更全面。合理选择指标并结合和改进 RFM 模型可以帮助企业更好地了解客户、优化营销策略、实现客户价值最大化。

（1）RFM 模型

RFM 模型是一种用于客户细分和分析的常用方法，它基于三个关键指标：最近一次消费（Recency，R）、消费频率（Frequency，F）和消费金额（Monetary，M）。通过将客户按照这三个指标进行分组，可以更好地了解客户行为和价值。

❑ 最近一次消费（Recency）：该指标衡量客户最近一次消费的时间，通常以天数或月数为单位。较短的 Recency 值表示客户最近有消费行为，可能对产品或服务更感兴趣。

❑ 消费频率（Frequency）：该指标衡量客户在一定时间范围内消费的次数。频繁消费的客户往往具有更高的忠诚度，并且可能对交叉销售和升级产品感兴趣。

❑ 消费金额（Monetary）：该指标衡量客户在一定时间范围内消费的总金额。较高的 Monetary 值表示客户在消费时倾向于花费更多的资金，并且可能是高价值客户。

在 RFM 模型中，一般将每个指标分成几个等级或几个组，比如高、中、低，根据这些等级或分组可以形成一个 3D 的客户分析空间。通过在该空间中对客户进行定位，可以得到不同群体的客户特征和行为模式。

RFM 模型的主要应用包括以下三点。

1）客户细分：将客户分成不同的群体，如重要价值客户、沉睡客户、新客户等，以便更好地针对不同群体制定营销策略。

2）交叉销售和升级：根据客户的 RFM 指标，推荐相关产品或服务，提高客户消费频率和消费金额。

3）客户保持和回流：通过了解客户的最近一次消费指标，可以判断哪些客户存在流失风险，并采取相应措施，如个性化促销、客户关怀等，来保持和回流客户。

（2）RFMPI 模型

尽管 RFM 模型是一个简单而有效的方法，可以帮助企业更好地理解客户行为和价值，但是它也有一些缺点，可能忽略了一些重要因素，如客户消费行为、基本情况等。因此，需要不断改进 RFM 模型，使其更加精细化和个性化，以更好地满足实际需求。将客户的年收入和折扣消费比例加入 RFM 模型可以进一步丰富模型，更全面地了解客户行为和价值。

❑ 年收入：将客户的年收入作为一个附加维度，可以帮助企业了解客户的经济实力
和消费能力。

❑ 折扣消费比例：折扣消费比例表示客户使用折扣消费次数占总消费次数的比例。
这个指标可以揭示客户对价格的敏感程度和优惠活动的响应情况。

$$折扣消费比例 = \frac{折扣消费次数}{网站消费次数 + App消费次数 + 商店消费次数}$$

综上，将客户消费时间（R）、消费频率（F）、消费金额（M）、折扣消费比例（P）、年
收入（I）五个特征作为商超客户价值特征，记为 RFMPI 模型，以更全面地了解客户行为
和价值，如代码清单 7-12 所示。

代码清单 7-12　指标构建

```
# RFMPI模型
import pandas as pd
# 构建指标
data['消费频率'] = data['网站消费次数/次'] + data['App消费次数/次'] + data['商店消费次数/次']
data['消费金额'] = data['酒类消费/元'] + data['水果消费/元'] + data['肉类消费/元'] +
    data['鱼类消费/元'] + data['糖果消费/元'] + data['黄金消费/元']
data['儿童数量'] = data['儿童数量/人'] + data['青少年数量/人']
data['促销次数'] = data['第一次促销'] + data['第二次促销'] + data['第三次促销'] +
    data['第四次促销'] + data['第五次促销'] + data['最近一次促销']
def calculate_discount_ratio(row):
    if row['消费频率'] != 0:
        return row['折扣购买次数/次'] / row['消费频率']
    else:
        return 0
data['折扣消费比例'] = data.apply(calculate_discount_ratio, axis=1)

data = data[data['折扣消费比例']<=1]
RFMPI = data[['距上次消费天数/天','消费频率','消费金额','折扣消费比例','年收入/元']]
RFMPI.columns = ['消费时间', '消费频率', '消费金额','折扣消费比例','年收入']
# 指标排名
rp_labels = range(4, 0, -1)
fm_labels = range(1,5)
r_quartiles = pd.qcut(RFMPI['消费时间'], 4, labels = rp_labels)
RFMPI = RFMPI.assign(R = r_quartiles.values)
f_quartiles = pd.qcut(RFMPI['消费频率'], 4, labels = fm_labels)
RFMPI = RFMPI.assign(F = f_quartiles.values)
m_quartiles = pd.qcut(RFMPI['消费金额'], 4, labels = fm_labels)
RFMPI = RFMPI.assign(M = m_quartiles.values)
p_quartiles = pd.qcut(RFMPI['折扣消费比例'], 4, labels = rp_labels)
RFMPI = RFMPI.assign(D = p_quartiles.values)
+-def join_RFMPI(x):
```

```
                return str(int(x['R'])) + str(int(x['F'])) + str(int(x['M'])) + str(int(x['D']))
RFMPI['RFMPI_Segment'] = RFMPI.apply(join_RFMPI, axis=1)
RFMPI['RFMPI_Score'] = RFMPI[['R','F','M','D']].sum(axis=1)
RFMPI.to_csv('../tmp/RFMPI.csv', encoding='UTF-8')
```

2. 模型构建

对商超客户进行聚类的过程如下。

1）数据标准化：对选定的特征进行标准化处理，确保各个特征在相似的数值范围内，避免因为量纲不一致而导致聚类结果不准确。

2）确定聚类数量 k：根据业务需求和数据特点，确定要将客户分成的簇的数量 k 值。

3）模型训练：利用 k 均值算法对标准化后的客户数据进行聚类，根据 k 值初始化质心，并迭代更新质心直至达到停止条件。

4）聚类结果分析：根据聚类结果将客户分成不同的簇，每个簇代表一组具有相似消费特征的客户群体。

确定最佳聚类数时可以使用肘方法。肘方法（Elbow Method）是聚类分析中一种常用的确定最佳聚类数的方法，它基于观察不同聚类数下的聚类误差平方和（SSE）的变化情况，通过绘制聚类数与 SSE 的曲线，找到一个"肘点"，即曲线开始呈现拐点的位置，来确定最佳的聚类数。肘方法包括以下 5 个步骤，具体实现如代码清单 7-13 所示。

1）运行聚类分析：使用所选的聚类算法（如 k 均值聚类），将数据集分成不同的聚类数，并计算每个聚类数下的 SSE。

2）计算 SSE：对于每个聚类数，计算聚类结果中各个点到其所属聚类中心的距离平方和，即 SSE。

3）绘制肘曲线：将聚类数与对应的 SSE 值绘制成图表（通常是折线图）。横轴表示聚类数量，纵轴表示 SSE 值。

4）分析肘点：观察肘曲线，找到一个拐点或肘点。肘点是指曲线开始出现明显减缓的位置，形状类似于手臂的肘部。该点表示增加更多的聚类数对 SSE 的改善效果递减，因此可以被认为是最佳的聚类数。

5）选择最佳聚类数：根据观察到的肘点，选择相应的聚类数作为最佳聚类数，并根据该聚类数重新运行聚类算法，得到最终的聚类结果。

代码清单 7-13　使用肘方法确定最佳聚类数

```
# k均值
from sklearn.cluster import KMeans
```

```python
import numpy as np
import pandas as pd
import matplotlib.pyplot as plt
plt.rcParams['font.sans-serif']=['SimHei']
plt.rcParams['axes.unicode_minus'] = False
font = 30
figa, figb = (25,15),(10,10)
RFMPI = pd.read_csv('../tmp/RFMPI.csv', encoding='UTF-8')

# 数据标准化
from sklearn.preprocessing import StandardScaler
scaler = StandardScaler()
data_k0 = RFMPI.iloc[:,:5]
data_k0 = data_k0.reset_index()
data_k = pd.DataFrame(scaler.fit_transform(data_k0[['消费时间', '消费频率', '消费
    金额', '折扣消费比例', '年收入']]))
data_k = pd.concat([data_k0['客户ID'],data_k],axis=1)
data_k.set_index(['客户ID'],inplace=True)

# 使用肘方法确定聚类数量
from scipy.spatial.distance import cdist
# 定义聚类数量的范围
k_values = range(1, 10)
distortions = []
# 计算每个聚类数量对应的簇内误差平方和
for k in k_values:
    kmeans = KMeans(n_clusters=k)
    kmeans.fit(data_k)
    distortions.append(sum(np.min(cdist(data_k, kmeans.cluster_centers_, 'euclidean'),
        axis=1)) / data_k.shape[0])
# 绘制肘部曲线
outfile_png = '../tmp/10-肘方法.png'
plt.figure(figsize=(15,10))
plt.plot(k_values, distortions, 'bx-')
plt.xlabel('聚类数量/个',fontsize=font)
plt.ylabel('簇内误差平方和',fontsize=font)
plt.xticks(fontsize=font)
plt.yticks(fontsize=font)
plt.title('肘方法',fontsize=font)
plt.tight_layout()
plt.savefig(outfile_png, dpi=1080)
plt.show()
```

结果如图 7-11 所示，当聚类数量 k 取 4 时，折线开始出现明显减缓，即增加更多聚类数对 SSE 的改善效果开始递减。因此，4 为最佳的聚类数量。

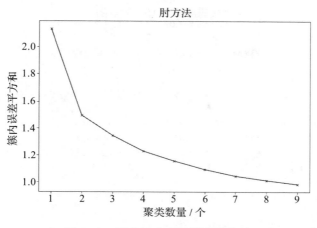

图 7-11　肘方法确定最佳聚类数量

　　根据选取的 RFMPI 模型，利用 k 均值聚类算法将数据聚为 4 个不同的类别，如代码清单 7-14 所示。

代码清单 7-14　k 均值聚类

```
# 使用k均值聚类算法
import pandas as pd
import numpy as np
from sklearn.cluster import KMeans
import matplotlib.pyplot as plt
# 设置聚类的簇数
k = 4
# 创建k均值模型并进行训练
kmeans = KMeans(n_clusters=k, random_state=1234).fit(data_k)
# 获取每个样本所属的簇标签
labels = kmeans.labels_
# 将簇标签添加到数据集中
data_k['类别'] = labels
data_k.columns = ['客户ID','消费时间', '消费频率', '消费金额','折扣比例','年收入','类别']
```

3. 结果分析

　　针对聚类结果，对各个客户群的客户特征、人数占比、年龄分布和年收入分布进行可视化分析。

（1）客户群客户特征

绘制雷达图以分析各个客户群的客户特征，如代码清单 7-15 所示。

代码清单 7-15　雷达图

```
cluster_labels = [0, 1, 2, 3]                                    # 聚类标签
cluster_colors = ['red', 'green', 'blue','orange']              # 聚类颜色
cluster_means = {}
for label in cluster_labels:
    cluster_means[label] = data_k[data_k['类别'] == label].iloc[:,:4].mean(axis=0)

cluster_means = data_k.groupby(['类别']).mean().transpose()
outfile_png = '../tmp/11-雷达图.png'
fig, ax = plt.subplots(figsize=(6,6), subplot_kw=dict(polar=True))
angles = np.linspace(0, 2 * np.pi, 5, endpoint=False).tolist()
angles += angles[:1]
cluster_colors = ['red', 'green', 'blue','orange']
line_styles = ['-', '--', ':','-.']
for label in cluster_labels:
    values = cluster_means.iloc[:,label].tolist()
    values += values[:1]
    line, = ax.plot(angles, values, linewidth=2, label=f'Cluster {label}',
        color=cluster_colors[label], linestyle=line_styles[label])
    # ax.fill(angles, values, alpha=0.3, color=line.get_color())

ax.set_thetagrids(np.degrees(angles[:-1]), labels=['消费时间', '消费频率', '消费金
    额','折扣消费比例','年收入'])
ax.legend(labels = ['类别0', '类别1', '类别2', '类别3'])
plt.tight_layout()
plt.savefig(outfile_png, dpi=1080)
```

运行代码清单 7-15 得到的结果如图 7-12 所示，需要注意每次聚类后的类别结果都有可能变动，以下客户特征分析只针对图 7-12 中的结果。

类别 0：这个类别的客户的消费时间（最近一次消费距今时间）较短、消费频率较高、消费金额较高、折扣消费比例（使用折扣消费次数占比）较低、年收入较高。这可能代表了一组高价值客户或忠实客户，他们的消费频率较高，消费金额较大，并且对折扣比例不太敏感，年收入较高。

类别 1：这个类别的客户的消费时间较长、消费频率较低、消费金额较低、折扣消费比例较高、年收入较低。这可能代表了一组比较谨慎或预算有限的消费者。他们倾向于使用折扣进行消费，消费金额相对较小，消费频率也不高。年收入较低可能是他们的消费能力的一个限制因素。消费时间较长表明这组消费者的流失风险较大。

类别 2：这个类别的客户的消费时间较长、消费频率较高、消费金额较高、折扣消费比例较低、年收入较高。这个类别与类别 0 相似，也可能代表了一组高价值客户或忠实客户。他们的消费频率相对较高，消费金额也较大，表明他们对高价值产品感兴趣，并

且他们的年收入较高，说明他们有更强的消费能力，但消费时间较长，表明这组客户可能有流失的风险。

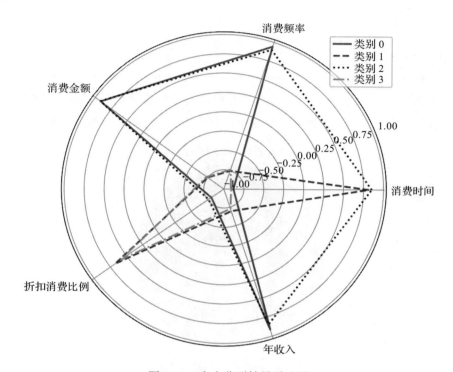

图 7-12　客户分群结果雷达图

类别 3：这个类别的客户的消费时间较短、消费频率较低、消费金额较低、折扣消费比例高、年收入较低。这个类别与类别 1 相似，但消费时间较近。这可能代表了一组潜在客户。他们的消费频率较低、消费金额较小、对折扣比例敏感、年收入较低。

（2）客户群人数

绘制饼图以分析各客户群的人数占比情况，如代码清单 7-16 所示。

代码清单 7-16　各客户群人数分布

```
data = pd.read_csv('../tmp/数据预处理.csv', encoding='UTF-8')
data.set_index(['客户ID'],inplace=True)
data = data[data['年龄']<110]
data = pd.concat([data,data_k['类别']],axis=1)
data = data.dropna()
data['类别'] = data['类别'].astype(int)
category = data['类别'].value_counts()
plt.figure(figsize=figb)
```

```
outfile_png = '../tmp/12-各客户群人数占比饼图.png'
patches, texts, autotexts = plt.pie(category.values, labels=category.index,
    autopct='%1.1f%%', startangle=90, wedgeprops={'edgecolor': 'white'})
plt.setp(autotexts, fontsize=font)
plt.setp(texts, fontsize=font)
plt.axis('equal')
plt.title('各客户群人数占比饼图',fontsize=font)
plt.show()
```

结果如图 7-13 所示。可以看到，各个客户群的客户数量相对接近，占比大致相同。这表明在这个样本中，各客户群的客户数量相对均衡，没有明显的数量优势或劣势。

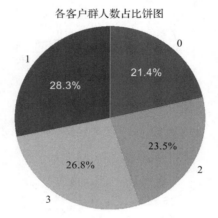

各客户群人数占比饼图

图 7-13　各客户群人数占比饼图

（3）客户群年龄

绘制箱形图以分析各客户群年龄的分布情况，如代码清单 7-17 所示。

代码清单 7-17　各客户群年龄分布

```
# 按照类别进行分组
grouped_data = [data[data['类别'] == category]['年龄'] for category in data['类
    别'].unique()]
# 创建箱形图
plt.figure(figsize=figa)
outfile_png = '../tmp/13-各客户群年龄箱形图.png'
plt.boxplot(grouped_data, labels=data['类别'].unique())
# 添加标题和标签
plt.xticks(fontsize=font)
plt.yticks(fontsize=font)
plt.title('各客户群年龄箱形图',fontsize=font)
plt.xlabel('类别',fontsize=font)
plt.ylabel('年龄',fontsize=font)
```

```
# 显示箱形图
plt.tight_layout()
plt.savefig(outfile_png, dpi=1080)
plt.show()
```

结果如图 7-14 所示。可以看到，类别 3 和类别 1 的平均年龄相对较低，而类别 2 和类别 0 的平均年龄相对较高，但差距较小，即不同客户群的平均年龄和年龄范围相似。这意味着不同类别的客户在年龄上没有明显的差异。

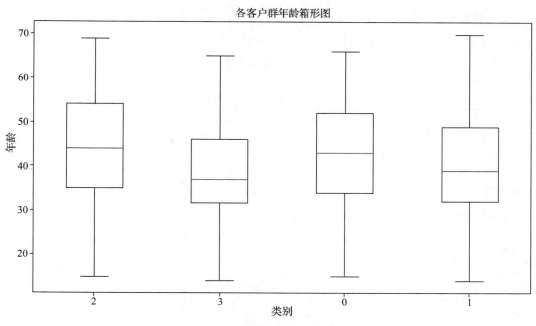

图 7-14　各客户群年龄箱形图

（4）客户群年收入

绘制箱形图以分析各客户群年收入的情况，如代码清单 7-18 所示。

代码清单 7-18　客户群年收入

```
# 年收入
# 按照类别进行分组
grouped_data = [data[data['类别'] == category]['年收入'] for category in data['类别'].
    unique()]
# 创建箱形图
plt.figure(figsize=figa)
outfile_png = '../tmp/14-各客户群年收入箱形图.png'
plt.boxplot(grouped_data, labels=data['类别'].unique())
```

```
# 添加标题和标签
plt.xticks(fontsize=font)
plt.yticks(fontsize=font)
plt.title('各客户群年收入箱形图',fontsize=font)
plt.xlabel('类别',fontsize=font)
plt.ylabel('年收入/元',fontsize=font)
# 显示箱形图
plt.tight_layout()
plt.savefig(outfile_png, dpi=1080)
plt.show()
```

代码清单7-18的运行结果如图7-15所示。可以看到不同类别的客户群体在年收入方面存在一定的差异。类别2和类别0的客户群体具有较高的平均年收入和年收入范围，而类别3和类别1的客户群体具有较低的年收入水平。

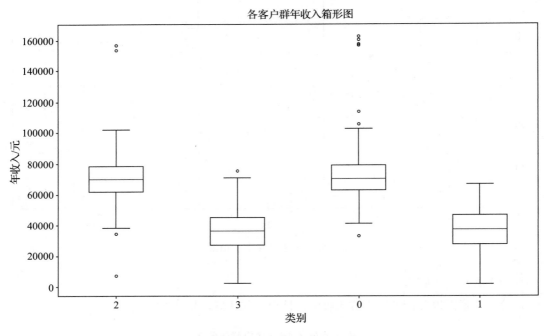

图 7-15　客户群年收入分布箱形图

7.3　上机实验

1. 实验目的

本上机实验有以下目的：

1）掌握使用 pandas 库进行数据质量评估的方法。

2）对不同客户群体的特征进行分析。

3）对 RFM 模型进行改进，并构建 k 均值聚类模型。

2. 实验内容

本上机实验的内容包含以下方面：

1）使用 pandas 库进行数据质量评估，查看数据属性、数值范围、缺失值。

2）使用 Matplotlib 绘图库进行数据可视化，绘制柱形图、饼图等。

3）使用 scikit-learn 的聚类库实现 k 均值聚类，并绘制客户画像。

3. 实验方法与步骤

本上机实验的具体方法与步骤如下：

1）对数据进行数据探索与预处理，包括数据质量评估、可视化分析、相关性分析等操作。

2）基于改进的 RFM 模型，使用 k 均值聚类算法进行客户分群，并通过肘方法确定最佳聚类数量。

3）针对模型结果进行分析，对不同价值的客户，采用不同的营销手段，提供定制化的服务。

4. 思考与实验总结

通过上机实验，我们可以对以下问题进行思考与总结：

1）指标选取的灵活性：除了 RFM 模型外，还可以考虑其他指标或模型，比如社会经济特征、行为偏好等因素，以获得更全面的客户画像和更精准的分群结果。

2）分群算法的选择：除了 k 均值聚类算法，也可以考虑其他的聚类算法，如层次聚类、密度聚类等，根据数据特点和实际情况选择最适合的算法。

3）结果解释和落地：在客户分群的结果解释和落地阶段，需要结合业务实际，将分群结果转化为实际营销策略和服务优化方案，确保最终能够带来业务价值。

7.4　拓展思考

客户分群是根据客户的相似性将他们划分为不同群体的过程。在实际应用中，除本章提到的 RFM 模型、k 均值聚类算法之外，还有多种模型可用于客户分群。

- ❑ 层次聚类：基于数据点之间的相似性逐步合并或分裂簇，形成层次结构，可帮助发现不同层次的客户群体。
- ❑ DBSCAN：一种密度聚类算法，可以发现任意形状的簇，并能够识别异常点，适用于处理噪声较多的数据集。
- ❑ GMM（高斯混合模型）：假设每个簇都由多个高斯分布（正态分布）组成，通过 EM 算法估计参数，可用于对复杂数据进行聚类。

以上是一些常见的客户分群模型，在实际应用中，可以根据数据特点、业务需求和分析目的选择最适合的模型进行客户分群分析。

7.5 小结

商超客户画像分析案例的总体流程包括以下三个关键步骤。首先，通过对选定数据的详尽探索和预处理，利用数据质量评估、可视化分析和相关性分析等方法，确保数据准确性和完整性。其次，应用 RFMPI 模型和 k 均值聚类算法进行客户分群，利用肘方法确定最佳聚类数量，揭示客户群体中的潜在模式和趋势。最后，针对不同价值客户展开分析，作为制定个性化营销策略和服务方案的依据，以提升客户满意度、增强竞争力、实现可持续发展。这一系统流程有助于企业深入了解客户需求，实现精准营销，提高客户忠诚度，进而在激烈市场竞争中脱颖而出。

第 8 章 *Chapter 8*

商品零售购物篮分析

购物篮分析是商业领域最前沿、最具挑战性的问题之一，也是许多企业重点研究的问题。购物篮分析是一种通过发现顾客在一次购买行为中放入购物篮中不同商品之间的关联，研究顾客的购买行为，从而辅助零售企业制定营销策略的数据分析方法。

本章使用 Apriori 关联规则算法实现购物篮分析，发现超市不同商品之间的关联关系，并根据商品之间的关联规则制定销售策略。

8.1 背景与挖掘目标

现代商品种类繁多，顾客往往会因此而变得疲于选择，且顾客并不会因为商品选择丰富而购买更多的商品。繁杂的选购过程往往会给顾客带来疲惫的购物体验。对于某些商品，顾客会选择同时购买，如面包与牛奶、薯片与可乐等，但是如果面包与牛奶或者薯片与可乐分布在商场的两侧，且距离十分遥远时，顾客的购买欲望就会减弱，在时间紧迫的情况下，顾客甚至会放弃购买某些计划购买的商品。相反，如果把牛奶与面包摆放在相邻的位置，既能给顾客提供便利，提升购物体验，又能提高顾客购买的概率，达到促销的目的。许多商场以打折作为主要促销手段，以较少的利润为代价获得更高的销量。虽然打折往往会使顾客增加原计划购买商品的数量，但对于原计划不打算购买且不必要的商品，打折的吸引力远远不足。而正确的商品摆放能提醒顾客购买某些必需品，甚至吸引他们购买感兴趣的商品。

因此，为了获得最大的销售利润，清楚知晓销售什么样的商品、采用什么样的促销策略、商品在货架上如何摆放以及了解顾客的购买习惯和偏好等对销售商尤其重要。通过对商场销售数据进行分析，得到顾客的购买行为特征，并根据发现的规律而采取有效的行动，制定商品摆放、商品定价、新商品采购计划，对增加销量并获取最大利润有重要意义。

请根据提供的数据实现以下目标：

1）构建零售商品的 Apriori 关联规则模型，分析商品之间的关联性。

2）根据模型结果给出销售策略。

8.2　分析方法与过程

本次数据挖掘建模的总体流程如图 8-1 所示。

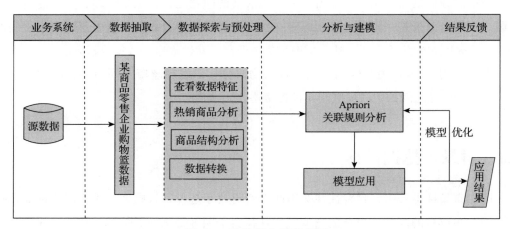

图 8-1　购物篮分析流程图

购物篮关联规则挖掘的主要步骤如下：

1）对原始数据进行数据探索性分析，分析商品的热销情况与商品结构。

2）对原始数据进行数据预处理，转换数据形式，使之符合 Apriori 关联规则算法要求。

3）在步骤 2 得到的建模数据的基础上，采用 Apriori 关联规则算法调整模型输入参数，完成商品关联性分析。

4）结合实际业务，对模型结果进行分析，根据分析结果给出销售建议，最后输出关联规则结果。

8.2.1　数据探索分析

本案例的探索分析是查看数据特征以及对商品热销情况和商品结构进行分析。

探索数据特征是了解数据的第一步。分析商品热销情况和商品结构，是为了更好地实现企业的经营目标。商品管理应坚持商品齐全和商品优选的原则，产品销售应基本满足"二八定律"，即 80% 的销售额是由 20% 的商品创造的，这些商品是企业的主要盈利商品，要作为商品管理的重中之重。商品热销情况分析和商品结构分析也是商品管理中不可或缺的一部分，其中商品结构分析能够保证商品的齐全性，热销情况分析可以助力商品优选。

某商品零售企业共收集了 9835 个购物篮数据，主要包括 3 个属性：id、Goods 和 Types。属性的具体说明如表 8-1 所示。

表 8-1　购物篮属性说明

表　　名	属性名称	属性说明
Goods Order	id	商品所属类别的编号
	Goods	具体的商品名称
Goods Types	Goods	具体的商品名称
	Types	商品类别

* 数据详见：demo/data/GoodsOrder.csv、GoodsTypes.csv。

1. 查看数据特征

探索数据的特征，查看每列属性、最大值、最小值是了解数据的第一步。查看数据特征，如代码清单 8-1 所示。

代码清单 8-1　查看数据特征

```python
import numpy as np
import pandas as pd

inputfile = '../data/GoodsOrder.csv'          # 输入的数据文件
data = pd.read_csv(inputfile,encoding='gbk')  # 读取数据
data.info()                                   # 查看数据属性

data = data['id']
```

```
description = [data.count(),data.min(), data.max()]        # 依次计算总数、最小值、最大值
description = pd.DataFrame(description, index=['Count','Min', 'Max']).T
print('描述性统计结果: \n',np.round(description))               # 输出结果
```

* 代码详见：demo/code/01-data_explore.py。

根据代码清单 8-1 可得，每列属性共有 43367 个观测值，并不存在缺失值。查看 id
属性的最大值和最小值，可知某商品零售企业共收集了 9835 个购物篮数据，其中包含
169 个不同的商品类别，售出商品总数为 43367 件。

2. 分析热销商品

商品热销情况分析是商品管理中不可或缺的一部分，热销情况分析可以助力商品优
选。计算排行前 10 的商品销量及其占比，并绘制条形图以显示销量排行前 10 的商品销
量情况，如代码清单 8-2 所示。

代码清单 8-2　分析热销商品

```
# 销量排行前10商品的销量及其占比
import pandas as pd
inputfile = '../data/GoodsOrder.csv'                       # 输入的数据文件
data = pd.read_csv(inputfile,encoding='gbk')               # 读取数据
group = data.groupby(['Goods']).count().reset_index()      # 对商品进行分类汇总
sorted=group.sort_values('id',ascending=False)
print('销量排行前10商品的销量:\n', sorted[:10])              # 排序并查看前10位热销商品


# 画条形图展示出销量排行前10商品的销量
import matplotlib.pyplot as plt
x = sorted[:10]['Goods']
y = sorted[:10]['id']
plt.figure(figsize=(8, 4))  # 设置画布大小
plt.barh(x,y)
plt.rcParams['font.sans-serif'] = 'SimHei'
plt.xlabel('销量/个')                                        # 设置x轴标题
plt.ylabel('商品类别')                                        # 设置y轴标题
plt.title('商品的销量TOP10')                                  # 设置标题
plt.savefig('../tmp/top10.png')                             # 把图片以.png格式保存
plt.show()                                                  # 展示图片


# 销量排行前10商品的销量占比
data_nums = data.shape[0]
for idnex, row in sorted[:10].iterrows():
    print(row['Goods'],row['id'],row['id']/data_nums)
```

* 代码详见：demo/code/01-data_explore.py。

根据代码清单 8-2 可得销量排行前 10 的商品销量及其占比情况，如表 8-2 和图 8-2 所示。

表 8-2　销量排行前 10 商品的销量及其占比

商品名称	销量 / 个	销量占比	商品名称	销量 / 个	销量占比
全脂牛奶	2513	5.795%	瓶装水	1087	2.507%
其他蔬菜	1903	4.388%	根茎类蔬菜	1072	2.472%
面包卷	1809	4.171%	热带水果	1032	2.380%
苏打	1715	3.955%	购物袋	969	2.234%
酸奶	1372	3.164%	香肠	924	2.131%

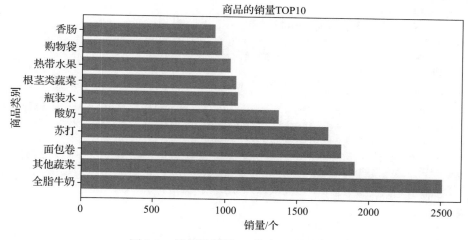

图 8-2　销量排行前 10 的商品销量情况

通过分析热销商品的结果可知，全脂牛奶的销量最高，为 2513 件，占比为 5.795%；其次是其他蔬菜、面包卷和苏打，占比分别为 4.388%、4.171%、3.955%。

3. 分析商品结构

对每一类商品的热销程度进行分析，有利于商家制定商品的摆放策略，如在货架上的位置。若某类商品较为热销，可以把此类商品摆放到商场的中心位置，以方便顾客选购；也可以放在商场深处的位置，使顾客在购买热销商品前经过非热销商品所在位置，增加在非热销商品处的停留时间，促进非热销商品的销量。

原始数据中的商品本身已经经过归类处理，但是部分商品还是存在一定的重叠，故需要再次对其进行归类处理。分析归类后的各类别商品的销量及其占比，绘制饼图来显示各类别商品的销量占比情况，如代码清单 8-3 所示。

代码清单 8-3　各类别商品的销量及其占比

```
import pandas as pd
inputfile1 = '../data/GoodsOrder.csv'
inputfile2 = '../data/GoodsTypes.csv'
data = pd.read_csv(inputfile1,encoding='gbk')
types = pd.read_csv(inputfile2,encoding='gbk')                    # 读入数据

group = data.groupby(['Goods']).count().reset_index()
sort = group.sort_values('id',ascending=False).reset_index()
data_nums = data.shape[0]                                         # 总量
del sort['index']

# 根据type合并两个datafreame
sort_links = pd.merge(sort,types)
# 根据类别求和，每个商品类别的总量，并排序
sort_link = sort_links.groupby(['Types']).sum().reset_index()
sort_link = sort_link.sort_values('id',ascending=False).reset_index()
del sort_link['index']                                            # 删除"index"列

# 求百分比，然后更换列名，最后输出到文件
sort_link['count'] = sort_link.apply(lambda line: line['id']/data_nums,axis=1)
sort_link.rename(columns={'count':'percent'}, inplace=True)
print('各类别商品的销量及其占比:\n',sort_link)
outfile1 = '../tmp/percent.csv'
sort_link.to_csv(outfile1, index=False, header=True, encoding='gbk')

# 画饼图展示每类商品的销量占比
import matplotlib.pyplot as plt
data = sort_link['percent']
labels = sort_link['Types']
plt.figure(figsize=(8, 6))                                        # 设置画布大小
plt.pie(data, labels=labels, autopct='%1.2f%%')
plt.rcParams['font.sans-serif'] = 'SimHei'
plt.title('每类商品销量占比')                                        # 设置标题
plt.savefig('../tmp/persent.png')                                 # 把图片以.png格式保存
plt.show()
```

* 代码详见：demo/code/01-data_explore.py。

　　根据代码清单 8-3 可得各类别商品的销量及其占比情况，结果如表 8-3、图 8-3 所示。

　　通过分析各类别商品的销量及其占比情况可知，饮料、西点、果蔬 3 类商品的销量差距不大，占总销量的 50% 左右，同时，由大类划分发现，和食品相关的饮料、西点、果蔬、米粮调料、肉类、食品类、零食、熟食的销量总和接近 90%，说明顾客倾向于购买此类商品，而其余商品仅是商场为满足顾客的其他需求而设定的，并非销售的主力军。

表 8-3 各类别商品的销量及其占比

商品类别	销量 / 个	销量占比	商品类别	销量 / 个	销量占比
饮料	7594	18.49%	肉类	4870	11.85%
西点	7192	17.51%	食品类	1870	4.55%
果蔬	7146	17.40%	零食	1459	3.55%
米粮调料	5185	12.62%	熟食	541	1.32%
百货	5141	12.51%			

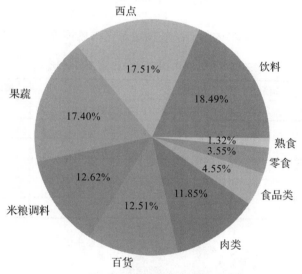

图 8-3 各类别商品的销量占比情况

进一步查看销量第一的非酒精饮料类商品的内部商品结构，并绘制饼图以显示其销量占比情况，如代码清单 8-4 所示。

代码清单 8-4 饮料内部商品的销量及其占比

```
# 先筛选"饮料"类型的商品，然后求百分比，然后输出结果到文件。
selected = sort_links.loc[sort_links['Types'] == '饮料']    # 挑选商品类别为"饮料"并排序
child_nums = selected['id'].sum()                          # 对所有的"饮料"求和
selected['child_percent'] = selected.apply(lambda line: line['id']/child_nums,
    axis = 1)                                              # 求百分比
selected.rename(columns = {'id':'count'},inplace = True)
print('饮料内部商品的销量及其占比:\n',selected)
outfile2 = '../tmp/child_percent.csv'
selected.to_csv(outfile2,index = False,header = True,encoding='gbk')    # 输出结果

# 画饼图展示饮品内部各商品的销量占比
import matplotlib.pyplot as plt
```

```
data = selected['child_percent']
labels = selected['Goods']
plt.figure(figsize = (8,6))                                          # 设置画布大小
explode = (0.02,0.03,0.04,0.05,0.06,0.07,0.08,0.08,0.3,0.1,0.3)      # 设置每一块分割出的间隙大小
plt.pie(data,explode = explode,labels = labels,autopct = '%1.2f%%', pctdistance =
    1.1,labeldistance = 1.2)
plt.rcParams['font.sans-serif'] = 'SimHei'
plt.title("饮料内部各商品的销量占比")                                  # 设置标题
plt.axis('equal')
plt.savefig('../tmp/child_persent.png')                             # 保存图形
plt.show()                                                          # 展示图形
```

* 代码详见：demo/code/01-data_explore.py。

根据代码清单 8-4 可得饮料内部商品的销量及其占比情况，如表 8-4、图 8-4 所示。

表 8-4　饮料内部商品的销量及其占比

商品类别	销量 / 个	销量占比	商品类别	销量 / 个	销量占比
全脂牛奶	2513	33.09%	其他饮料	279	3.67%
苏打	1715	22.58%	一般饮料	256	3.37%
瓶装水	1087	14.31%	速溶咖啡	73	0.97%
水果 / 蔬菜汁	711	9.36%	茶	38	0.51%
咖啡	571	7.52%	可可饮料	22	0.29%
超高温杀菌的牛奶	329	4.33%			

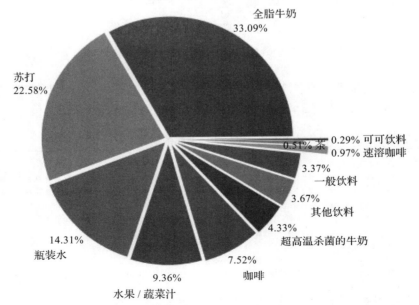

图 8-4　非酒精饮料内部商品的销量占比情况

通过分析非酒精饮料内部商品的销量及其占比情况可知，全脂牛奶的销量在非酒精饮料的总销量中的占比超过 33%，前 3 种非酒精饮料的销量在非酒精饮料的总销量中的占比接近 70%，说明大部分顾客到店购买的饮料是这 3 种，商场需要时常注意货物的库存，定期补货。

8.2.2　数据预处理

通过对数据探索分析发现数据完整，并不存在缺失值。建模之前需要转变数据的格式，然后使用 Apriori 函数进行关联分析。对数据进行转换，如代码清单 8-5 所示。

代码清单 8-5　数据转换

```python
import pandas as pd
inputfile='../data/GoodsOrder.csv'
data = pd.read_csv(inputfile,encoding='gbk')

# 根据id对"Goods"列合并，并使用", "将各商品隔开
data['Goods'] = data['Goods'].apply(lambda x:','+x)
data = data.groupby('id').sum().reset_index()

# 对合并的商品列转换数据格式
data['Goods'] = data['Goods'].apply(lambda x :[x[1:]])
data_list = list(data['Goods'])

# 分割商品名为每个元素
data_translation = []
for i in data_list:
    p = i[0].split(',')
    data_translation.append(p)
print('数据转换结果的前5个元素: \n', data_translation[0:5])
```

* 代码详见：demo/code/02-data_clean.py。

8.2.3　模型构建

本案例的目标是探索商品之间的关联关系，因此采用关联规则算法。关联规则算法主要用于寻找数据中项集之间的关联关系，揭示数据项间的未知关系。基于样本的统计规律，进行关联规则分析。根据所分析的关联关系，可通过一个属性的信息来推断另一个属性的信息。当置信度达到某一阈值时，就可以认为规则成立。Apriori 算法是常用的关联规则算法之一，也是最为经典的分析频繁项集的算法，它是第一个在大数据集上实现关联规则提取的算法。除此之外，还有 FP-Tree 算法、Eclat 算法和灰色关联算法等。本案例主要使用 Apriori 算法进行分析。

1. 商品购物篮关联规则模型构建

本次商品购物篮关联规则建模的流程如图 8-5 所示。

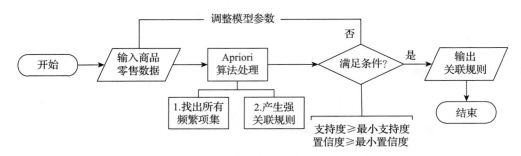

图 8-5　商品购物篮关联规则模型建模的流程

由图 8-5 可知，模型主要由输入、算法处理、输出 3 个部分组成。输入部分包括建模样本数据的输入和建模参数的输入。算法处理部分是采用 Apriori 关联规则算法进行处理。输出部分是采用 Apriori 关联规则算法进行处理后的结果。

模型具体实现步骤：首先设置建模参数最小支持度、最小置信度，输入建模样本数据；然后采用 Apriori 关联规则算法对建模的样本数据进行分析，以模型参数设置的最小支持度、最小置信度以及分析目标作为条件，如果所有的规则都不满足条件，则需要重新调整模型参数，否则输出关联规则结果。

目前，如何设置最小支持度与最小置信度并没有统一的标准，大部分都是根据业务经验设置初始值，然后经过多次调整，获取与业务相符的关联规则结果。本案例经过多次调整并结合实际业务分析，选取模型的输入参数为：最小支持度 0.02、最小置信度 0.35。构建关联规则模型的代码如代码清单 8-6 所示。

代码清单 8-6　构建关联规则模型

```python
from numpy import *

def loadDataSet():
    return [['a', 'c', 'e'], ['b', 'd'], ['b', 'c'], ['a', 'b', 'c', 'd'], ['a',
        'b'], ['b', 'c'], ['a', 'b'],
            ['a', 'b', 'c', 'e'], ['a', 'b', 'c'], ['a', 'c', 'e']]

def createC1(dataSet):
    C1 = []
    for transaction in dataSet:
        for item in transaction:
            if not [item] in C1:
```

```
                        C1.append([item])
        C1.sort()
        # 映射为frozenset，可使用其构造字典
        return list(map(frozenset, C1))

# 从候选K项集到频繁K项集（支持度计算）
def scanD(D, Ck, minSupport):
    ssCnt = {}
    for tid in D:                          # 遍历数据集
        for can in Ck:                     # 遍历候选项
            if can.issubset(tid):          # 判断候选项中是否含数据集的各项
                if not can in ssCnt:
                    ssCnt[can] = 1         # 不含设为1
                else:
                    ssCnt[can] += 1        # 有则计数加1
    numItems = float(len(D))               # 数据集大小
    retList = []                           # L1初始化
    supportData = {}                       # 记录候选项中各个数据的支持度
    for key in ssCnt:
        support = ssCnt[key] / numItems    # 计算支持度
        if support >= minSupport:
            retList.insert(0, key)         # 满足条件加入L1中
            supportData[key] = support
    return retList, supportData

def calSupport(D, Ck, min_support):
    dict_sup = {}
    for i in D:
        for j in Ck:
            if j.issubset(i):
                if not j in dict_sup:
                    dict_sup[j] = 1
                else:
                    dict_sup[j] += 1
    sumCount = float(len(D))
    supportData = {}
    relist = []
    for i in dict_sup:
        temp_sup = dict_sup[i] / sumCount
        if temp_sup >= min_support:
            relist.append(i)
            # 此处可设置返回全部的支持度数据（或者频繁项集的支持度数据）
            supportData[i] = temp_sup
    return relist, supportData

# 改进剪枝算法
def aprioriGen(Lk, k):
    retList = []
```

```
        lenLk = len(Lk)
        for i in range(lenLk):
            for j in range(i + 1, lenLk):      # 两两组合遍历
                L1 = list(Lk[i])[:k - 2]
                L2 = list(Lk[j])[:k - 2]
                L1.sort()
                L2.sort()
                if L1 == L2:                    # 前k-1项相等，则可相乘，这样可防止重复项出现
                    # 进行剪枝（a1为k项集中的一个元素，b为它的所有k-1项子集）
                    a = Lk[i] | Lk[j]           # a为frozenset()集合
                    a1 = list(a)
                    b = []
                    # 遍历取出每一个元素，转换为set，依次从a1中剔除该元素，并加入b中
                    for q in range(len(a1)):
                        t = [a1[q]]
                        tt = frozenset(set(a1) - set(t))
                        b.append(tt)
                    t = 0
                    for w in b:
                        # 当b（即所有k-1项子集）都是Lk（频繁的）的子集，则保留，否则删除
                        if w in Lk:
                            t += 1
                    if t == len(b):
                        retList.append(b[0] | b[1])
        return retList


def apriori(dataSet, minSupport=0.2):
# 前3条语句是查找单个元素中的频繁项集
    C1 = createC1(dataSet)
    D = list(map(set, dataSet))             # 使用list()转换为列表
    L1, supportData = calSupport(D, C1, minSupport)
    L = [L1]                                # 加列表框，使得1项集为一个单独元素
    k = 2
    while (len(L[k - 2]) > 0):              # 是否还有候选集
        Ck = aprioriGen(L[k - 2], k)
        Lk, supK = scanD(D, Ck, minSupport) # scan DB to get Lk
        supportData.update(supK)            # 把supk的键值对添加到supportData里
        L.append(Lk)                        # L最后一个值为空集
        k += 1
    del L[-1]                               # 删除最后一个空集
    return L, supportData                   # L为频繁项集，为一个列表，1、2、3项集分别为
                                            #   一个元素


# 生成集合的所有子集
def getSubset(fromList, toList):
    for i in range(len(fromList)):
        t = [fromList[i]]
        tt = frozenset(set(fromList) - set(t))
```

```
            if not tt in toList:
                toList.append(tt)
                tt = list(tt)
                if len(tt) > 1:
                    getSubset(tt, toList)

def calcConf(freqSet, H, supportData, ruleList, minConf=0.7):
    for conseq in H:                        # 遍历H中的所有项集并计算它们的可信度值
        conf = supportData[freqSet] / supportData[freqSet - conseq]
                                    # 可信度计算，结合支持度数据
        # 提升度lift计算lift = p(a & b) / p(a)*p(b)
        lift = supportData[freqSet] / (supportData[conseq] * supportData [freq-
            Set - conseq])

        if conf >= minConf and lift > 1:
            print(freqSet - conseq, '-->', conseq, '支持度', round(supportData
                [freqSet], 6), '置信度: ', round(conf, 6),
                 'lift值为: ', round(lift, 6))
            ruleList.append((freqSet - conseq, conseq, conf))

# 生成规则
def gen_rule(L, supportData, minConf=0.7):
    bigRuleList = []
    for i in range(1, len(L)):                  # 从2项集开始计算
        for freqSet in L[i]:                    # freqSet为所有的k项集
            # 求该3项集的所有非空子集，1项集，2项集，直到k-1项集，用H1表示，为list类型，
                里面为frozenset类型
            H1 = list(freqSet)
            all_subset = []
            getSubset(H1, all_subset)           # 生成所有的子集
            calcConf(freqSet, all_subset, supportData, bigRuleList, minConf)
    return bigRuleList

if __name__ == '__main__':
    dataSet = data_translation
    L, supportData = apriori(dataSet, minSupport=0.02)
    rule = gen_rule(L, supportData, minConf=0.35)
```

* 代码详见：demo/code/03-Apriori.py。

运行代码清单 8-6 得到的结果如下：

```
frozenset({'水果/蔬菜汁'}) --> frozenset({'全脂牛奶'}) 支持度 0.02664 置信度:
    0.368495 lift值为: 1.44216
frozenset({'人造黄油'}) --> frozenset({'全脂牛奶'}) 支持度 0.024199 置信度:
    0.413194 lift值为: 1.617098
...       ...      ...      ...
frozenset({'根茎类蔬菜', '其他蔬菜'}) --> frozenset({'全脂牛奶'}) 支持度 0.023183 置信度:
    0.48927 lift值为: 1.914833
```

2. 模型分析

根据代码清单 8-6 的运行结果，我们得出了 26 个关联规则。根据规则结果，可整理出购物篮关联规则模型结果，如表 8-5 所示。

表 8-5 购物篮关联规则模型结果

lhs		rhs	支持度	置信度	lift
{'水果/蔬菜汁'}	=>	{'全脂牛奶'}	0.02664	0.368495	1.44216
{'人造黄油'}	=>	{'全脂牛奶'}	0.024199	0.413194	1.617098
{'仁果类水果'}	=>	{'全脂牛奶'}	0.030097	0.397849	1.557043
{'牛肉'}	=>	{'全脂牛奶'}	0.021251	0.405039	1.58518
{'冷冻蔬菜'}	=>	{'全脂牛奶'}	0.020437	0.424947	1.663094
{'本地蛋类'}	=>	{'其他蔬菜'}	0.022267	0.350962	1.813824
{'黄油'}	=>	{'其他蔬菜'}	0.020031	0.361468	1.868122
{'本地蛋类'}	=>	{'全脂牛奶'}	0.029995	0.472756	1.850203
{'黑面包'}	=>	{'全脂牛奶'}	0.025216	0.388715	1.521293
{'糕点'}	=>	{'全脂牛奶'}	0.033249	0.373714	1.462587
{'酸奶油'}	=>	{'其他蔬菜'}	0.028876	0.402837	2.081924
{'猪肉'}	=>	{'其他蔬菜'}	0.021657	0.375661	1.941476
{'酸奶油'}	=>	{'全脂牛奶'}	0.032232	0.449645	1.759754
{'猪肉'}	=>	{'全脂牛奶'}	0.022166	0.38448	1.504719
{'根茎类蔬菜'}	=>	{'全脂牛奶'}	0.048907	0.448694	1.756031
{'根茎类蔬菜'}	=>	{'其他蔬菜'}	0.047382	0.434701	2.246605
{'凝乳'}	=>	{'全脂牛奶'}	0.026131	0.490458	1.919481
{'热带水果'}	=>	{'全脂牛奶'}	0.042298	0.403101	1.577595
{'柑橘类水果'}	=>	{'全脂牛奶'}	0.030503	0.36855	1.442377
{'黄油'}	=>	{'全脂牛奶'}	0.027555	0.497248	1.946053
{'酸奶'}	=>	{'全脂牛奶'}	0.056024	0.401603	1.571735
{'其他蔬菜'}	=>	{'全脂牛奶'}	0.074835	0.386758	1.513634
{'其他蔬菜','酸奶'}	=>	{'全脂牛奶'}	0.022267	0.512881	2.007235
{'全脂牛奶','酸奶'}	=>	{'其他蔬菜'}	0.022267	0.397459	2.054131
{'根茎类蔬菜','全脂牛奶'}	=>	{'其他蔬菜'}	0.023183	0.474012	2.44977
{'根茎类蔬菜','其他蔬菜'}	=>	{'全脂牛奶'}	0.023183	0.48927	1.914833

根据表 8-5 中的输出结果，对其中 4 条进行解释分析如下：

1）{'其他蔬菜','酸奶'}=>{'全脂牛奶'} 支持度约为 2.23%，置信度约为 51.29%。说明同时购买酸奶、其他蔬菜和全脂牛奶这 3 种商品的概率达 51.29%，而这种情况发生的可能性约为 2.23%。

2）{' 其他蔬菜 '}=>{' 全脂牛奶 '} 支持度最大约为 7.48%，置信度约为 38.68%。说明同时购买其他蔬菜和全脂牛奶这 2 种商品的概率达 38.68%，而这种情况发生的可能性约为 7.48%。

3）{' 根茎类蔬菜 '}=>{' 全脂牛奶 '} 支持度约为 4.89%，置信度约为 44.87%。说明同时购买根茎类蔬菜和全脂牛奶这 2 种商品的概率达 44.87%，而这种情况发生的可能性约为 4.89%。

4）{' 根茎类蔬菜 '}=>{' 其他蔬菜 '} 支持度约为 4.74%，置信度约为 43.47%。说明同时购买根茎类蔬菜和其他蔬菜这 2 种商品的概率达 43.47%，而这种情况发生的可能性约为 4.74%。

综合表 8-5 以及输出结果分析，顾客购买酸奶和其他蔬菜的时候会同时购买全脂牛奶，其置信度最大达到 51.29%。也就是说，顾客同时购买其他蔬菜、根茎类蔬菜和全脂牛奶的概率较高。

对于模型结果，从购物者角度进行分析：现代生活中，大多数购物者购买的商品大部分是食品，随着生活质量的提高和健康意识的增加，其他蔬菜、根茎类蔬菜和全脂牛奶均为现代家庭每日饮食的所需品。因此，同时购买其他蔬菜、根茎类蔬菜和全脂牛奶的概率较高，符合人们的现代生活健康意识。

3. 模型应用

以上模型结果表明：顾客购买其他商品的时候会同时购买全脂牛奶。因此，商场应该根据实际情况将全脂牛奶放在顾客购买商品的必经之路上，或者放在商场显眼的位置，以方便顾客拿取。顾客同时购买其他蔬菜、根茎类蔬菜、酸奶油、猪肉、黄油、本地蛋类和多种水果的概率较高，因此商场可以考虑捆绑销售，或者适当调整商场布置，尽量拉近这些商品的距离，从而提升顾客的购物体验。

8.3 上机实验

1. 实验目的

本上机实验有以下两个目的：

1）利用 pandas 快速实现数据的预处理分析，并实现关联算法的过程。

2）了解 Apriori 关联规则算法在购物篮分析实例中的应用。

2. 实验内容

本上机实验的内容包含以下两个方面：

1）利用 pandas 将数据转换成适合实现 Apriori 关联规则算法的数据格式。

2）对商品零售购物篮进行购物篮关联规则分析，并将规则进行保存。

3. 实验方法与步骤

本上机实验的具体方法与步骤如下：

1）导入 pandas，使用 read_excel() 函数将 GoodsOrder.csv 数据读入 Python 中。

2）利用 pandas 根据每位顾客的 id 合并数据，并把这些数据转换成矩阵，以便规则的寻找与记录。

3）使用 Apriori 关联规则算法，输入算法的最小支持度与最小置信度，以此获得购物篮的关联规则，并将规则进行保存。

4. 思考与实验总结

通过上机实验，我们可以对以下问题进行思考与总结：

1）Python 的流行库中没有自带的关联规则函数，本书按照自己的思路编写了关联规则程序，该程序可以高效实现相关关联规则分析。

2）Apriori 算法的关键两步为找频繁项集和根据置信度筛选规则，只有明白这两步才能更清晰地编写相应程序，读者可按照自己的思路编写与优化关联规则程序。

8.4 拓展思考

利用本章案例中的数据，使用 FP-Tree 算法、Eclat 算法和灰色关联算法等来探索商品之间的关联关系，从而建立商品零售购物篮关联规则模型，然后得出商品关联规则的结果，并结合实际，根据关联规则调整销售策略，进而提升商品销量。

8.5 小结

本案例主要结合商品零售购物篮的项目，重点介绍了关联规则算法中的 Apriori 算法在商品零售购物篮分析案例中的应用。在应用的过程中详细地分析了商品零售的现状与问题，同时给出了某商场的商品零售数据，分析了商品的热销程度，最后通过 Apriori 算法构建相应模型，并根据模型结果制定销售策略。

第 9 章 *Chapter 9*

基于水色图像的水质评价

随着工业技术的日益提升，人类的生活变得越来越便利。但与此同时，环境污染问题也日趋严重，大气、土壤、水质污染是各个国家不得不面对的问题。污染需要治理，因此对于污染物的评价与监测十分重要。水产养殖业是我国国民经济的一个重要组成部分，在水产养殖的过程中，选择没有污染的水域进行养殖十分重要。

本章使用拍摄的池塘水样图片数据，结合图像切割和特征提取技术，使用决策树算法，对图样的水质进行预测，以辅助生产人员对水质状况进行判断。

9.1　背景与挖掘目标

有经验的渔业生产从业者可通过观察水色变化调控水质，以维持由浮游植物、微生物、浮游动物等构成的养殖水体生态系统的动态平衡。大多数情况下，他们是根据经验或通过肉眼观察进行判断的，使得观察结果存在因主观性引起的观察性偏倚，可比性、可重复性较低，不易推广应用。当前，数字图像处理技术为计算机监控技术在水产养殖业的应用提供了更大的空间。在水质在线监测方面，数字图像处理技术是基于计算机视觉，以专家经验为基础，对池塘水色进行优劣分级，以实现对池塘水色的准确快速判别。

结合某地区的多个罗非鱼池塘水样的数据，实现以下目标：

1）对水样图片进行切割，提取水样图片中的特征。

2）基于提取的特征数据，构建水质评价模型。

3）对构建的模型进行评价，评价模型对于水色的识别效率。

9.2 分析方法与过程

我们通过拍摄水样采集得到水样图像，但图像数据的维度过大，不便于分析，因此需要从中提取水样图像的特征，即反映图像本质的一些关键指标，以达到自动进行图像识别和分类的目的。显然，图像特征提取是图像识别和分类的关键步骤，图像特征的提取效果将直接影响到图像识别和分类的好坏。

图像特征主要包括颜色特征、纹理特征、形状特征、空间关系特征等。与几何特征相比，颜色特征更为稳健，对于物体的大小和方向均不敏感，表现出较强的鲁棒性。本案例中，由于水样图像是均匀的，故主要关注颜色特征即可。颜色特征是一种全局特征，它描述了图像或图像区域所对应的景物的表面性质。一般颜色特征是基于像素点的特征，所有属于图像或图像区域的像素都有各自的贡献。在利用图像的颜色信息进行图像处理、识别、分类时，主要采用颜色直方图法和颜色矩⊖方法等。

颜色直方图法是最基本的颜色特征表示方法，反映的是图像中颜色的组成分布，即出现了哪些颜色以及各种颜色出现的概率。它的优点在于能简单描述一幅图像中颜色的全局分布，即不同色彩在整幅图像中所占的比例，特别适用于描述那些难以自动分割的图像和不需要考虑物体空间位置的图像；缺点在于无法描述图像中颜色的局部分布及每种色彩所处的空间位置，即无法描述图像中某一具体的对象或物体。

基于颜色矩提取图像特征的方法的数学基础在于图像中任何的颜色分布均可以用它的矩来表示。根据概率论理论，随机变量的概率分布可以由其各阶矩唯一地表示和描述。一幅图像的色彩分布也可认为是一种概率分布，所以图像可以由其各阶矩来描述。颜色矩包含各个颜色通道的一阶距、二阶矩和三阶矩，对于一幅 RGB 图像，它具有 R、G 和 B 3 个颜色通道，则有 9 个分量。

颜色直方图产生的特征维数一般大于颜色矩的特征维数，为了避免过多变量影响后续的分类效果，在本案例中选择采用颜色矩来提取水样图像的特征，即建立水样图像与反映该图像特征的数据信息关系，同时由有经验的专家对水样图像进行分类，建立水样

⊖ Stricker M A, Orengo M. Similarity of color images[C]//IS&T/SPIE's Symposium on Electronic Imaging: Science & Technology. International Society for Optics and Photonics, 1995: 381-392.

数据信息与水质类别的专家样本库，进而构建分类模型，得到水样图像与水质类别的映射关系，并不断调整系数优化模型，最后再利用训练好的分类模型，帮助用户方便地通过水样图像，自动判别出该水样的水质类别。

9.2.1 分析流程

基于水色图像特征提取的水质评价流程如图 9-1 所示。

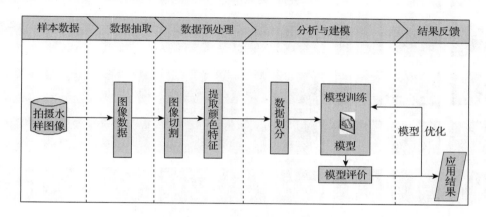

图 9-1 基于水色图像特征提取的水质评价流程

主要步骤如下：

1）从采集到的原始水样图像中进行选择性抽取形成建模数据。

2）对步骤 1 形成的数据集进行数据预处理，包括图像切割和颜色矩特征提取。

3）将步骤 2 形成的已完成数据预处理的建模数据划分为训练集与测试集。

4）利用步骤 3 的训练集构建分类模型。

5）利用步骤 4 构建好的分类模型进行水质评价。

9.2.2 数据预处理

附件在"demo/data/images/"目录下给出了某地区的多个罗非鱼池塘水样的数据，包含水产专家按水色判断水质分类的数据以及用数码相机按照标准进行水色采集的数据（如表 9-1、图 9-2 所示），每个水质图片命名规则为"类别–编号.jpg"，如"1_1.jpg"说明当前图片属于第 1 类的样本。

表 9-1　水色分类

水色	浅绿色 （清水或浊水）	灰蓝色	黄褐色	茶褐色 （姜黄、茶褐、 红褐、褐中带绿等）	绿色 （黄绿、油绿、蓝绿、 墨绿、绿中带褐等）
水质类别	1	2	3	4	5

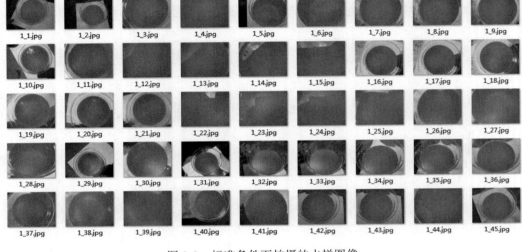

图 9-2　标准条件下拍摄的水样图像

* 数据详见：demo/data/images/。

1. 图像切割

一般情况下，采集到的水样图像包含盛水容器，且容器的颜色与水体颜色差异较大，同时水体位于图像中央，所以为了提取水色特征，需要提取水样图像中央部分具有代表意义的图像。具体实施方式是提取水样图像中央 101×101 像素的图像。设原始图像 I 的大小是 $M \times N$，则截取宽从第 $\mathrm{fix}\left(\dfrac{M}{2}\right) - 50$ 个像素点到第 $\mathrm{fix}\left(\dfrac{M}{2}\right) + 50$ 个像素点，长从第 $\mathrm{fix}\left(\dfrac{N}{2}\right) - 50$ 个像素点到第 $\mathrm{fix}\left(\dfrac{N}{2}\right) + 50$ 个像素点的子图像。

使用 Python 编程软件进行编程，即可把图 9-3 左边的切割前的水样图像切割并保存为右边的切割后的水样图像。

2. 特征提取

在本案例中，选择采用颜色矩来提取水样图像的特征，下面给出各阶颜色矩的计算公式。

图 9-3　切割前水样图像（左）和切割后水样图像（右）

（1）一阶颜色矩

一阶颜色矩采用一阶原点矩，反映了图像的整体明暗程度，如式（9-1）所示。

$$E_i = \frac{1}{N}\sum_{j=1}^{N} p_{ij} \tag{9-1}$$

式（9-1）中，E_i 是在第 i 个颜色通道的一阶颜色矩，对于 RGB 图像，$i = 1, 2, 3$，p_{ij} 是第 j 个像素的第 i 个颜色通道的颜色值。

（2）二阶颜色矩

二阶颜色矩采用的是二阶中心距的平方根，反映了图像颜色的分布范围，如式（9-2）所示。

$$s_i = \sqrt{\frac{1}{N}\sum_{j=1}^{N}(p_{ij} - E_i)^2} \tag{9-2}$$

式（9-2）中，s_i 是在第 i 个颜色通道的二阶颜色矩，E_i 是在第 i 个颜色通道的一阶颜色矩。

（3）三阶颜色矩

三阶颜色矩采用的是三阶中心距的立方根，反映了图像颜色分布的对称性，如式（9-3）所示。

$$s_i = \sqrt[3]{\frac{1}{N}\sum_{j=1}^{N}(p_{ij} - E_i)^3} \tag{9-3}$$

式（9-3）中，s_i 是在第 i 个颜色通道的三阶颜色矩，E_i 是在第 i 个颜色通道的一阶颜色矩。

提取切割后的图像的颜色矩，作为图像的颜色特征。提取时，需要提取每个文件名中的类别和序号，同时针对所有的图片进行同样的操作。由于提取的特征的取值范围差别较大，如果直接输入模型，可能会导致模型精确度下降，因此，在建模之前需要将数据进行标准化，如代码清单 9-1 所示。

代码清单 9-1　图像切割和特征提取

```
import numpy as np
import os,re
from PIL import Image

# 图像切割及特征提取
path = '../data/images/'                                  # 图片所在路径
# 自定义获取图片名称函数
def getImgNames(path=path):
    '''
    获取指定路径中所有图片的名称
    :param path: 指定的路径
    :return: 名称列表
    '''
    filenames = os.listdir(path)
    imgNames = []
    for i in filenames:
        if re.findall('^\d_\d+\.jpg$', i) != []:
            imgNames.append(i)
    return imgNames

# 自定义获取三阶颜色矩函数
def Var(data=None):
    '''
    获取给定像素值矩阵的三阶颜色矩
    :param data: 给定的像素值矩阵
    :return: 对应的三阶颜色矩
    '''
    x = np.mean((data-data.mean())**3)
    return np.sign(x)*abs(x)**(1/3)

# 批量处理图片数据
imgNames = getImgNames(path=path)                         # 获取所有图片名称
n = len(imgNames)                                         # 图片张数
data = np.zeros([n, 9])                                   # 用来装样本自变量
labels = np.zeros([n])                                    # 用来放样本标签

for i in range(n):
    img = Image.open(path+imgNames[i])                   # 读取图片
    M,N = img.size                                        # 图片像素的尺寸
    img = img.crop((M/2-50,N/2-50,M/2+50,N/2+50))         # 图片切割
    r,g,b = img.split()                                   # 将图片分割成三通道
    rd = np.asarray(r)/255                                # 转化成数组数据
```

```
gd = np.asarray(g)/255
bd = np.asarray(b)/255

data[i,0] = rd.mean()              # 一阶颜色矩
data[i,1] = gd.mean()
data[i,2] = bd.mean()

data[i,3] = rd.std()               # 二阶颜色矩
data[i,4] = gd.std()
data[i,5] = bd.std()

data[i,6] = Var(rd)                # 三阶颜色矩
data[i,7] = Var(gd)
data[i,8] = Var(bd)

labels[i] = imgNames[i][0]         # 样本标签
```

*代码详见：demo/code/waterquality.py。

9.2.3 模型构建

本案例采用决策树作为水质评价分类模型。模型的输入包括两部分：一部分是训练样本的输入，另一部分是建模参数的输入。各参数说明如表 9-2 所示。

表 9-2 预测模型的参数

序号	参 数 名 称	参 数 描 述
1	R 通道一阶矩	水样图像在 R 颜色通道的一阶矩
2	G 通道一阶矩	水样图像在 G 颜色通道的一阶矩
3	B 通道一阶矩	水样图像在 B 颜色通道的一阶矩
4	R 通道二阶矩	水样图像在 R 颜色通道的二阶矩
5	G 通道二阶矩	水样图像在 G 颜色通道的二阶矩
6	B 通道二阶矩	水样图像在 B 颜色通道的二阶矩
7	R 通道三阶矩	水样图像在 R 颜色通道的三阶矩
8	G 通道三阶矩	水样图像在 G 颜色通道的三阶矩
9	B 通道三阶矩	水样图像在 B 颜色通道的三阶矩
10	水质类别	不同类别能表征水中浮游植物的种类和多少（取整数）

其中 1～9 均为输入的特征，对标准化后的样本进行抽样，抽取 80% 作为训练样本，剩下的 20% 作为测试样本，用于水质评价检验。使用决策树算法进行数据划分及模型构建，如代码清单 9-2 所示。

代码清单 9-2　数据划分及模型构建

```
from sklearn.model_selection import train_test_split
# 数据拆分，训练集、测试集
data_tr,data_te,label_tr,label_te = train_test_split(data,labels,test_size=0.2,
    random_state=10)

from sklearn.tree import DecisionTreeClassifier
# 模型训练
model = DecisionTreeClassifier(random_state=5).fit(data_tr, label_tr)
```

* 代码详见：demo/code/waterquality.py。

9.2.4　水质评价

取所有测试样本为输入样本，代入已构建好的决策树模型，得到输出结果，即预测的水质类型，如代码清单 9-3 所示。

代码清单 9-3　水质评价

```
# 水质评价
from sklearn.metrics import confusion_matrix
pre_te = model.predict(data_te)
# 混淆矩阵
cm_te = confusion_matrix(label_te,pre_te)
print(cm_te)
from sklearn.metrics import accuracy_score
# 准确率
print(accuracy_score(label_te,pre_te))
```

* 代码详见：demo/code/waterquality.py。

通过代码清单 9-3 得到水质评价的混淆矩阵，见表 9-3，分类准确率为 70.73%，说明水质评价模型对于新增的水色图像的分类效果较好，可将模型应用到水质自动评价系统，实现水质评价功能。注意，由于用随机函数来打乱数据，因此重复试验所得到的结果可能有所不同。

表 9-3　水质评价的混淆矩阵

实际值	预测值			
	1	2	3	4
1	5	1	5	0
2	3	8	0	0
3	2	0	12	0
4	0	1	0	4

9.3　上机实验

1. 实验目的

本上机实验的目的是加深对决策树原理的理解及使用。

2. 实验内容

本上机实验的内容是：实验数据是截取后的图像的颜色矩特征，包括一阶矩、二阶矩、三阶矩，同时由于图像具有 R、G 和 B 3 个颜色通道，因此颜色矩特征具有 9 个分量。结合水质类别和颜色矩特征构成专家样本数据，以水质类别作为目标输出，构建决策树模型，并利用混淆矩阵评价模型优劣。

注意：数据中的 80% 作为训练样本，剩下的 20% 作为测试样本。

3. 实验方法与步骤

本上机实验的具体方法与步骤如下：

1）把经过预处理的专家样本数据 test/data/moment.csv 使用 pandas 中的 read_csv 函数读入当前工作空间。

2）把工作空间的建模数据随机分为两部分：一部分用于训练，一部分用于测试。

3）使用 scikit-learn 的 DecisionTreeClassifier 函数以及训练数据构建决策树模型，使用 predict 函数和构建的决策树模型分别对训练数据进行分类，使用 scikit-learn 的子库 Metrics 的 confusion_matrix 函数求出混淆矩阵，如果仅仅是想知道准确率，可以用 Metrics 的 accuracy_score 函数返回。

4）使用 predict 函数和步骤 3 构建好的决策树模型分别对测试数据进行分类，参考步骤 3 得到模型分类正确率和混淆矩阵。

4. 思考与实验总结

通过上机实验，我们可以对以下问题进行思考与总结：

1）在 Python 环境下还有哪些方法可以处理图像数据？

2）决策树模型的参数有哪些？如何针对数据特征进行参数择优选择？

9.4　拓展思考

我国环境质量评价工作是在 20 世纪 70 年代后才逐步发展起来的。发展至今，在评价指标体系及评价理论探索等方面均有较大进展。但目前在我国环境评价的实际工作中，采用的方法通常是一些比较传统的评价方法，往往是从单个污染因子的角度对其进行简单评价。然而对某区域的环境质量（如水质、大气质量等）的综合评价一般涉及较多的评价因素，且各因素与区域环境整体质量关系复杂，因而采用单项污染指数评价法无法客观准确地反映各污染因子之间相互作用对环境质量的影响。

基于上述原因，要客观评价一个区域的环境质量状况，需要综合考虑各种因素之间以及影响因素与环境质量之间错综复杂的关系，采用传统的方法存在着一定的局限性和不合理性。因此，从学术研究的角度对环境评价的技术方法及其理论进行探讨，寻求更全面、客观、准确反映环境质量的新的理论方法具有重要的现实意义。

有人根据空气中 SO_2、NO、NO_2、NO_x、$PM10$ 和 $PM2.5$ 的含量，建立分类预测模型，以实现对空气质量的评价。在某地实际监测的部分，原始样本数据经预处理后如表 9-4 所示（完整数据见：/ 拓展思考 /environment_data.xls）。请采用支持向量机进行模型构建，并评价模型效果。

表 9-4　建模样本数据

SO_2	NO	NO_2	NO_x	$PM10$	$PM2.5$	空气等级
0.031	0	0.046	0.047	0.085	0.058	I
0.022	0	0.053	0.053	0.07	0.048	II
0.017	0	0.029	0.029	0.057	0.04	I
0.026	0	0.026	0.026	0.049	0.034	I
0.018	0	0.027	0.027	0.051	0.035	I
0.019	0	0.052	0.053	0.06	0.04	II
0.022	0	0.059	0.06	0.064	0.042	II
0.023	0.01	0.085	0.099	0.07	0.044	II
0.022	0.012	0.066	0.084	0.073	0.042	II
0.017	0.007	0.037	0.048	0.069	0.04	I

* 数据详见：拓展思考 /environment_data.xls。

9.5　小结

本案例结合基于水色图像进行水质评价的案例，重点介绍了图像处理算法中的颜色矩提取和数据挖掘算法中决策树算法在实际案例中的应用。利用水色图像的颜色矩特征，采用决策树算法进行水质评价，并详细地描述了数据挖掘的整个过程，也对其相应的算法提供了 Python 语言上机实验。

第 10 章 *Chapter 10*

家用热水器用户行为
分析与事件识别

　　居民在使用家用热水器的过程中，会因为地区气候、不同区域和用户年龄性别差异等原因形成不同的使用习惯。家电企业若能深入了解其产品的不同用户群的使用习惯，开发符合客户需求和使用习惯的功能，就能开拓新市场。

　　本章将依据 BP 神经网络算法构建洗浴事件识别模型，进而对不同地区的用户的洗浴事件进行识别，然后根据识别结果比较不同用户群的用户使用习惯，以加深对用户需求的理解等。从而厂商便可以对不同的用户群提供最适合的个性化产品，改进新产品的智能化研发并制定相应的营销策略。

10.1　背景与挖掘目标

　　自 1988 年中国第一台真正意义上的热水器诞生至今，热水器行业经历了翻天覆地的变化。随着入场企业的增多，热水器行业竞争愈发激烈，如何在众多的企业中脱颖而出，成为热水器企业发展的重中之重。从用户的角度出发，分析用户的使用行为，改善热水器的产品功能，是企业在竞争中脱颖而出的重要方法之一。

　　随着我国国内大家电品牌的进入和国外品牌的涌入，电热水器相关技术在过去 20 年间得到了快速发展，屡创新高。从首次提出封闭式电热水器的概念到水电分离技术的研发，再到漏电保护技术的应用及出水断电技术和防电墙技术专利的申请，如今高效能技术颠覆了业内对电热水器"高能耗"的认知。然而，当下的热水器行业并非一片"太平盛世"，市场份额逐步向龙头企业集中，尤其是那些在资金、渠道和品牌影响力等方面拥有实力的综合家电品类巨头。要想在该行业立足，只能走产品差异化路线，提升技术实力和产品质量，在功能卖点、外观等方面做出自身的特色。

国内某热水器生产厂商新研发的一种高端智能热水器，在状态发生改变或者有水流状态时，会采集各监控指标数据。本案例基于热水器采集的时间序列数据，根据水流量和停顿时间间隔，将顺序排列的离散的用水时间节点划分为不同大小的时间区间，每个区间都可理解为一次完整用水事件，并以热水器一次完整用水事件作为一个基本事件，将时间序列数据划分为独立的用水事件，并识别出其中属于洗浴的事件。基于以上工作，该厂商可从热水器智能操作和节能运行等方面对产品进行优化。

在热水器用户行为分析过程中，用水事件识别是最为关键的环节。根据该热水器生产厂商提供的数据，热水器用户用水事件划分与识别案例的整体目标如下：

1）根据热水器采集到的数据，划分一次完整用水事件。

2）在划分好的一次完整用水事件中，识别出洗浴事件。

10.2　分析方法与过程

热水器用户用水事件划分与识别案例的总体流程如图 10-1 所示。

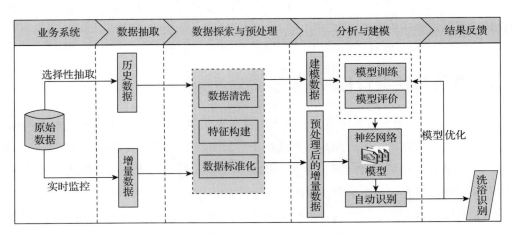

图 10-1　热水器用户用水事件划分与识别案例的总体流程

热水器用户用水事件划分与识别案例主要包括以下 5 个步骤：

1）对热水器用户的历史用水数据进行选择性抽取，构建专家样本。

2）对步骤 1 形成的数据集进行数据探索与预处理，包括探索水流量的分布情况，删除冗余属性，识别用水数据的缺失值，并对缺失值进行处理，然后根据建模的需要进行属性构造等。最后根据以上处理，对热水器用户用水样本数据建立用水事件时间间隔识别模型和划分一次完整用水事件模型，接着在一次完整用水事件划分结果的基础上，剔除短暂用水事件、缩小识别范围等。

3）在步骤 2 得到的建模样本数据的基础上，建立洗浴事件识别模型，对洗浴事件识别模型进行模型分析评价。

4）应用步骤 3 形成的模型结果，对洗浴事件划分进行优化。

5）调用洗浴事件识别模型，对实时监控的热水器流水数据进行洗浴事件自动识别。

10.2.1　数据探索分析

在使用过程中，热水器的状态会经常发生改变，如开机和关机、由加热转到保温、由无水流到有水流、水温由 50℃变为 49℃等。而智能热水器在状态发生改变或水流量非零时，每两秒就会采集一条状态数据。由于数据的采集频率较高，并且数据来自大量用户，因此数据总量非常大。本案例对原始数据采用无放回随机抽样法，抽取 200 位热水器用户自 2023 年 1 月 1 日至 2023 年 12 月 31 日的用水记录作为原始建模数据。由于热水器用户不仅使用热水器来洗浴，还有洗手、洗脸、刷牙、洗菜、做饭等用水行为，因此热水器采集到的数据来自各种不同的用水事件。

热水器采集的用水数据包含 12 个属性：热水器编码、发生时间、开关机状态、加热中、保温中、有无水流、实际温度、热水量、水流量、节能模式、加热剩余时间和当前设置温度等。属性说明如表 10-1 所示。

表 10-1　热水器数据属性说明

属性名称	说　明	属性名称	说　明
热水器编码	热水器出厂编号	实际温度	热水器中热水的实际温度
发生时间	记录热水器处于某状态的时刻	热水量	热水器热水的含量
开关机状态	热水器是否开机	水流量	热水器热水的水流速度，单位为 L/min
加热中	热水器处于对水进行加热的状态	节能模式	热水器的一种节能工作模式
保温中	热水器处于对水进行保温的状态	加热剩余时间	加热到设定温度还需多长时间
有无水流	热水水流量≥10L/min 为有水，否则为无	当前设置温度	热水器加热时热水能够达到的最大温度

探索分析热水器的水流量状况，其中"有无水流"和"水流量"属性最能直观体现热水器的水流量情况，对这两个属性进行探索分析，如代码清单 10-1 所示。

代码清单 10-1　探索分析热水器的水流量状况

```python
import pandas as pd
import matplotlib.pyplot as plt

inputfile = '../data/original_data.xls'              # 输入的数据文件
data = pd.read_excel(inputfile)                      # 读取数据

# 查看有无水流的分布
# 数据提取
lv_non = pd.value_counts(data['有无水流'])['无']
lv_move = pd.value_counts(data['有无水流'])['有']
# 绘制柱形图

fig = plt.figure(figsize=(6, 5))                     # 设置画布大小
plt.rcParams['font.sans-serif'] = 'SimHei'           # 设置中文显示
plt.rcParams['axes.unicode_minus'] = False
plt.bar(['无', '有'], height=[lv_non, lv_move], width=0.4, alpha=0.8,
        color='skyblue')
plt.xlabel('水流状态')
plt.ylabel('记录数')
plt.title('不同水流状态记录数')
plt.show()
plt.close()

# 查看水流量分布
water = data['水流量']
# 绘制水流量分布箱形图
fig = plt.figure(figsize = (5 ,8))
plt.boxplot(water,
            patch_artist=True,
            labels = ['水流量'],                     # 设置x轴标题
            boxprops = {'facecolor':'lightblue'})    # 设置填充颜色
plt.title('水流量分布箱形图')
# 显示y坐标轴的底线
plt.grid(axis='y')
plt.show()
```

* 代码详见：demo/code/01-data_explore.py。

通过代码清单 10-1 得到不同水流状态的记录柱形图，如图 10-2 所示，无水流状态的记录明显比有水流状态的记录要多。

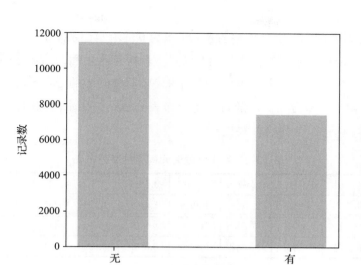

图 10-2　不同水流状态的记录柱形图

通过代码清单 10-1 得到水流量分布箱形图，如图 10-3 所示，箱体贴近 0，说明无水流量的记录较多，水流量的分布与水流状态的分布一致。

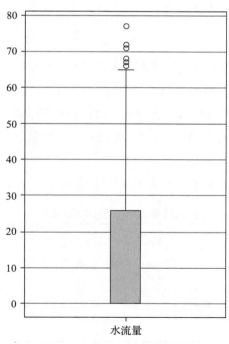

图 10-3　水流量分布箱形图

"用水停顿时间间隔"定义为一条水流量不为 0 的流水记录同下一条水流量不为 0 的流水记录之间的时间间隔。根据现场实验统计，两次用水过程的用水停顿间隔时长一般不大于 4 分钟。为了探究热水器用户真实用水停顿时间间隔的分布情况，统计用水停顿的时间间隔并做出频率分布表。通过频率分布表分析用户用水停顿时间间隔的规律性，如表 10-2 所示。

表 10-2　用水停顿时间间隔频率分布表　　　（单位：分钟）

间隔时长	0～0.1	0.1～0.2	0.2～0.3	0.3～0.5	0.5～1	1～2	2～3	3～4	4～5
停顿频率	78.71%	9.55%	2.52%	1.49%	1.46%	1.29%	0.74%	0.48%	0.26%
间隔时长	5～6	6～7	7～8	8～9	9～10	10～11	11～12	12～13	13 以上
停顿频率	0.27%	0.19%	0.17%	0.12%	0.09%	0.09%	0.10%	0.11%	2.36%

通过分析表 10-2 可知，停顿时间间隔为 0～0.3 分钟的频率很高，根据日常用水经验可以判断其为一次用水时间中的停顿；停顿时间间隔为 6～13 分钟的频率较低，分析其为两次用水事件之间的停顿。根据现场实验统计用水停顿的时间间隔可知，两次用水事件的停顿时间间隔分布在 3～7 分钟。

10.2.2　数据预处理

1. 属性归约

由于热水器采集的用水数据属性较多，本案例做以下处理。

因为分析的主要对象为热水器用户，分析的主要目标为热水器用户洗浴行为的一般规律，所以"热水器编号"属性可以去除；因为在热水器采集的数据中，"有无水流"属性可以通过"水流量"属性反映出来，"节能模式"属性取值相同且均为"关"，对分析无作用，所以可以去除。

删除冗余属性"热水器编号""有无水流""节能模式"，如代码清单 10-2 所示。

代码清单 10-2　删除冗余属性

```python
import pandas as pd
import numpy as np
data = pd.read_excel('../data/original_data.xls')
print('初始状态的数据形状为: ', data.shape)
# 删除热水器编号、有无水流、节能模式属性
data.drop(labels=["热水器编号","有无水流","节能模式"], axis=1, inplace=True)
print('删除冗余属性后的数据形状为: ', data.shape)
data.to_csv('../tmp/water_heart.csv', index=False)
```

* 代码详见：demo/code/02-data_preprocessed.py。

删除冗余属性后部分数据列表如表 10-3 所示。

表 10-3　删除冗余属性后部分数据列表

发生时间	开关机状态	加热中	保温中	实际温度	热水量	水流量 /（升 / 分钟）	加热剩余时间	当前设置温度
20231019161042	开	开	关	48°C	25%	0	1 分钟	50°C
20231019161106	开	开	关	49°C	25%	0	1 分钟	50°C
20231019161147	开	开	关	49°C	25%	0	0 分钟	50°C
20231019161149	开	关	开	50°C	100%	0	0 分钟	50°C
20231019172319	开	关	开	50°C	50%	0	0 分钟	50°C
20231019172321	关	关	关	50°C	50%	62	0 分钟	50°C
20231019172323	关	关	关	50°C	50%	63	0 分钟	50°C

2. 划分用水事件

因为热水器用户的用水数据存储在数据库中，记录了各种各样的用水事件，包括洗浴、洗手、刷牙、洗脸、洗衣、洗菜等，而且一次用水事件由数条甚至数千条的状态记录组成。所以本案例首先需要在大量的状态记录中划分出哪些连续的数据是一次完整的用水事件。

在用水状态记录中，当水流量不为 0 时，表明热水器用户正在使用热水；当水流量为 0 时，则表明热水器用户用热水时发生停顿或者用热水结束。对于任何一条用水记录，如果它的向前时差超过阈值 T，则将它记为事件的开始编号；如果它的向后时差超过阈值 T，则将其记为事件的结束编号。模型构建符号说明表如表 10-4 所示。

表 10-4　一次完整用水事件模型构建符号说明表

符　　号	释　　义
t1	所有水流量不为 0 的用水行为的发生时间
T	时间间隔阈值

一次完整用水事件的划分步骤如下：

1）读取数据记录，识别所有水流量不为 0 的状态记录，将它们的发生时间记为序列 t1。

2）对序列 t1 构建其向前时差列和向后时差列，并分别与阈值进行比较。如果向前时差超过阈值 T，则将它记为新的用水事件的开始编号；如果向后时差超过阈值 T，则将其记为用水事件的结束编号。

循环执行步骤 2，直到向前时差列和向后时差列与均值比较完毕，则结束事件划分。

用水事件划分主要分为两个步骤，即确定单次用水时间间隔与计算两条相邻记录的时间，实现代码如代码清单 10-3 所示。

代码清单 10-3　划分用水事件

```
# 读取数据
data = pd.read_csv('../tmp/water_heart.csv')
# 划分用水事件
threshold = pd.Timedelta('4 min')          # 阈值为4分钟
data['发生时间'] = pd.to_datetime(data['发生时间'], format='%Y%m%d%H%M%S')
data = data[data['水流量'] > 0]            # 只要流量大于0的记录
sjKs = data['发生时间'].diff() > threshold# 相邻时间向前差分，比较是否大于阈值
sjKs.iloc[0] = True                        # 令第一个时间为第一个用水事件的开始事件
sjJs = sjKs.iloc[1:]                        # 向后差分的结果
sjJs = pd.concat([sjJs,pd.Series(True)]) # 令最后一个时间作为最后一个用水事件的结束时间
# 创建数据框，并定义用水事件序列
sj = pd.DataFrame(np.arange(1, sum(sjKs)+1), columns=["事件序号"])
sj["事件开始编号"] = data.index[sjKs == 1]+1# 定义用水事件的开始编号
sj["事件结束编号"] = data.index[sjJs == 1]+1# 定义用水事件的结束编号
print('当阈值为4分钟的时候事件数目为：',sj.shape[0])
sj.to_csv('../tmp/sj.csv', index=False)
```

* 代码详见：demo/code/03-data_preprocessed.py。

基于热水器用户的用水数据划分用水事件，当阈值为 4 分钟时划分出的用水事件数目为 172 件，结果如表 10-5 所示。

表 10-5　用水数据划分结果

Index	事件序号	事件开始编号	事件结束编号
0	1	3	3
1	2	57	57
2	3	382	385
3	4	405	405
4	5	408	408
……	……	……	……
167	168	18466	18471

3. 确定单次用水事件时长阈值

对某热水器用户的数据，根据不同的阈值划分用水事件，得到相应的事件个数，如表 10-6 所示，阈值与划分事件个数的关系如图 10-4 所示。

表 10-6　某热水器用户家庭某时间段不同用水时间间隔阈值事件划分个数

阈值（分钟）	2.25	2.5	2.75	3	3.25	3.5	3.75	4	4.25	4.5	4.75	5
事件个数	650	644	626	602	588	565	533	530	530	530	522	520
阈值（分钟）	5.25	5.5	5.75	6	6.25	6.5	6.75	7	7.25	7.5	7.75	8
事件个数	510	506	503	500	480	472	466	462	460	460	460	460

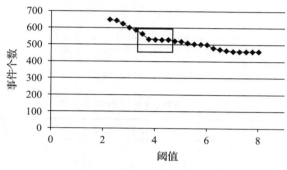

图 10-4　阈值与划分事件个数的关系

图 10-4 为阈值与划分事件个数的散点图。图中某段阈值范围的下降趋势明显，说明在该段阈值范围内，热水器用户的停顿习惯比较集中。如果趋势比较平缓，则说明热水器用户停顿热水的习惯趋于稳定，所以取该段时间开始的时间点作为阈值，既不会将短的用水事件合并，又不会将长的用水事件拆开。在图 10-4 中，热水器用户停顿热水的习惯在方框中的位置趋于稳定，说明该热水器用户的用水停顿习惯用方框开始的时间点作为划分阈值会有好的效果。

曲线在图 10-4 中的方框的位置趋于稳定，方框开始的点的斜率趋于一个较小的值。为了用程序来识别这一特征，将该特征提取为规则。每个阈值对应一个点，给每个阈值计算得到一个斜率指标，如图 10-5 所示。其中，A 点是要计算的斜率指标点。为了直观展示，用表 10-7 所示的符号来进行说明。

根据式（10-1），计算出 k_{AB}、k_{AC}、k_{AD}、k_{AE} 四个斜率。于是可以根据式（10-2）计算出 4 个斜率的平均值 K。

$$k = \frac{y_1 - y_2}{x_1 - x_2} \tag{10-1}$$

$$K = \frac{k_{AB} + k_{AC} + k_{AD} + k_{AE}}{4} \tag{10-2}$$

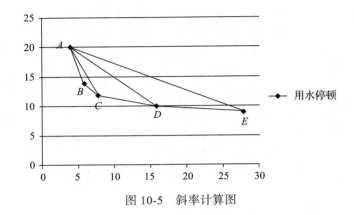

图 10-5 斜率计算图

表 10-7 阈值寻优模型符号说明

符号名称	符号说明	符号名称	符号说明
k_{Ai}	A 与 i 点的斜率的绝对值，$i \in \{B,C,D,E\}$	K	5 个点的斜率的平均值
k	任意两点 (x_1,y_1)、(x_2,y_2) 的斜率的绝对值	(x_i,y_i)	i 点的坐标，$i \in \{B,C,D,E\}$

将 K 作为 A 点的斜率指标，注意，横坐标上的最后 4 个点没有斜率指标，因为它们不影响对最优阈值的寻找，可以提高阈值的上限，以使最后的 4 个阈值不在考虑范围内。

先统计出各个阈值下的用水事件的个数，再通过阈值寻优的方式找出最优的阈值，具体实现方式如代码清单 10-4 所示。

代码清单 10-4 确定单次用水事件时长阈值

```
# 确定单次用水事件时长阈值
n = 4                                    # 使用以后4个点的平均斜率
threshold = pd.Timedelta(minutes=5)      # 专家阈值
data['发生时间'] = pd.to_datetime(data['发生时间'], format='%Y%m%d%H%M%S')
data = data[data['水流量'] > 0]          # 只要流量大于0的记录
# 自定义函数：输入划分时间的时间阈值，得到划分的事件数
def event_num(ts):
    d = data['发生时间'].diff() > ts     # 相邻时间作差分，比较是否大于阈值
    return d.sum() + 1                   # 这样直接返回事件数
dt = [pd.Timedelta(minutes=i) for i in np.arange(1, 9, 0.25)]
h = pd.DataFrame(dt, columns=['阈值'])   # 转换数据框，定义阈值列
h['事件数'] = h['阈值'].apply(event_num) # 计算每个阈值对应的事件数
h['斜率'] = h['事件数'].diff()/0.25      # 计算每两个相邻点对应的斜率
h['斜率指标']= h['斜率'].abs().rolling(4).mean() # 往前取n个斜率绝对值的平均值作为斜率指标
ts = h['阈值'][h['斜率指标'].idxmin() - n]
# 用idxmin返回最小值的Index，由于rolling_mean()计算的是前n个斜率绝对值的平均值
# 所以结果要进行平移（-n）
if ts > threshold:
```

```
        ts = pd.Timedelta(minutes=4)
print('计算出的单次用水时长的阈值为：',ts)
```

*代码详见：demo/code/02-data_preprocessed.py。

得到阈值优化的结果如下：

1）当存在一个阈值的斜率指标 $K<1$ 时，则取阈值最小的点 A（可能存在多个阈值的斜率指标小于 1）的横坐标 x_A 作为用水事件划分的阈值，其中 $K<1$ 中的 1 是经过实际数据验证的一个专家阈值。

2）当不存在一个阈值的斜率指标 $K<1$ 时，则找所有阈值中斜率指标最小的阈值；如果该阈值的斜率指标小于 5，则取该阈值作为用水事件划分的阈值；如果该阈值的斜率指标不小于 5，则阈值取默认值的阈值——4 分钟。其中，斜率指标小于 5 中的 5 是经过实际数据验证的一个专家阈值。

4. 属性构造

（1）构建用水时长与频率属性

不同用水事件的用水时长是基础属性之一。例如，单次洗漱事件一般总时长在 5 分钟左右，而一次手洗衣物事件的时长则根据衣物不同而不同。根据用水时长这一属性可以构建如表 10-8 所示的事件开始时间、事件结束时间、洗浴时间点、用水时长、总用水时长和用水时长／总用水时长这 6 个属性。

表 10-8　主要用水时长类属性构建说明

属　　性	构　建　方　法	说　　明
事件开始时间	事件开始时间 = 起始数据的时间 $-\dfrac{发送阈值}{2}$	热水事件开始发生的时间
事件结束时间	事件结束时间 = 结束数据的时间 $+\dfrac{发送阈值}{2}$	热水事件结束发生的时间
洗浴时间点	洗浴时间点 = 事件开始时间的小时点，如时间为 "20:00:10"，则洗浴时间点为 "20"	开始用水的时间点
用水时长	用水时长 = 每条用水数据时长的和 = $\dfrac{和上条数据的相隔时间}{2}+\dfrac{和下条数据的相隔时间}{2}$	一次用水过程中有热水流出的时长
总用水时长	从划分出的用水事件的起始数据的时间到终止数据的时间间隔 + 发送阈值	记录整个用水阶段的时长
用水时长／总用水时长	用水时长／总用水时长	判断用水时长占总用水时长的比重

如表 10-8 所示，构建用水开始时间或结束时间两个特征时分别减去或加上了发送阈

值（发送阈值是指热水器传输数据的频率的大小）。原因见图 10-6。在 20:00:10 时，热水器记录的数据是数据还没有用水，而在 20:00:12 时，热水器记录的数据是有用水行为，所以用水开始时间在 20:00:10～20:00:12 之间。考虑到网络不稳定导致的网络数据传输延时数分钟或数小时之久等因素，取平均值会导致很大的偏差，因此综合分析构建"用水开始时间"为起始数据的时间减去"发送阈值"的一半。

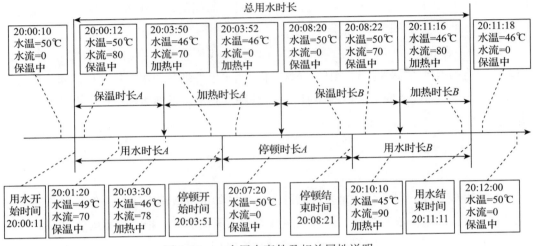

图 10-6　一次用水事件及相关属性说明

用水时长相关的属性只能区分出一部分用水事件，不同用水事件的用水停顿和频率也不同。例如，一次完整洗漱事件的停顿次数不多，停顿的时间长短不一，平均停顿时长较短；一次手洗衣物事件的停顿次数较多，停顿时间相差不大，平均停顿时长一般。根据这一属性，可以构建如表 10-9 所示的停顿时长、总停顿时长、平均停顿时长、停顿次数 4 个属性。

表 10-9　主要用水频率类属性构建说明

属　性	构建方法	说　明
停顿时长	一次完整用水事件中，对水流量为 0 的数据做计算，停顿时长 = 每条用水停顿数据时长的和 = 和下条数据的间隔时间 /2+ 和上条数据的间隔时间 /2	标记一次完整用水事件中的每次用水停顿的时长
总停顿时长	一次完整用水事件中的所有停顿时长之和	标记一次完整用水事件中的总停顿时长
平均停顿时长	一次完整用水事件中的所有停顿时长的平均值	标记一次完整用水事件中的停顿的平均时长
停顿次数	一次完整用水事件的中断用水的次数之和	帮助识别洗浴及连续洗浴事件

构建用水时长与用水频率属性，如代码清单 10-5 所示。

代码清单 10-5　构建用水时长与用水频率属性

```
# 读取热水器使用数据记录
data = pd.read_excel('../data/water_hearter.xlsx',encoding='gbk')
sj = pd.read_csv('../tmp/sj.csv')              # 读取用水事件记录
# 转换时间格式
data["发生时间"] = pd.to_datetime(data["发生时间"], format="%Y%m%d%H%M%S")

# 构建属性：总用水时长
timeDel = pd.Timedelta("1 sec")
sj["事件开始时间"] = data.iloc[sj["事件开始编号"]-1,0].values- timeDel
sj["事件结束时间"] = data.iloc[sj["事件结束编号"]-1,0].values + timeDel
sj['洗浴时间点'] = [i.hour for i in sj["事件开始时间"]]
sj["总用水时长"] = np.int64(sj["事件结束时间"] - sj["事件开始时间"])/1000000000+1

# 构建用水停顿事件
# 构建属性：停顿开始时间、停顿结束时间
# 停顿开始时间指从有水流到无水流，停顿结束时间指从无水流到有水流
for i in range(len(data)-1):
    if (data.loc[i,"水流量"] != 0) & (data.loc[i + 1,"水流量"] == 0) :
        data.loc[i + 1,"停顿开始时间"] = data.loc[i+1, "发生时间"] - timeDel
    if (data.loc[i,"水流量"] == 0) & (data.loc[i + 1,"水流量"] != 0) :
        data.loc[i,"停顿结束时间"] = data.loc[i , "发生时间"] + timeDel

# 提取停顿开始时间与结束时间所对应行号，放在数据框stop中
indStopStart = data.index[data["停顿开始时间"].notnull()]+1
indStopEnd = data.index[data["停顿结束时间"].notnull()]+1
Stop = pd.DataFrame(data={"停顿开始编号":indStopStart[:-1],
                          "停顿结束编号":indStopEnd[1:]})
# 计算停顿时长，并放在数据框stop中，停顿时长=停顿结束时间-停顿开始时间
Stop["停顿时长"] = np.int64(data.loc[indStopEnd[1:]-1,"停顿结束时间"].values-
                        data.loc[indStopStart[:-1]-1,"停顿开始时间"].values)/1000000000
# 将每次停顿与事件匹配，停顿的开始时间要大于事件的开始时间，且停顿的结束时间要小于事件的结束时间
for i in range(len(sj)):
    Stop.loc[(Stop["停顿开始编号"] > sj.loc[i,"事件开始编号"]) &
            (Stop["停顿结束编号"] < sj.loc[i,"事件结束编号"]),"停顿归属事件"]=i+1

# 删除停顿次数为0的事件
Stop = Stop[Stop["停顿归属事件"].notnull()]

# 构建属性：用水事件停顿总时长、停顿次数、停顿平均时长、
# 用水时长，用水/总用水
stopAgg =  Stop.groupby("停顿归属事件").agg({"停顿时长":sum,"停顿开始编号":len})
sj.loc[stopAgg.index - 1,"总停顿时长"] = stopAgg.loc[:,"停顿时长"].values
sj.loc[stopAgg.index-1,"停顿次数"] = stopAgg.loc[:,"停顿开始编号"].values
sj.fillna(0,inplace=True)                      # 对缺失值用0插补
```

```
stopNo0 = sj["停顿次数"] != 0                      # 判断用水事件是否存在停顿
sj.loc[stopNo0,"平均停顿时长"] = sj.loc[stopNo0,"总停顿时长"]/sj.loc[stopNo0,"停顿次数"]
sj.fillna(0,inplace=True)                          # 对缺失值以0插补
sj["用水时长"] = sj["总用水时长"] - sj["总停顿时长"] # 定义属性：用水时长
sj["用水/总时长"] = sj["用水时长"] / sj["总用水时长"]# 定义属性：用水/总时长
print('用水事件用水时长与频率属性构造完成后数据的属性为：\n',sj.columns)
print('用水事件用水时长与频率属性构造完成后数据的前5行5列属性为：\n',
        sj.iloc[:5,:5])
```

* 代码详见：demo/code/02-data_preprocessed.py。

（2）构建用水量与波动属性

除了用水时长、停顿和频率外，用水量也是识别该事件是否为洗浴事件的重要属性。例如，用水事件中的洗漱事件相比洗浴事件有停顿次数少、用水总量少、平均用水量少的特点；手洗衣物事件相比洗浴事件则有停顿次数多、用水总量多、平均用水量多的特点。根据这一原因可以构建如表 10-10 所示的两个用水量属性。

表 10-10　用水量属性构建说明

属　性	构　建　方　法	说　　明
总用水量	总用水量 = 每条有水流数据的用水量 = 持续时间 × 水流大小	一次用水过程中使用的总的水量，单位为 L
平均水流量	$平均水流量 = \dfrac{总用水量}{有水流时间}$	一次用水过程中，开花洒时平均水流量大小（为热水），单位为 L/min

用水波动也是区分不同用水事件的关键。一般来说，在一次洗漱事件中，刷牙和洗脸的用水量完全不同；而在一次手洗衣物事件中，每次用水的量和停顿时间相差却不大。根据不同用水事件的这一特征可以构建如表 10-11 所示的水流量波动和停顿时长波动两个属性。

表 10-11　用水波动属性构建说明

属　性	构　建　方　法	说　　明
水流量波动	$水流量波动 = \sum \dfrac{(单次水流的值 - 平均水流量)^2 \times 持续时间}{总的有水流量的时间}$	一次用水过程中，开花洒时水流量的波动大小
停顿时长波动	$停顿时长波动 = \sum \dfrac{(单次水流的值 - 平均水流量)^2 \times 持续时间}{总停顿时长}$	一次用水过程中，用水停顿时长的波动情况

在用水时长和频率属性的基础之上构建用水量和用水波动属性，需要充分利用用水时长和频率属性，如代码清单 10-6 所示。

代码清单 10-6　构建用水量和用水波动属性

```
data["水流量"] = data["水流量"] / 60 # 原单位L/min，现转换为L/sec
sj["总用水量"] = 0 # 给总用水量赋一个初始值0
for i in range(len(sj)):
    Start = sj.loc[i,"事件开始编号"]-1
    End = sj.loc[i,"事件结束编号"]-1
    if Start != End:
        for j in range(Start,End):
            if data.loc[j,"水流量"] != 0:
                sj.loc[i,"总用水量"] = (data.loc[j + 1,"发生时间"] -
                                     data.loc[j,"发生时间"]).seconds* \
                                     data.loc[j,"水流量"] + sj.loc[i,"总用水量"]
        sj.loc[i,"总用水量"] = sj.loc[i,"总用水量"] + data.loc[End,"水流量"] * 2
    else:
        sj.loc[i,"总用水量"] = data.loc[Start,"水流量"] * 2

sj["平均水流量"] = sj["总用水量"] / sj["用水时长"]     # 定义属性：平均水流量
# 构造属性：水流量波动
# 水流量波动=∑(((单次水流的值-平均水流量)^2)*持续时间)/用水时长
sj["水流量波动"] = 0                               # 给水流量波动赋一个初始值0
for i in range(len(sj)):
    Start = sj.loc[i,"事件开始编号"] - 1
    End = sj.loc[i,"事件结束编号"] - 1
    for j in range(Start,End + 1):
        if data.loc[j,"水流量"] != 0:
            slbd = (data.loc[j,"水流量"] - sj.loc[i,"平均水流量"])**2
            slsj = (data.loc[j + 1,"发生时间"] - data.loc[j,"发生时间"]).seconds
            sj.loc[i,"水流量波动"] = slbd * slsj + sj.loc[i,"水流量波动"]
    sj.loc[i,"水流量波动"] = sj.loc[i,"水流量波动"] / sj.loc[i,"用水时长"]


# 构造属性：停顿时长波动
# 停顿时长波动=∑(((单次停顿时长-平均停顿时长)^2)*持续时间)/总停顿时长
sj["停顿时长波动"] = 0                               # 给停顿时长波动赋一个初始值0
for i in range(len(sj)):
    if sj.loc[i,"停顿次数"] > 1:                     # 当停顿次数为0或1时，停顿时长波动
                                                    值为0，故排除
        for j in Stop.loc[Stop["停顿归属事件"] == (i+1),"停顿时长"].values:
            sj.loc[i,"停顿时长波动"] = ((j - sj.loc[i,"平均停顿时长"])**2) * j + \
                                     sj.loc[i,"停顿时长波动"]
        sj.loc[i,"停顿时长波动"] = sj.loc[i,"停顿时长波动"] / sj.loc[i,"总停顿时长"]

print('用水量和波动属性构造完成后数据的属性为：\n',sj.columns)
print('用水量和波动属性构造完成后数据的前5行5列属性为：\n',sj.iloc[:5,:5])
```

*代码详见：demo/code/02-data_preprocessed.py。

5.筛选候选洗浴事件

洗浴事件的识别是建立在一次用水事件识别的基础上的，也就是从已经划分好的一次用水事件中识别出哪些一次用水事件是洗浴事件。

可以使用 3 个比较宽松的条件筛选掉那些非常短暂的用水事件，删除那些确定不可能为洗浴事件的数据，剩余的事件则称为"候选洗浴事件"。这 3 个条件是"或"的关系，也就是说，只要一次完整用水事件满足其中任意一个条件，就被判定为短暂用水事件，即会被筛选掉。3 个筛选条件如下：

1）一次用水事件的总用水量小于 5 升。

2）用水时长小于 100 秒。

3）总用水时长小于 120 秒。

基于构建的用水时长、用水量属性，筛选候选洗浴事件，如代码清单 10-7 所示。

代码清单 10-7　筛选候选洗浴事件

```
sj_bool = (sj['用水时长'] >100) & (sj['总用水时长'] > 120) & (sj['总用水量'] > 5)
sj_final = sj.loc[sj_bool,:]
sj_final.to_excel('../tmp/sj_final.xlsx', index=False)
print('筛选出候选洗浴事件前的数据形状为：',sj.shape)
print('筛选出候选洗浴事件后的数据形状为：',sj_final.shape)
```

* 代码详见：demo/code/02-data_preprocessed.py。

筛选前，用水事件数目总共为 172 个，经过筛选，剩余 75 个用水事件。结合日志，最终用于建模的属性的总数为 11 个，其基本情况如表 10-12 所示。

表 10-12　属性基本情况

属 性 名 称	均　　值	中　位　数	标　准　差
洗浴时间点	19.000000	20.000000	3.263227
总用水时长	529.506667	503.000000	261.902621
总停顿时长	57.893333	4.000000	95.050566
停顿次数	1.213333	1.000000	1.544767
平均停顿时长	34.167302	2.000000	51.083390
用水时长	471.613333	461.000000	206.411416
用水时长 / 总用水时长	0.921799	0.989899	0.116112
总用水量	241.015556	235.116667	127.539757
平均水流量	0.497794	0.498853	0.118436
水流量波动	0.155609	0.019534	0.728971
停顿时长波动	619.675823	0.000000	1999.449248

10.2.3　模型构建

根据建模样本数据建立 BP 神经网络模型识别洗浴事件。由于洗浴事件与普通用水事件在特征上存在不同，而且这些不同的特征要被体现出来，因此，根据热水器用户提供的用水日志，将其中洗浴事件的数据状态记录作为训练样本训练 BP 神经网络。然后根据训练好的 BP 神经网络来检验新采集的数据，具体过程如图 10-7 所示。

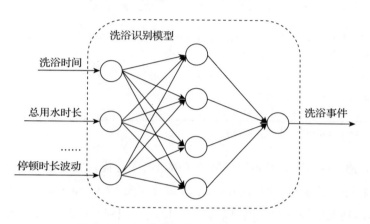

图 10-7　BP 神经网络模型识别洗浴事件

在训练 BP 神经网络的时候，选取了"候选洗浴事件"的 11 个属性作为 BP 神经网络的输入，分别为：洗浴时间点、总用水时长、总停顿时长、停顿次数、平均停顿时长、用水时长、用水时长 / 总用水时长、总用水量、平均水流量、水流量波动和停顿时长波动。训练 BP 神经网络时给定的输出为 1 与 0，其中 1 代表该事件为洗浴事件，0 表示该事件不是洗浴事件。判断是否为洗浴事件的标签的依据是热水器的用水记录日志。

构建 BP 神经网络模型时需要注意数据本身属性之间存在的量级差异，因此需要进行标准化，消除量级差异。另外，为了便于后续应用模型，可以用 joblib.dump 函数保存模型，如代码清单 10-8 所示。

代码清单 10-8　构建 BP 神经网络模型

```python
import pandas as pd
from sklearn.preprocessing import StandardScaler
from sklearn.neural_network import MLPClassifier
import joblib

# 读取数据
Xtrain = pd.read_excel('../tmp/sj_final.xlsx')
```

```
ytrain = pd.read_excel('../data/water_heater_log.xlsx')
test = pd.read_excel('../data/test_data.xlsx')
# 训练集测试集区分。
x_train, x_test, y_train, y_test = Xtrain.iloc[:, 5:], test.iloc[:, 4:-1],\
                                    ytrain.iloc[:, -1], test.iloc[:, -1]
# 标准化
stdScaler = StandardScaler().fit(x_train)
x_stdtrain = stdScaler.transform(x_train)
x_stdtest = StandardScaler().fit_transform(x_test)
# 建立模型
bpnn = MLPClassifier(hidden_layer_sizes=(17, 10), max_iter=200, solver='lbfgs',
    random_state=50)
bpnn.fit(x_stdtrain, y_train)
# 保存模型
joblib.dump(bpnn, '../tmp/water_heater_nnet.m')
print('构建的模型为: \n', bpnn)
```

* 代码详见：demo/code/03-model_train.py。

在训练 BP 神经网络时，对神经网络的参数进行了寻优，发现含有两个隐藏层的神经网络训练效果较好，其中两个隐藏层的隐节点数分别为 17 和 10 时训练的效果较好。

根据样本得到训练好的神经网络后，就可以用来识别对应的热水器用户的洗浴事件了，其中将待检测的样本的 11 个属性作为输入。输出层输出一个在 [-1,1] 范围内的值，如果该值小于 0，则该事件不是洗浴事件，如果该值大于 0，则该事件是洗浴事件。某热水器用户记录了两周的热水器用水日志，将前一周的数据作为训练数据，将后一周的数据作为测试数据，代入上述模型进行测试。

10.2.4 模型检验

结合模型评价的相关知识，使用精确率（precision）、召回率（recall）和 F1 值来衡量模型评价的效果较为客观、准确，同时结合 ROC 曲线，以更加直观地评价模型的效果，如代码清单 10-9 所示。

代码清单 10-9 BP 神经网络模型评价

```
# 模型评价
from sklearn.metrics import classification_report
from sklearn.metrics import roc_curve
import joblib
import matplotlib.pyplot as plt

bpnn = joblib.load('../tmp/water_heater_nnet.m')        # 加载模型
y_pred = bpnn.predict(x_stdtest)                         # 返回预测结果
```

```
print('神经网络预测结果评价报告: \n',classification_report(y_test, y_pred))
# 绘制roc曲线图
plt.rcParams['font.sans-serif'] = 'SimHei'            # 显示中文
plt.rcParams['axes.unicode_minus'] = False            # 显示负号
fpr, tpr, thresholds = roc_curve(y_pred, y_test)      # 求出TPR和FPR
plt.figure(figsize=(6,4))                             # 创建画布
plt.plot(fpr, tpr)                                    # 绘制曲线
plt.title('用户用水事件识别ROC曲线')                    # 标题
plt.xlabel('FPR')                                     # x轴标签
plt.ylabel('TPR')                                     # y轴标签
plt.savefig('../tmp/用户用水事件识别ROC曲线.png')        # 保存图片
plt.show()                                            # 显示图形
```

* 代码详见：demo/code/04-model_evaluate.py。

　　根据该热水器用户提供的用水日志判断事件是否为洗浴事件，多层神经网络模型评价报告如表 10-13 所示。

表 10-13　模型评价报告

	precision	recall	f1-score	support
0	0.50	0.58	0.54	12
1	0.86	0.81	0.83	37
accuracy			0.76	49
macro avg	0.68	0.70	0.69	49
weighted avg	0.77	0.76	0.76	49

　　由表 10-13 可以看出，在洗浴事件的识别上精确率（precision）比较高，达到了 86%，同时召回率（recall）也达到了 80% 以上。综合上述结果，可以确定此次创建的模型是有效且效果良好的，能够用于实际的洗浴事件的识别中。

10.3　上机实验

1. 实验目的
本上机实验有以下两个目的：

1）使用 Python 对数据进行预处理，掌握使用 Python 进行数据预处理的方法。

2）掌握数据转换及属性提取过程。

2. 实验内容
本上机实验的内容包含以下两个方面：

1）对采集到的热水器用户数据以 4 分钟为阈值进行用水事件划分。

2）对划分得到的用水事件提取用水事件时长、一次用水事件中开关机切换次数、一次用水事件的总用水量、平均水流量这 4 个属性。

3. 实验方法与步骤

本上机实验的具体方法与步骤如下：

（1）实验一

①打开 Python 载入 pandas，使用 read_excel() 函数将" test/data/water_heater.xls"数据读入 Python，数据为热水器用户一个月左右的用水数据，数据量为 2 万行左右。

②利用 pandas 方便的函数和方法，得到用水事件的序号、事件开始编号和事件结束编号，其中用水事件的序号为一个连续编号（1,2,3,…）。根据水流量的值是否为 0，明确地确定用户是否在用热水。再根据各条数据的发生时间，如果停顿时间超过阈值 4 分钟，则认为是二次用水事件。算法具体步骤可参考 10.2.2 节的数据变换中一次完整用水事件的划分模型，也可以根据自己的理解编写。

③使用 to_excel() 函数将得到的用水事件序号、事件开始编号、事件结束编号等划分结果保存到 Excel 文件中。

（2）实验二

①打开 Python 载入 pandas，使用 read_excel 函数将" test/data/water_heater.xls"数据读入 Python，并将实验一的划分结果读入 Python。

②数据转换、属性提取。用水事件时长由事件结束时间减去事件开始时间得到。然后再得到一次用水事件中开关机切换次数、一次用水事件的总用水量、平均水流量等属性。这些属性的提取方法见表 10-8 至表 10-13。

③用 to_excel() 函数将每个用水事件的基本信息与提取得到的属性保存到 Excel 文件中。

4. 思考与实验总结

通过上机实验，我们可以对以下问题进行思考与总结：

1）在划分用水事件中采用的阈值为 4 分钟，而案例中有阈值寻优的模型，可用阈值寻优模型对每家热水器用户、每个时间段寻找最优的阈值。

2）试着自行用循环语句（for 或者 while）实现相同的功能，对比案例提供的代码（即用内置的广播式的函数），看一看运行效率会下降多少。

10.4　拓展思考

根据模型划分的结果，我们发现有时候模型会将两次（或多次）洗浴事件划分为一次洗浴事件，因为在实际情况中，存在一个人洗完澡后，另一个人马上洗的情况，连续事件的停顿间隔小于阈值。针对这种情况，需要对模型进行优化，对连续洗浴事件作识别，提高模型识别精确度。

本案例给出的连续洗浴识别法如下：

对每次用水事件，建立一个连续洗浴判别指标。连续洗浴判别指标的初始值为 0，每当有一个属性超过设定的阈值时，就给该指标加上相应的值，最后判别连续洗浴指标是否超过给定的阈值，如果超过给定的阈值，则认为该次用水事件为连续洗浴事件。

选取 5 个前面章节提取得到的属性作为判别连续洗浴事件的特征属性，分别为总用水时长、停顿次数、用水时长 / 总用水时长、总用水量、停顿时长波动，如表 10-14 所示。详细说明如下。

1）总用水时长的阈值为 900 秒，如果超过 900 秒，就认为可能是连续洗浴，每超出一秒，就在该事件的连续洗浴判别指标上加上 0.005。

2）停顿次数的阈值为 10 次，如果超过 10 次，就认为可能是连续洗浴，每超出一次，就在该事件的连续洗浴判别指标上加上 0.5。

3）用水时长 / 总用水时长的阈值为 0.5，如果小于 0.5，就认为可能是连续洗浴，每少一个单位，就在该事件的连续洗浴判别指标上加上 0.2。

4）总用水量的阈值为 30L/ 次，如果超过 30L，就认为可能是连续洗浴，每超出 1L，就在该事件的连续洗浴判别指标上加上 0.2。

5）停顿时长波动的阈值为 1000，如果超过 1000，就认为可能是连续洗浴，每超出一个单位，就在该事件的连续洗浴判别指标上加上 0.002。

表 10-14　连续洗浴事件划分模型符号说明

属性名称	符号	阈值	单位	权重
停顿次数	P	10	每超 1 次	0.5
总用水量	A	30	每超 1L	0.2
用水时长 / 总用水时长	D	0.5	每少 1 个单位	0.2
总用水时长	T	900	每超 1 秒	0.005
停顿时长波动	W	1000	每超 1 个单位	0.002

根据以上信息建立优化模型，其中 S 是连续洗浴判别指标。

$$P = \begin{cases} 0.5(p-10), & p>10 \\ 0, & p \in [0,10] \end{cases} \qquad (10\text{-}3)$$

$$A = \begin{cases} 0.2(a-30), & a>30 \\ 0, & a \in [0,30] \end{cases} \qquad (10\text{-}4)$$

$$D = \begin{cases} 0.2(0.5-d), & d<0.5 \\ 0, & d \in [0.5,1] \end{cases} \qquad (10\text{-}5)$$

$$T = \begin{cases} 0.005(t-900), & t>900 \\ 0, & t \in [0,900] \end{cases} \qquad (10\text{-}6)$$

$$W = \begin{cases} 0.002(t-1000), & w>1000 \\ 0, & w \in [0,1000] \end{cases} \qquad (10\text{-}7)$$

$$S = P + A + D + T + W \qquad (10\text{-}8)$$

所以，连续洗浴事件的划分模型如下：

1）当用水事件的连续洗浴判别指标 S 大于 5 时，确定为连续洗浴事件或一次洗浴事件加一次短暂用水事件，取中间停顿时间最长的停顿，划分为两次事件。

2）如果 S 不大于 5，确定为一次洗浴事件。

10.5 小结

本案例基于实时监控的智能热水器的用户使用数据，构建了 BP 神经网络洗浴事件识别模型，重点介绍了根据用水停顿时间间隔的阈值划分一次用水事件的过程以及用水行为属性的构建，最后根据热水器用户用水日志判断模型结果的好坏。

第 11 章 *Chapter 11*

电视产品个性化推荐

随着经济的不断发展，人民的生活水平显著提高，对生活品质的要求也在提高。互联网技术的高速发展为人们提供了很多娱乐渠道，其中"三网融合"为人们在信息化时代利用网络等高科技手段来获取所需的信息提供了极大的便利。"下一代广播电视网"（Next Generation Broadcasting，NGB）即广播电视网、互联网、通信网"三网融合"，是一种有线无线相结合、全程全网的广播电视网络，它不仅可以为用户提供高清晰的电视、数字音频节目、高速数据接入和语音等三网融合业务，也可以为科教、文化、商务等行业搭建信息服务平台，使信息服务更加快捷、方便。在三网融合的大背景下，广播电视运营商与众多的家庭用户实现信息实时交互，这让利用大数据分析手段为用户提供智能化的产品推荐成为可能。本章使用广电营销大数据，结合基于物品的协同过滤算法和基于流行度的推荐算法构建推荐模型，并对模型进行评价，从而为用户提供个性化的节目推荐。

11.1 背景与挖掘目标

伴随着互联网和移动互联网的快速发展，各种网络电视和视频应用遍地开花，人们的电视观看行为正在发生变化，由之前的传统电视媒介向电脑、手机、平板端的网络电视转化。

在这种新形势下，传统广播电视运营商明显地感受到危机。此时，"三网融合"为传统广播电视运营商带来发展机遇，特别是随着超清／高清交互数字电视推广，广播电视运营商可以和家庭用户实现信息实时交互，家庭电视也逐步变成多媒体信息终端。

信息数据的收集过程如图 11-1 所示，每个家庭都需要通过机顶盒进行收视节目的接收和交互行为（如点播行为、回看行为）的发送，并将交互行为数据发送至相应区域的光机设备（进行数据传递的中介），光机设备会汇集该区域的信息数据，最后发送至数据中心进行数据整合、存储。

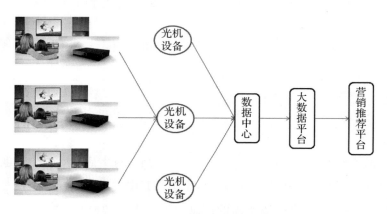

图 11-1　信息数据的收集过程

由于已建设的大数据平台积累了大量用户基础信息和用户观看记录信息等数据，因此可在此基础上进一步挖掘出数据价值、形成用户画像、提升客户体验，并实现精准营销。总而言之，电视产品推荐可以为用户提供个性化服务，改善用户浏览体验，增加用户黏度，从而使用户与企业之间建立稳定交互关系，实现客户链式反应增值。

本案例根据电视产品个性化推荐项目的业务需求，需要实现的目标如下。

1）通过深入整合用户的相关行为信息，构建用户画像。

2）利用电视产品信息数据，针对用户提供个性化精准推荐服务，有效提升用户的转化价值和生命周期价值。

11.2　分析方法与过程

如何将丰富的电视产品与用户个性化需求实现最优匹配，是广电行业急需解决的重要问题。用户对电视产品的需求不同，在挑选或搜寻想要的信息时需要花费大量的时间，这种情况的出现造成了用户的不断流失，对企业造成巨大的损失。

11.2.1　分析流程

电视产品个性化推荐的总体流程如图 11-2 所示，主要步骤如下。

1）对原始数据进行数据清洗、数据探索、属性构造（构建用户画像）操作。

2）划分训练数据集与测试数据集。

3）使用基于物品的协同过滤算法和基于流行度的推荐算法进行模型训练。

4）训练出推荐模型后进行模型评价。

5）根据模型的推荐结果所得到的不同用户的推荐产品，采用针对性的营销手段提出建议。

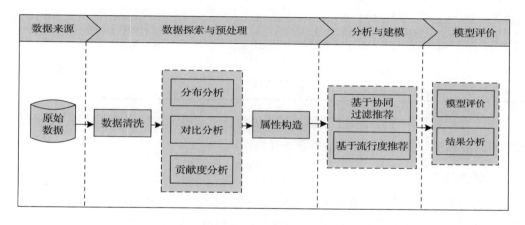

图 11-2　电视产品个性化推荐的总体流程

11.2.2　数据预处理

在大数据平台中存有用户的基础信息（安装地址等）和双向互动电视平台收视行为信息（直播、点播、回看、广告的收视信息）等数据。

本次读取了 2000 个用户在一个月内的收视行为信息数据，并对该数据表进行脱敏处理。收视行为信息数据（保存在 media_index.csv 文件中）属性说明如表 11-1 所示。

表 11-1　收视行为信息数据属性说明

属性名称	含义	属性名称	含义
phone_no	用户名	owner_code	用户等级号
duration	观看时长	owner_name	用户等级名称
station_name	直播频道名称	category_name	节目分类

（续）

属性名称	含义	属性名称	含义
origin_time	开始观看时间	res_type	节目类型
end_time	结束观看时间	vod_title	节目名称（点播、回看）
res_name	设备名称	program_title	节目名称（直播）

除了表 11-1 所示的数据之外，还需要用到电视频道直播时间及类型标签数据（保存在 table_livelabel.csv 文件中）作为辅助表数据，其属性说明如表 11-2 所示。

表 11-2　辅助表数据属性说明

属性名称	含义	属性名称	含义
星期	星期值	栏目类型	播放内容所属的栏目类型
开始时间	电视频道开始时间	栏目内容.三级	播放的栏目内容所属的三级标签
结束时间	电视频道结束时间	语言	电视频道播放的语言类型
频道	电视频道	适用人群	电视频道播放内容适用的人群类型
频道号	电视频道号		

由于原始数据中可能存在重复值、缺失值等异常数据及数据属性不一致等情况，因此需要对数据进行清洗和属性构造等预处理操作。

1. 数据清洗

在用户的收视行为信息数据中，存在直播频道名称（station_name）属性含有 "－高清" 的情况，如 "江苏卫视－高清"，而其他直播频道名称属性中为 "江苏卫视"。由于本案例中暂不分开考虑是否为高清频道的情况，因此需要将直播频道名称中的 "－高清" 替换为空。

从业务角度分析，该广播电视运营商主要面向的对象是众多的普通家庭，而收视行为信息数据中会存在特殊线路和政企类的用户，即用户等级号（owner_code）为 02、09、10 的数据与用户等级名称（owner_name）为 EA 级、EB 级、EC 级、ED 级、EE 级的数据。因为特殊线路主要起到演示、宣传等作用，这部分数据对于分析用户行为意义不大，并且会影响分析结果的准确性，所以需要将这部分数据删除。而政企类数据暂时不做营销推荐，同样也需要删除。

在收视行为信息数据中存在同一用户开始观看时间（origin_time）和结束观看时间（end_time）重复的记录数据，而且观看的节目不同，这可能是由于数据收集设备导致的。经过与广播电视运营商的业务人员沟通之后，默认保留第一条收视记录，因此需要基于数据中开始观看时间（origin_time）和结束观看时间（end_time）的记录进行去重。

在收视行为信息数据中存在跨夜的记录数据，如开始观看时间和结束观看时间分别为 05-12 23:45:00 和 05-13 00:31:00。为了方便后续用户画像的构建（需要与辅助数据做关联匹配），这样的数据需要分为两条记录。

在对用户收视行为信息数据进行分析时发现，存在用户的观看时间极短的现象（如仅 1 秒），这可能是由于用户在观看中换频道导致的。经过与广播电视运营商的业务人员沟通之后，选择观看时长 4 秒作为时间极短的判断阈值，将小于或等于阈值的数据称为异常行为数据，统一进行删除处理。

此外，还存在用户较长时间观看同一频道的现象，这可能是由于用户在收视行为结束后，未能及时关闭机顶盒或其他原因造成的。这类用户在未进行收视互动的情况下，节目开始观看时间和结束观看时间的单位秒均为 00，即整点（秒）开始和结束观看，与节目的播放开始和结束时间完全一致。经过与广播电视运营商的业务人员沟通之后，选择将直播收视数据中开始观看时间和结束观看时间的单位秒为 00 的记录删除。

最后，还存在下次观看的开始观看时间小于上一次观看的结束观看时间的记录，这种异常数据是由于数据收集设备异常导致的，需要进行删除处理。

综合上述业务数据处理方法，具体步骤如下。

1）将直播频道名称（station_name）中的"- 高清"替换为空。

2）删除特殊线路的用户，即用户等级号（owner_code）为 02、09、10 的数据。

3）删除政企用户，即用户等级名称（owner_name）为 EA 级、EB 级、EC 级、ED 级、EE 级的数据。

4）基于数据中开始观看时间（origin_time）和结束观看时间（end_time）的记录进行去重操作。

5）将跨夜的收视数据分成两天即两条收视数据。

6）删除观看同一个频道累计连续观看小于或等于 4 秒的记录。

7）删除直播收视数据中开始观看时间和结束观看时间的单位秒为 00 的收视数据。

8）删除下次观看记录的开始观看时间小于上一次观看记录的结束观看时间的记录。

针对以上处理方法，在 Python 中的操作如代码清单 11-1 所示。

代码清单 11-1　处理收视行为信息数据

```
import pandas as pd
media = pd.read_csv('../data/media_index.csv', encoding='gbk', header='infer',
    error_bad_lines=False)
```

```python
# 将高清替换为空
media['station_name'] = media['station_name'].str.replace('-高清', '')

# 过滤特殊线路的用户
media = media.loc[(media.owner_code != 2) & (media.owner_code != 9) & (media.owner_
    code != 10), :]
print('查看过滤后的特殊线路的用户:', media.owner_code.unique())

# 删除政企用户
media = media.loc[(media.owner_name != 'EA级') & (media.owner_name != 'EB级') &
    (media.owner_name != 'EC级') & (media.owner_name != 'ED级') & (media.owner_
    name != 'EE级'), :]
print('查看过滤后的政企用户:', media.owner_name.unique())

# 对开始时间进行拆分
type(media.loc[0, 'origin_time'])              # 检查数据类型
# 转化为时间类型
media['end_time'] = pd.to_datetime(media['end_time'])
media['origin_time'] = pd.to_datetime(media['origin_time'])
# 提取秒
media['origin_second'] = media['origin_time'].dt.second
media['end_second'] = media['end_time'].dt.second
# 筛选数据（删除开始时间和结束观看时间单位秒为0的数据）
ind1 = (media['origin_second'] == 0) & (media['end_second'] == 0)
media1 = media.loc[~ind1, :]

# 基于开始观看时间和结束观看时间的记录去重
media1.end_time = pd.to_datetime(media1.end_time)
media1.origin_time = pd.to_datetime(media1.origin_time)
media1 = media1.drop_duplicates(['origin_time', 'end_time'])

# 隔夜处理
# 去除开始观看时间、结束观看时间为空值的数据
media1 = media1.loc[media1.origin_time.dropna().index, :]
media1 = media1.loc[media1.end_time.dropna().index, :]
# 建立各星期的数字标记
media1['星期'] = media1.origin_time.apply(lambda x: x.weekday() + 1)
dic = {1:'星期一', 2:'星期二', 3:'星期三', 4:'星期四', 5:'星期五', 6:'星期六', 7:'星期日'}
for i in range(1, 8):
    ind = media1.loc[media1['星期'] == i, :].index
    media1.loc[ind, '星期'] = dic[i]
# 查看有多少观看记录是隔夜的，对隔夜的记录进行隔夜处理
a = media1.origin_time.apply(lambda x: x.day)
b = media1.end_time.apply(lambda x: x.day)
sum(a != b)
media2 = media1.loc[a != b, :].copy()      # 需要做隔夜处理的数据
# 定义一个函数, 将跨夜的收视数据分为两天
def geyechuli_Weeks(x):
```

```
            dic = {'星期一':'星期二', '星期二':'星期三', '星期三':'星期四', '星期四':'星期五',
                  '星期五':'星期六', '星期六':'星期日', '星期日':'星期一'}
            return x.apply(lambda y: dic[y.星期], axis=1)
media1.loc[a != b, 'end_time'] = media1.loc[a != b, 'end_time'].apply(lambda x:
        pd.to_datetime('%d-%d-%d 23:59:59'%(x.year, x.month, x.day)))
media2.loc[:, 'origin_time'] = pd.to_datetime(media2.end_time.apply(lambda x:
        '%d-%d-%d 00:00:01'%(x.year, x.month, x.day)))
media2.loc[:, '星期'] = geyechuli_Weeks(media2)
media3 = pd.concat([media1, media2])
media3['origin_time1'] = media3.origin_time.apply(lambda x:
        x.second + x.minute * 60 + x.hour * 3600)
media3['end_time1'] = media3.end_time.apply(lambda x:
        x.second + x.minute * 60 + x.hour * 3600)
media3['wat_time'] = media3.end_time1 - media3.origin_time1  # 构建观看总时长属性

# 清洗时长不符合的数据
# 剔除下次观看的开始时间小于上一次观看的结束时间的记录
media3 = media3.sort_values(['phone_no', 'origin_time'])
media3 = media3.reset_index(drop=True)
a = [media3.loc[i + 1, 'origin_time'] < media3.loc[i, 'end_time'] for i in range
        (len(media3) - 1)]
a.append(False)
aa = pd.Series(a)
media3 = media3.loc[~aa, :]

# 去除小于或等于4秒的记录
media3 = media3.loc[media3['wat_time'] > 4, :]
media3.to_csv('../tmp/media3.csv', na_rep='NaN', header=True, index=False)
```

*代码详见：demo/code/01-数据清洗.py。

2. 数据探索

为进一步查看数据中各属性所反映出的情况，可在数据探索过程中利用图形可视化分析所有用户的收视行为信息数据中的规律，得到用户观看总时长分布图、付费频道与点播回看的周观看时长分布、工作日与周末的观看时长占比及分布、观看时长与观看次数的贡献度分析及收视排名前15的频道名称的观看时长柱形图。

（1）分布分析

①用户观看总时长

分布分析是用户在特定指标下的频次、总额等的归类展现，它可以展现出单个用户对产品（电视）的依赖程度，从而分析出用户观看电视的总时长、所购买不同类型的产品数量等情况，帮助运营人员了解用户的当前状态。

从业务的角度分析，需要先了解用户观看总时长分布情况。在本案例中我们计算了所有用户在一个月内的观看总时长并且排序，从而对用户观看总时长分布进行柱形图可视化，如代码清单 11-2 所示，得到的结果如图 11-3 所示。

代码清单 11-2　用户观看总时长分布

```python
import pandas as pd
import matplotlib.pyplot as plt
media3 = pd.read_csv('../tmp/media3.csv', header='infer')
# 计算用户观看总时长
m = pd.DataFrame(media3['wat_time'].groupby([media3['phone_no']]).sum())
m = m.sort_values(['wat_time'])
m = m.reset_index()
m['wat_time'] = m['wat_time'] / 3600

# 绘制用户观看总时长柱形图
plt.rcParams['font.sans-serif'] = ['SimHei']        # 设置字体为SimHei显示中文
plt.rcParams['axes.unicode_minus'] = False          # 设置正常显示符号
plt.figure(dpi = 150, figsize=(8, 4))
plt.bar(m.index,m.iloc[:,1])
plt.xlabel('观看用户')
plt.ylabel('观看时长/小时')
plt.title('用户观看总时长')
plt.show()
```

* 代码详见：demo/code/02- 数据探索 .py。

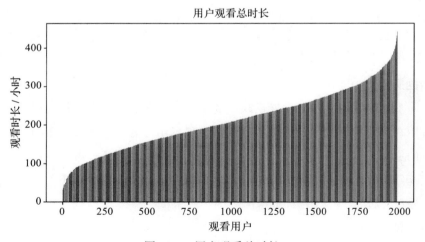

图 11-3　用户观看总时长

由图 11-3 可以看出，大部分用户的观看总时长主要集中在 100～300 小时之间。

②付费频道与点播回看的周观看时长

周观看时长是指所有用户在一个月内分别在星期一至星期日的观看总时长。从业务的角度来看，付费频道与点播回看的周观看时长行为是相关人员比较关心的部分。本案例对所有用户的周观看时长以及观看付费频道与点播回看的用户周观看时长分别进行折线图可视化，如代码清单 11-3 所示，得到的结果如图 11-4 和图 11-5 所示。

代码清单 11-3　周观看时长、付费频道与点播回看的周观看时长分布

```
import re
# 计算周观看时长
n = pd.DataFrame(media3['wat_time'].groupby([media3['星期']]).sum())
n = n.reset_index()
n = n.loc[[0, 2, 1, 5, 3, 4, 6], :]
n['wat_time'] = n['wat_time'] / 3600

# 绘制周观看时长分布折线图
plt.figure(dpi = 150, figsize=(8, 4))
plt.plot(range(7), n.iloc[:, 1])
plt.xticks([0, 1, 2, 3, 4, 5, 6], ['星期一', '星期二', '星期三', '星期四', '星期五',
    '星期六', '星期日'])
plt.xlabel('星期')
plt.ylabel('观看时长/小时')
plt.title('周观看时长分布')
plt.show()

# 计算付费频道与点播回看的周观看时长
media_res = media3.loc[media3['res_type'] == 1, :]
ffpd_ind = [re.search('付费', str(i)) != None for i in media3.loc[:, 'station_name']]
media_ffpd = media3.loc[ffpd_ind, :]
z = pd.concat([media_res, media_ffpd], axis=0)
z = z['wat_time'].groupby(z['星期']).sum()
z = z.reset_index()
z = z.loc[[0, 2, 1, 5, 3, 4, 6], :]
z['wat_time'] = z['wat_time'] / 3600

# 绘制付费频道与点播回看的周观看时长分布折线图
plt.figure(dpi = 150, figsize=(8, 4))
plt.plot(range(7), z.iloc[:, 1])
plt.xticks([0, 1, 2, 3, 4, 5, 6], ['星期一', '星期二', '星期三', '星期四', '星期五',
    '星期六', '星期日'])
plt.xlabel('星期')
plt.ylabel('观看时长/小时')
plt.title('付费频道与点播回看的周观看时长分布')
plt.show()
```

*代码详见：demo/code/02-数据探索.py。

由图 11-4 可看出，用户在这个月内星期日与星期一的观看总时长明显高于其他时段。由图 11-5 可看出，周末两天与星期一的付费频道与点播回看的时长明显高于其他时段，说明在节假日，用户对电视的依赖度会增加，且更偏向于点播回看的观看方式。

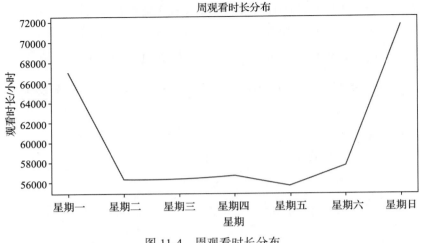

图 11-4　周观看时长分布

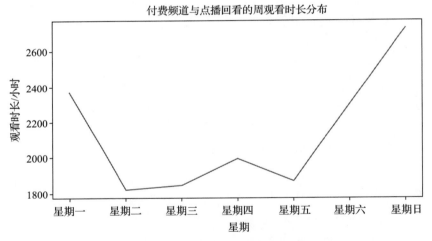

图 11-5　付费频道与点播回看的周观看时长分布

（2）对比分析

对比分析是指把两个相互联系的指标进行比较，从数量上展示和说明研究对象规模的大小、水平的高低、速度的快慢和各种关系是否协调，特别适用于指标间的横纵向比较、时间序列的比较分析。在对比分析中，选择合适的对比标准是十分关键的步骤。只有选择合适的对比标准，才能做出客观的评价；当选择不合适的对比标准时，可能得出错误的结论。

此处对工作日（5 天）与周末（2 天）进行了划分，使用饼图展示所有用户在工作日和周末的观看总时长的占比分布，如代码清单 11-4 所示，得到的结果如图 11-6 所示；并

对所有用户在工作日和周末的观看总时长的分布使用柱形图进行对比，如代码清单 11-5
所示，得到的结果如图 11-7 所示。

代码清单 11-4　工作日与周末的观看总时长占比

```
import re
# 计算工作日与周末的观看总时长占比
ind = [re.search('星期六|星期日', str(i)) != None for i in media3['星期']]
freeday = media3.loc[ind, :]
workday = media3.loc[[ind[i] == False for i in range(len(ind))], :]
m1 = pd.DataFrame(freeday['wat_time'].groupby([freeday['phone_no']]).sum())
m1 = m1.sort_values(['wat_time'])
m1 = m1.reset_index()
m1['wat_time'] = m1['wat_time'] / 3600
m2 = pd.DataFrame(workday['wat_time'].groupby([workday['phone_no']]).sum())
m2 = m2.sort_values(['wat_time'])
m2 = m2.reset_index()
m2['wat_time'] = m2['wat_time'] / 3600
w = sum(m2['wat_time']) / 5
f = sum(m1['wat_time']) / 2

# 绘制工作日与周末的观看总时长占比饼图
colors = ['bisque', 'lavender']
plt.figure(dpi = 150, figsize=(6, 6))
plt.pie([w, f], labels=['工作日', '周末'], explode=[0.1, 0.1], autopct='%1.1f%%',
    colors=colors, labeldistance=1.05, textprops={'fontsize': 15})
plt.title('工作日与周末观看总时长占比', fontsize=15)
plt.show()
```

*代码详见：demo/code/02-数据探索.py。

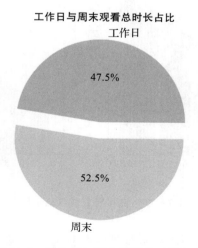

图 11-6　工作日与周末观看总时长占比

由图 11-6 可看出，周末的观看时长占观看总时长的 52.5%，而工作日的观看时长占 47.5%。

代码清单 11-5　工作日与周末的观看总时长分布

```
# 绘制周末观看总时长分布柱形图
plt.figure(dpi = 150, figsize=(12, 6))
plt.subplot(121)    # 将figure分成1*2=2个子图区域，第3个参数1表示将生成的图放在第1个位置
plt.bar(m1.index, m1.iloc[:, 1])
plt.xlabel('观看用户')
plt.ylabel('观看时长/小时')
plt.title('周末用户观看总时长')

# 绘制工作日观看总时长分布柱形图
plt.subplot(122)    # 同理，将生成的图放在第2个位置
plt.bar(m2.index, m2.iloc[:, 1])
plt.xlabel('观看用户')
plt.ylabel('观看时长/小时')
plt.title('工作日用户观看总时长')
plt.show()
```

* 代码详见：demo/code/02- 数据探索 .py。

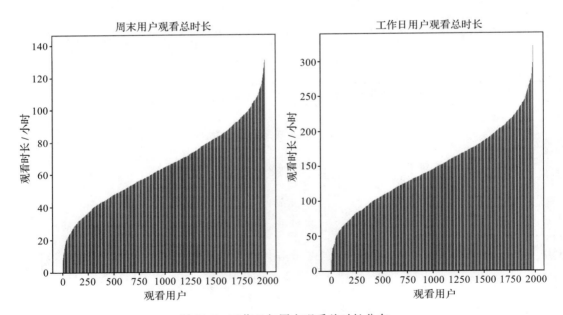

图 11-7　工作日与周末观看总时长分布

由图 11-7 可以看出，周末用户观看时长集中在 20～80 小时，工作日观看的用户时长集中在 50～200 小时。

（3）贡献度分析

贡献度分析又称帕累托分析，它的原理是帕累托法则，又称"二八定律"。同样的投入放在不同的地方会产生不同的效益，例如，对一个公司而言，80% 的利润常常来自20% 最畅销的产品，而其他 80% 的产品只产生了 20% 的利润。对所有收视频道号的观看时长与观看次数进行贡献度分析，并统计收视排名前 15 的频道，如代码清单 11-6 所示，得到的结果如图 11-8 和图 11-9 所示。

代码清单 11-6　观看时长与观看次数的贡献度分析

```python
# 计算所有收视频道号的观看时长与观看次数
media3.station_name.unique()
pindao = pd.DataFrame(media3['wat_time'].groupby([media3.station_name]).sum())
pindao = pindao.sort_values(['wat_time'])
pindao = pindao.reset_index()
pindao['wat_time'] = pindao['wat_time'] / 3600
pindao_n = media3['station_name'].value_counts()
pindao_n = pindao_n.reset_index()
pindao_n.columns = ['station_name', 'counts']
a = pd.merge(pindao, pindao_n, left_on='station_name', right_on='station_name',
    how='left')


# 绘制所有频道号的观看时长柱形图和观看次数折线图的组合图
fig, left_axis = plt.subplots()
fig.dpi = 150
right_axis = left_axis.twinx()
left_axis.bar(a.index, a.iloc[:, 1])
right_axis.plot(a.index, a.iloc[:, 2], 'r.-')
left_axis.set_ylabel('观看时长/小时')
right_axis.set_ylabel('观看次数')
left_axis.set_xlabel('频道号')
plt.xticks([])
plt.title('所有收视频道号的观看时长与观看次数')
plt.tight_layout()
plt.show()


# 绘制收视排名前15的频道名称的观看时长柱形图
plt.figure(dpi = 150, figsize=(15, 8))
plt.bar(range(15), pindao.iloc[124:139, 1])
plt.xticks(range(15), pindao.iloc[124:139, 0])
plt.xlabel('频道名称')
plt.ylabel('观看时长/小时')
plt.title('收视排名前15频道名称的观看时长')
plt.show()
```

* 代码详见：demo/code/02- 数据探索 .py。

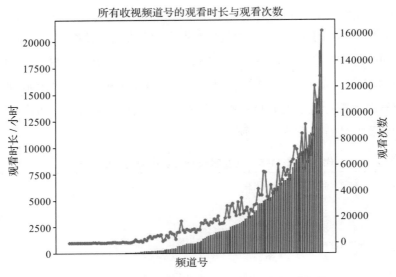

图 11-8　所有收视频道号的观看时长与观看次数

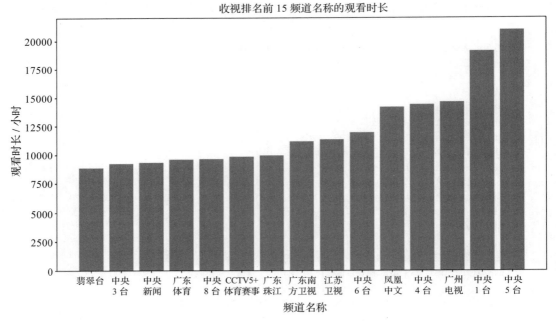

图 11-9　收视排名前 15 频道名称的观看时长

由图 11-8 可以看出，随着观看各频道的次数增多，观看时长也在随之增多，且后面近 28% 的频道带来了 80% 的观看时长贡献度（稍有偏差，但属性明显）。如图 11-9 所示，收视排名前 15 的频道名称为中央 5 台、中央 1 台、广州电视、中央 4 台、凤凰中文、中央 6 台、江苏卫视、广东南方卫视、广东珠江、CCTV5 ＋体育赛事、中央 8 台、广东体育、中央新闻、中央 3 台、翡翠台。

3. 属性构造

一般情况下，属性构造是经过一系列的数据变化、转换或组合等方式形成属性的。本案例通过对电视产品个性化推荐业务的理解，为每个标签制定了相应的构造规则。在建立用户画像的标签库后，对标签属性进行构造。下面对用户收视行为信息数据中可以实现的用户标签进行描述。

（1）用户标签库

立足于电视产品推荐业务的角度，需要采用现有数据建立用户的标签库，如图 11-10 所示。

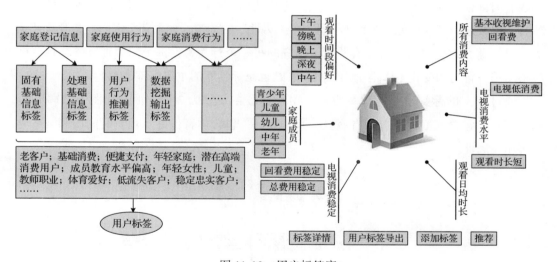

图 11-10 用户标签库

给用户贴标签是大数据营销中常用的做法，所谓"标签"，就是浓缩精练的、带有特定含义的一系列词语，用于描述真实的用户自带的属性，方便企业做数据的统计分析。借助用户标签，企业可实现差异化推荐、精细化画像等精准营销工作。

在建立标签库时，需要注意以下 3 点。

1）在建立标签库的过程中，以树状结构的形式向外辐射，尽量遵循 MECE 原则：标签之间相互独立、完全穷尽，尤其是一些有关用户的分类，要能覆盖所有用户，但又不交叉。

2）将标签分成不同的层级和类别：一是方便管理数千个标签，让散乱的标签体系化；

二是维度并不孤立，标签之间互有关联；三是为标签建模提供标签子集。

3）以不同的维度构建标签库，能更好地为用户提供服务。例如，在用户层面可以提供业务、产品、消费品维度，更好地实现推荐。

（2）构建用户画像

整个案例需要生成以家庭为单位的用户画像，注意，广电的特殊线路用户和政企用户暂不纳入用户画像考虑范围。用户画像中标签的计算方式大体有以下2种。

①固有基础信息标签

固有基础信息包括用户的基础信息、节目信息等，从这些信息中可以知道用户的基础消费状况、用户订购产品的时间长度等基础信息。

②用户行为推测标签

用户行为是构建家庭用户标签库的主要指标，用户的点播、直播、回看的收视数据和收看时间段与时长等用户行为都可以用于构建标签。例如，某个家庭经常点播体育类节目，那么这个家庭可能会被贴上"体育""男性"的标签；如果某个家庭经常观看儿童类节目，那么这个家庭中可能有儿童。用户的每一个行为属性都可以添加标签，这些标签根据用户行为的变化不断地生产、更新，这也是标签库的主要标签来源。

通过以上的标签建立与计算方式，用户标签主要分为2个方面，如图11-11所示。基本属性，包含家庭成员等固有属性；兴趣爱好，包含体育偏好、观看时间段和观看时长等相关属性。

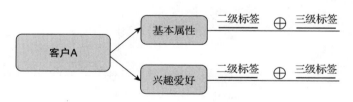

图 11-11　用户标签示例

针对用户收视行为信息数据构造相关的标签，具体规则如表11-3所示。

表 11-3　用户收视行为信息数据相关标签构造规则

标签名称	规　　则
家庭成员	先对电视频道直播时间及类型标签数据进行隔夜处理；将收视记录分为4类，即后半段匹配、全部匹配、前半段匹配、中间段匹配；最后，将4类情况的数据合并，计算所有用户的总收视时长（AMT）与每个用户观看各类型节目的总收视时长（MT），若 $MT \div AMT \geqslant 0.16$，则将用户贴入该家庭成员标签

（续）

标签名称	规　　则
电视依赖度	计算用户的收视行为次数的总和（N）与总收视时长（AMT）。若 $N \leq 10$，则电视依赖度低；若 AMT÷$N \leq 50$ 分钟，则电视依赖度中；若 AMT÷$N > 50$ 分钟，则电视依赖度高
机顶盒名称	过滤设备名称（res_name）为空的记录，根据用户号与设备名称去重，最后确定标签
付费频道月均收视时长	若用户收视行为信息数据中的频道名称含有"（付费）"则为付费频道数据，计算各用户的收视时长 若无数据，则付费频道无收视；若付费频道月均收视时长<1 小时，则付费频道月均收视时长短；若 1 小时<付费频道月均收视时长<2 小时，则付费频道月均收视时长中；若付费频道月均收视时长>2 小时，则付费频道月均收视时长长
点播回看月均收视时长	若用户收视行为信息数据中的节目类型（res_type）为 1，则是点播回看数据，计算各用户的收视时长 若无数据，则点播回看无收视；若点播回看月均收视时长<3 小时，则点播回看月均收视时长短；若 3 小时<点播回看月均收视时长<10 小时，则点播回看月均收视时长中；若点播回看月均收视时长>10 小时，则点播回看月均收视时长长
体育偏好	用户收视行为信息数据中节目类型（res_type）为 1 时的节目名称（vod_title）与节目类型（res_type）为 0 时的节目名称（program_title）包含下列属性，计算其收视时长，若大于阈值，则贴上对应标签： 足球：足球、英超、欧足、德甲、欧冠、国足、中超、西甲、亚冠、法甲、杰出球胜、女足、十分好球、亚足、意甲、中甲、足协、足总杯 冰上运动：KHL、NHL、冰壶、冰球、冬奥会、花滑、滑冰、滑雪、速滑 高尔夫：LPGA、OHL、PGA 锦标赛、高尔夫、欧巡总决赛 格斗：搏击、格斗、昆仑决、拳击、拳王 篮球：CBA、NBA、篮球、龙狮时刻、男篮、女篮 排球：女排、排球、男排 乒乓球：乒超、乒乓、乒联、乒羽 赛车：车生活、劲速天地、赛车 体育新闻：今日访谈、竞赛快讯、世界体育、体坛点击、体坛快讯、体育晨报、体育世界、体育新闻 橄榄球：NFL、超级碗、橄榄球 网球：ATP、澳网、费德勒、美网、纳达尔、网球、中网 游泳：泳联、游泳、跳水 羽毛球：羽超、羽联、羽毛球、羽乐无限 自行车、象棋、体操、保龄球、斯诺克、台球、赛马
观看时间段偏好（工作日）	分别计算在 00:00—06:00、06:00—09:00、09:00—11:00、11:00—14:00、14:00—16:00、16:00—18:00、18:00—22:00、22:00—23:59 各时段的总收视时长，并贴上对应的凌晨、早晨、上午、中午、下午、傍晚、晚上、深夜标签，降序排列，选择排名前 3 的观看时间段偏好标签
观看时间段偏好（周末）	与观看时间段偏好（工作日）相同

　　用户收视行为信息数据中相关标签构造的实现方法如代码清单 11-7 所示，标签构造部分结果如表 11-4 所示。

代码清单 11-7　用户收视行为信息数据中相关标签构造

```python
import pandas as pd
import numpy as np
media3 = pd.read_csv('../tmp/media3.csv', header='infer', error_bad_lines=False)

# 体育偏好
media3.loc[media3['program_title'] == 'a', 'program_title'] = \
media3.loc[media3['program_title'] == 'a', 'vod_title']
program = [re.sub('\(.*', '', i) for i in media3['program_title']] # 去除集数
program = [re.sub('.*月.*日', '', str(i)) for i in program]      # 去除日期
program = [re.sub('^ ', '', str(i)) for i in program]              # 前面的空格
program = [re.sub('\\d+$', '', i) for i in program]              # 去除结尾数字
program = [re.sub('【.*】', '', i) for i in program]            # 去除方括号内容
program = [re.sub('第.*季.*', '', i) for i in program]    # 去除季数
program = [re.sub('广告|剧场', '', i) for i in program]  # 去除广告、剧场字段
media3['program_title'] = program
ind = [media3.loc[i, 'program_title'] != '' for i in media3.index]
media_ = media3.loc[ind, :]
media_ = media_.drop_duplicates()                              # 去重
media_.to_csv('../tmp/media4.csv', na_rep='NaN', header=True, index=False)
```

* 代码详见：demo/code/03- 属性构造 .py。

表 11-4　标签构造部分结果

序号	phone_no	duration	station_name
0	16801274792	5 121 000	中央 6 台
1	16801274792	829 000	中央 5 台
2	16801274792	256 000	广州电视
3	16801274792	687 000	安徽卫视
4	16801274792	875 000	天津卫视
5	16801274792	28 000	辽宁卫视

由于其他指标的计算方法与此相同，因此此处不再列出家庭成员、电视依赖度、机顶盒名称、付费频道月均收视时长、点播回看月均收视时长、观看时间段偏好（工作日）和观看时间段偏好（周末）标签的构造过程。

11.2.3　分析与建模

在实际应用中构造推荐系统时，为了获得更好的推荐效果，并不是采用单一的某种推荐方法进行推荐的，而是结合多种推荐方法对推荐结果进行组合，最后得出推荐结果。在组合推荐结果时，可以采用串行或并行的方法。采用并行组合方法进行推荐的推荐系统流程图如图 11-12 所示。

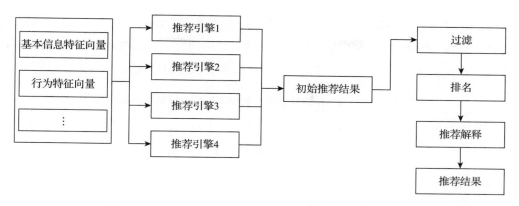

图 11-12　采用并行组合方法进行推荐的推荐系统流程图

　　由于项目目标长尾节目（依靠节目丰富的品种进行经济收获的节目）丰富、用户个性化需求强烈以及推荐结果实时变化明显，结合原始数据节目数明显小于用户数的特点，项目采用基于物品的协同过滤推荐系统对用户进行个性化推荐，以其推荐结果作为推荐系统结果的重要部分。这是因为基于物品的协同过滤推荐系统是利用用户的历史行为为用户进行推荐，推荐结果更容易令用户信服，如图 11-13 所示。

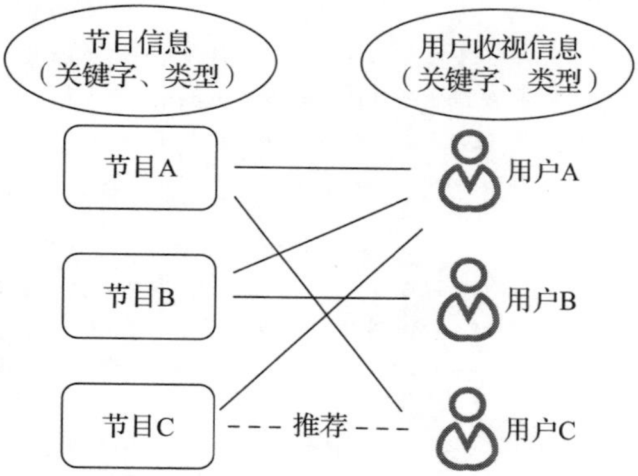

图 11-13　推荐视图

　　为了达到最好的推荐方式，本案例将个性化推荐算法与非个性化推荐算法组合，选择了一种个性化算法和一种非个性化算法进行建模并进行模型评价与分析。其中个性化算法为基于物品的协同过滤算法，非个性化算法为基于流行度的推荐算法。基于流行度的推荐算法是按照节目的流行度向用户推荐用户没有产生过观看行为的最热门的节目。

1. 基于物品的协同过滤算法的推荐模型

　　推荐系统是根据物品的相似度和用户的历史行为，对用户的兴趣度进行预测并推荐，因此在评价模型的时候需要用到一些评价指标。为了得到评价指标，一般是将数据集分成两部分：大部分数据作为模型训练集，小部分数据作为测试集。通过训练集得到模型，在测试集上进行预测，再统计出相应的评价指标，通过各个评价指标的值可以知道预测效果的好与坏。

在用户收视行为信息数据中提取用户号与节目名称两个属性。由于本案例数据量较大，因此选取 500000 条记录数据，构建基于物品的协同过滤算法的推荐模型，计算物品之间的相似度，如代码清单 11-8 所示，部分推荐结果如表 11-5 所示。

代码清单 11-8　构建基于物品的协同过滤算法的推荐模型

```python
import pandas as pd
import numpy as np
media4 = pd.read_csv('../tmp/media4.csv', header='infer')

# 基于物品的协同过滤算法
m = media4.loc[:, ['phone_no', 'program_title']]
n = 500000
media5 = m.iloc[:n, :]
media5['value'] = 1
media5.drop_duplicates(['phone_no','program_title'], inplace=True)

from sklearn.model_selection import train_test_split
# 将数据划分为训练集和测试集
media_train, media_test = train_test_split(media5, test_size=0.2, random_state=123)

# 长表转宽表，即用户-物品矩阵
train_df = media_train.pivot(index='phone_no', columns='program_title', values=
    'value')              # 透视表
ui_matrix_tr = train_df
ui_matrix_tr.fillna(0, inplace=True)

test_df = media_test.pivot(index='phone_no', columns='program_title', values=
    'value')              # 透视表
test_tmp = media_test.sample(frac=1000 / media_test.shape[0], random_state=3)

# 求物品相似度矩阵
t = 0
item_matrix_tr = pd.DataFrame(0, index=ui_matrix_tr.columns, columns=ui_
matrix_tr.columns)
for i in item_matrix_tr.index:
    item_tmp = ui_matrix_tr[[i]].values * np.ones(
        (ui_matrix_tr.shape[0], ui_matrix_tr.shape[1])) + ui_matrix_tr
    U = np.sum(item_tmp == 2)
    D = np.sum(item_tmp != 0)
    item_matrix_tr.loc[i,:] = U / D
    t += 1
    if t % 500 == 0:
        print(t)

# 将物品相似度矩阵对角线处理为零
for i in item_matrix_tr.index:
```

```
        item_matrix_tr.loc[i, i] = 0

# 获取推荐列表和模型评价
rec = pd.DataFrame(index=test_tmp.index, columns=['phone_no', '已观看节目', '推荐
    节目', 'T/F'])
rec.loc[:, 'phone_no'] = list(test_tmp.iloc[:, 0])
rec.loc[:, '已观看节目'] = list(test_tmp.iloc[:, 1])
# 开始推荐
for i in rec.index:
    try:
        usid = test_tmp.loc[i, 'phone_no']
        animeid = test_tmp.loc[i, 'program_title']
        item_anchor = list(ui_matrix_tr.loc[usid][ui_matrix_tr.loc[usid] == 1].index)
        co = [j for j in item_matrix_tr.columns if j not in item_anchor]
        item_tmp = item_matrix_tr.loc[animeid,co]
        rec_anime = list(item_tmp.index)[item_tmp.argmax()]
        rec.loc[i, '推荐节目'] = rec_anime
        if test_df.loc[usid,rec_anime] == 1:
            rec.loc[i,'T/F'] = 'T'
        else:
            rec.loc[i,'T/F'] = 'F'
    except:
        pass

# 保存推荐结果
rec.to_csv('../tmp/rec.csv')
```

* 代码详见：demo/code/04- 基于物品的协同过滤算法的推荐模型 .py。

表 11-5　协同过滤模型的部分推荐结果

phone_no	已观看节目	推荐节目
16801491802	体坛快讯	体育新闻
16801355649	东方夜新闻	东方新闻
16801443936	直播港澳台	光影星播客
16801406180	中国舆论场	深度国际
16801431087	最美是你	呖咕呖咕新年财

2. 基于流行度的推荐算法模型

对于既不具有点播信息，收视信息又过少（甚至没有）的用户，可以使用基于流行度的推荐算法模型，为这些用户推荐最热门的前 N 个节目，等用户收视行为信息数据收集到一定数量时，再切换为个性化推荐，如代码清单 11-9 所示，输入指定用户得到的部分推荐结果如表 11-6 所示。

代码清单 11-9 流行度推荐模型

```python
import pandas as pd
media6 = pd.read_csv('../tmp/media4.csv', header='infer')

# 基于流行度的推荐算法
from sklearn.model_selection import train_test_split
# 将数据划分为训练集和测试集
media6_train, media6_test = train_test_split(media6, test_size=0.2, random_
    state=1234)

# 将节目按热度排名
program = media6_train.program_title.value_counts()
program = program.reset_index()
program.columns = ['program', 'counts']

recommend_dataframe = pd.DataFrame
m = 3000
# 对输入的用户名进行判断，若输入为0，则停止运行，否则展示输入的用户名所对应推荐的节目
while True:
    input_no = int(input('Please input one phone_no that is not in group:'))
    if input_no == 0:
        print('Stop recommend!')
        break
    else:
        recommend_dataframe = pd.DataFrame(program.iloc[:m, 0], columns=['program'])
        print('Phone_no is %d. \nRecommend_list is \n' % (input_no), recommend_
            dataframe)
'''
当输入16801274792时，即可为用户名为16801274792的用户，推荐最热门的前N个节目
当输入0时，即可结束为用户进行推荐
'''
```

* 代码详见：demo/code/05- 基于流行度的推荐算法模型 .py。

表 11-6 流行度推荐模型的部分推荐结果

排　　名	节目名称	排　　名	节目名称
1	七十二家房客	4	综艺喜乐汇
2	新闻直播间	5	归去来
3	中国新闻		

当针对每个用户进行推荐时，可推荐流行度（热度）排名前 20 的节目。

11.2.4　模型评价

评价一个推荐系统时一般从用户、商家、节目 3 个方面进行综合考虑。好的推荐系

统能够满足用户的需求，推荐用户感兴趣的节目。同时，推荐的节目中不能全部是热门的节目，还需要收集用户反馈意见以完善推荐系统。因此，好的推荐系统不仅能预测用户的行为，而且能帮助用户发现可能会感兴趣，但不易被发现的节目，帮助商家发掘长尾节目，并推荐给可能会对它们感兴趣的用户。

由于本案例中用户的行为是二元选择，因此这里使用的模型评价指标为分类准确率指标，如代码清单 11-10 所示，模型评价输出结果如表 11-7 所示。其中，代码清单 11-10 是在代码清单 11-8 构建的模型的基础上进行模型评价的。

代码清单 11-10　基于物品的协同过滤推荐模型评价

```
# 接着代码清单11-8
score = rec['T/F'].value_counts()['T']/(rec['T/F'].value_counts()['T'] + rec['T/
    F'].value_counts()['F'])
print('推荐的准确率为: ', str(round(score*100,2)) + '%')
```

* 代码详见：demo/code/06- 模型评价 .py。

表 11-7　基于物品的协同过滤推荐的准确率结果

指标名称	数　值
准确率	29.51%

基于流行度的推荐算法可以获得原始数据中热度排名前 3000 的节目，计算推荐的准确率。随着时间、节目、用户收视行为的变化，流行度也需要实时更新排序，如代码清单 11-11 所示，模型评价输出结果如表 11-8 所示。其中，代码清单 11-11 是在代码清单 11-9 构建的模型的基础上进行模型评价的。

代码清单 11-11　基于流行度的推荐算法模型评价

```
# 接着代码清单11-9
recommend_dataframe = recommend_dataframe
import numpy as np
phone_no = media6_test['phone_no'].unique()
real_dataframe = pd.DataFrame()
pre = pd.DataFrame(np.zeros((len(phone_no), 3)), columns=['phone_no', 'pre_num',
    're_num'])
for i in range(len(phone_no)):
    real = media6_test.loc[media6_test['phone_no'] == phone_no[i], 'program_title']
    a = recommend_dataframe['program'].isin(real)
    pre.iloc[i, 0] = phone_no[i]
    pre.iloc[i, 1] = sum(a)
    pre.iloc[i, 2] = len(real)
    real_dataframe = pd.concat([real_dataframe, real])
```

```
real_program = np.unique(real_dataframe.iloc[:, 0])
# 计算推荐准确率
precesion = (sum(pre['pre_num'] / m)) / len(pre)  # m为推荐个数，为3000
print('流行度推荐的准确率为: ', str(round(precesion*100,2)) + '%')
```

*代码详见：demo/code/06-模型评价.py。

表 11-8　基于流行度推荐的准确率结果

指标名称	数　　值
准确率	5.59%

基于表 11-7 和表 11-8，对基于物品的协同过滤算法模型与基于流行度的推荐算法模型的评价进行比较，可以发现，协同过滤算法的推荐效果优于流行度算法。当用户收视数据量增加时，协同过滤算法的推荐效果会越来越好，可以看出基于物品的协同过滤算法的推荐模型相对较"稳定"。对于基于流行度的推荐算法，随着推荐节目个数的增加，模型的准确率在下降。

在协同过滤推荐过程中，两个节目相似是因为它们共同出现在很多用户的兴趣列表中，也可以说是每个用户的兴趣列表都会对节目的相似度产生贡献。但是并不是每个用户的贡献度都相同。通常不活跃的用户要么是新用户，要么是收视次数少的老用户。在实际分析中，一般认为新用户倾向浏览热门节目，而老用户会逐渐开始浏览冷门的节目。

当然，除了个性化推荐列表，还有另一个重要的推荐应用就是相关推荐列表。有过网购经历的用户都知道，当在电子商务平台上购买一个商品时，系统会在商品信息下方展示相关的商品。一种是包含购买了这个商品的用户也经常购买的其他商品，另一种是包含浏览过这个商品的用户经常购买的其他商品。这两种相关推荐列表的区别是，使用了不同用户行为计算节目的相似性。

综合本案例各个部分的分析结论，对电视产品的营销推荐有以下 5 点建议。

1）内容多元化。以套餐的形式对节目进行多元化组合，以满足不同观众的需求，增加观众对电视产品的感兴趣程度，提高用户观看节目的积极性，有利于附加产品的推广销售。

2）按照家庭用户标签打包。根据家庭成员和兴趣偏好类型组合，针对不同家庭用户推荐不同的套餐。如对有儿童、老人的家庭和独居青年家庭推荐不同的套餐，前者以动画、戏曲等为主，后者以流行节目、电影、综艺、电视剧为主。这样不但贴合用户需要，还能使产品推荐更为容易。

3）流行度推荐与个性化推荐结合。既对用户推荐用户感兴趣的信息，又推荐当下流行的节目，以提高推荐的准确率。

4）节目库智能归类。对节目库做智能归类，增加节目标签，从而更好地完成节目与用户之间的匹配。节目库的及时更新也有利于激发用户的观看热情，提高产品口碑。

5）实时动态更新用户收视的兴趣偏好标签。随着用户观看记录数据的实时更新，用户当前的兴趣偏好也会变化，可以更好地了解每一位用户的需求，做出更精准的推荐。

11.3　上机实验

1. 实验目的

本上机实验有以下两个目的。

1）了解基于物品的协同过滤算法的推荐模型的应用和使用过程。

2）了解基于流行度的推荐算法模型的应用和使用过程。

2. 实验内容

本上机实验的内容包含以下 2 个方面。

1）用户观看记录体现了用户对某些节目的关注程度，利用基于物品的协同过滤算法计算出节目的相似度。根据相似度的高低，将用户未观看且可能感兴趣的节目推荐给用户，实现智能推荐。

2）流行度体现了大部分用户的节目喜好，利用基于流行度的推荐算法模型，对既不具有点播信息，收视信息又过少（甚至没有）的用户推荐最热门的前 N 个节目，实现智能推荐。

3. 实验方法与步骤

本上机实验的具体方法与步骤如下。

1）对读取的数据进行清洗，删除不具有分析意义、观看异常的数据。

2）对清洗后的数据进行探索，分析用户观看总时长、付费频道与点播回看的周观看时长、工作日与周末观看总时长、所有收视频道的观看时长与观看次数、收视排名前 15 的频道名称的观看时长。

3）根据电视产品用户特点构建用户画像的标签库，并利用清洗后的数据对标签属性进行构造。

4）对输入的数据进行建模，将数据划分为训练集与测试集，通过自行编写的协同过滤算法代码，给出预测的推荐结果。

5）将节目按热度排名，并编写推荐代码，实现当输入用户名时，为用户推荐最热门的前 N 个节目；当输入 0 时，即可结束推荐。

4. 思考与实验总结

通过上机实验，我们可以对以下问题进行思考与总结。

1）如何建立用户画像？

2）如何设置计算相似度的方法，如采用余弦方法计算物品间的相似度？

11.4　拓展思考

本案例主要将基于物品的协同过滤算法和基于流行度的推荐算法进行结合，使用基于流行度的推荐算法解决协同过滤的"冷启动"问题。基于物品的协同过滤算法主要考虑的是物品的相似度，可以综合考虑用户历史行为、社交关系、上下文信息等多维度信息，从而实现多维度推荐。

在建立用户画像的过程中，也可以进一步丰富标签种类，包括用户的基础属性、消费属性、兴趣爱好等，从而更全面地刻画用户特征，为后续的精准推荐提供支持。同时考虑增加实时动态更新用户画像，捕捉用户兴趣变化，根据实时用户行为数据，持续优化用户画像，实现动态推荐。

针对推荐算法本身，可以尝试引入深度学习技术，如神经网络、循环神经网络等。深度学习模型能够自动提取特征，并学习复杂的用户行为模式，实现更精准的个性化推荐。

11.5　小结

本章结合广电大数据营销推荐的案例，重点介绍了在数据可视化、用户画像构造的辅助下，基于物品的协同过滤算法和基于流行度的推荐算法在实际案例中的应用。首先通过对用户收视行为信息数据等数据进行分析与处理，再采用不同推荐算法对处理好的数据进行建模分析，最后通过模型评价与结果分析，发现不同算法的优缺点，同时通过模型得出相关的电视产品个性化推荐的业务建议。

第 12 章 Chapter 12

天问一号事件中的
网民评论情感分析

随着科学技术的不断发展与进步，互联网技术日益壮大并广泛地应用于人们生活的方方面面。同时，搜索引擎技术的不断发展，为网络用户获取信息提供了极大的便利，使他们可以通过在线新闻搜索等方式获取所需的信息。

本章将基于朴素贝叶斯分类算法构建情感分类模型，从而实现对某网站用户评论的情感分析。本章使用的数据爬取自某网站关于天问一号登陆火星事件的相关视频下的用户评论。

12.1 背景与挖掘目标

网络舆情是社会舆论的一种表现形式，是在一定的社会空间内，民众围绕社会热点事件的发生、发展和变化在互联网上所表达的有较强影响力和倾向性的言论与观点的集合。根据 2024 年 3 月 22 日中国互联网络信息中心（CNNIC）发布的第 53 次《中国互联网络发展状况统计报告》，截至 2023 年 12 月，我国网民规模达 10.92 亿，互联网普及率达 77.5%，同时，伴随着短视频的走火，网络用户对时事热点事件的关注度越来越高。

随着移动互联网的高速发展和社交媒体的急剧升温，社会舆论场域也发生了变革，用户可以通过快速和便捷的渠道在各级各类网络社交媒体平台表达观点、态度和立场，逐渐打破了传统的媒介监督范式。天问一号成功登陆火星的消息，令无数中华儿女潸然泪下、振奋人心，因为这代表着我国朝着浩瀚宇宙又迈进一大步，也是航天事业发展的一个重要里程碑。

天问一号是由中国空间技术研究院研制的探测器，负责执行中国第一次自主火星探测任务。天问一号于 2020 年 7 月 23 日在文昌航天发射场由长征五号遥四运载火箭发射升空，并于 2021 年 2 月 10 日到达火星附近实施火星捕获。5 月 15 日，天问一号探测器在火星成功着陆，由"祝融号"火星车开展巡视探测等工作。6 月 11 日，中国国家航天局举行了天问一号探测器着陆火星首批科学影像图揭幕仪式，公布了由"祝融号"火星车拍摄的着陆点全景、火星地形地貌、"中国印迹"以及"着巡合影"等影像图。6 月 27 日，国家航天局发布天问一号火星探测任务着陆和巡视探测系列实拍影像。

情感分析，又称意见挖掘、倾向性分析等，是对带有情感色彩的主观性文本进行分析、处理、归纳和推理的过程。互联网上（如博客、论坛和大众点评等社会服务网络）有大量用户参与的，对于诸如人物、事件、产品等有价值的评论信息。这些评论信息表达了人们的各种情感色彩和情感倾向性，如喜、怒、哀、惧、批评、赞扬等。可以通过浏览这些具有主观色彩的评论来了解大众对于某一事件或产品的看法。本章将结合爬取到的关于天问一号事件的某网站用户评论数据，实现以下目标。

1）绘制评论数据的词云图和不同情感类型评论数据的词云图。

2）基于朴素贝叶斯算法构建模型来对某网站用户的评论做情感分析。

12.2　分析方法与过程

自从天问一号成功发射，中国航天工程话题再度迎来热议，关于天问一号发射以及登陆火星前后的相关新闻、视频与评论也层出不穷。结合当前开放式的网络环境，对天问一号事件中某网站用户所发表的观点和评论等文本数据进行收集整理，并进行文本数据的情感分析，可以直观地体现网络用户对于天问一号成功登陆火星事件的情感倾向，这对了解网络用户对于中国航天事业发展的认知度与认可度，有一定的参考价值。

12.2.1　分析流程

本案例的总体流程如图 12-1 所示。

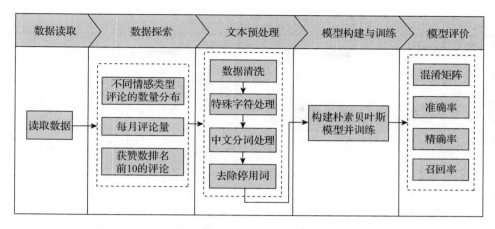

图 12-1　本案例的总体流程

主要包括以下 4 个步骤。

1）数据探索，通过可视化的方法分析不同情感类型评论的数量分布、每月评论量和获赞数排名前 10 的评论。

2）文本预处理，对抽取到的数据进行数据清洗、特殊字符处理、中文分词、去除停用词和词云图分析。

3）模型构建与训练，对分词结果进行特征向量化，将数据集划分成训练集和测试集，构建朴素贝叶斯模型并训练。

4）模型评价，通过混淆矩阵、准确率、精确率、召回率等评价指标对模型分类效果进行评价。

12.2.2　数据说明

本案例从"天问一号成功着陆火星"事件入手，爬取了天问一号发射与登陆火星前后某网站相关视频下的用户评论，组成评论数据 csv 文件，爬取的内容包括用户名、点赞数、评论内容、视频网址等。评论数据的时间窗口为 2020 年 4 月 24 日至 2021 年 7 月 7 日，共爬取了 10380 条数据。

根据提供的评论数据，结合舆论分析的场景，对用户关于天问一号事件的情感进行分类，分类标签分为 –1（表示负面评论）、0（表示中性评论）以及 1（表示正面评论），部分评论信息如表 12-1 所示。

表 12-1 部分评论信息

评论时间	点赞数	评论内容	类 别
2021/5/15	3	我国首次火星探测任务着陆火星于 2021.5.15.07:18 圆满成功！	1
2020/12/20	7	嫦娥回来啦，可惜的是月球上不能种菜 [大哭] 现在希望全在靓仔身上了 [doge- 圣诞]	1
2020/12/17	5	嫦娥五号回家啦！！[doge]	0
2020/8/23	1	中国加油	1
2020/8/18	6	天问一号，你已经是一个成熟的探测器了，你要加油，咱们明年见	0
2020/8/15	0	前往未止，发现未知	1
2020/8/9	0	今年广东省公务员考试行测出了题目，问"天问一号"的目的地	0

正面评论表达了某网站用户对天问一号成功登陆火星的喜悦之感，同时表现出对中国航天事业的殷切期望与祝愿。

负面评论表达了部分网络用户对于天问一号成功登陆火星的不以为然，又或是对于视频形式、背景音乐等的反感。

中性评论则是网络用户对于该事件的客观评价与分析，既不过分吹嘘他国实力也不贬低自己国家的成就，或者表达自己对于太空宇宙的想象，或者提出自身的疑问、建议等，没有明显或直接表现出自身的态度和立场。

12.2.3　数据探索

为了解本案例使用的数据的基本特征，本节将从不同情感类型评论的数量分布、2020 年 4 月 24 日至 2021 年 7 月 7 日每个月的评论量以及此期间获得点赞数排名前 10 的评论这 3 个方面对案例数据进行探索分析。

1. 不同情感类型评论的数量分布

前文提到，本案例使用的数据是从某网站爬取的有关天问一号成功登陆火星事件的相关视频下的评论数据，格式为 csv 文件，可使用 pandas 库中的 read_csv 函数读取数据集，对特征"类别"中不同类型的评论进行计数，然后使用 Matplotlib 库 pyplot 模块中的 pie 函数绘制不同类型评论的数量分布饼图，如代码清单 12-1 所示。

代码清单 12-1　绘制不同情感类型评论的数量分布饼图

```
import pandas as pd
df = pd.read_csv('../data/Comments.csv')
df.head()   # 输出前五行
```

```python
from pyecharts.charts import Pie
from pyecharts import options as opts
phone = ['中性评论', '正面评论', '负面评论']
num = df['类别'].value_counts()                    # 类别列计数
# 注意，函数接收的类型为(x,y)组成的列表
def pie_rich_label() -> Pie:
    c = (
        Pie()
        .add(
            '',
            list(zip(phone,num)),
            label_opts=opts.LabelOpts(
                position="outside",
                # b表示评论类别，d表示占比
                formatter='{b|{b}: }  {per|{d}%}',
                background_color='#eee',
                border_color='#aaa',
                border_width=1,
                border_radius=4,
                # pyecharts 强大的一点是可以调用富文本
                rich={
                    'b': {'fontSize':16, 'lineHeight':33},
                    'per':{
                        'color':'#eee',
                        'backgroundColor':'#334455',
                        'padding':[2, 4],
                        'borderRadius':2,
                    },
                },
            ),
        )
        .set_global_opts(title_opts=opts.TitleOpts(title='不同情感类型评论的数量分布'))
        .render('../tmp/Pie_basic.html')      # 渲染文件及其名称
    )
    return c
pie_rich_label()
```

* 代码详见：demo/code/01-数据探索.py。

运行代码清单 12-1，得到不同情感类型评论的数量分布情况，如图 12-2 所示。

从图 12-2 可以看出，在所有的评论数据中，中性评论占比为 49.95%，正面评论占比为 45.66%，负面评论占比为 4.39%。正面评论占比远远高于负面评论占比，说明大部分用户并没有对天问一号持有消极观念，并对中国的航天事业抱有期望。同时有相当一部分的网友持中立观点，并对天问一号事件发表了自己的看法和建议。总体来看，某网站用户对天问一号倾向于积极支持的态度。

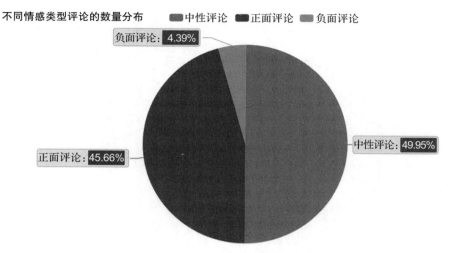

图 12-2　不同情感类型评论的数量分布

2. 每月评论量

为查看 2020 年 4 月 24 日至 2021 年 7 月 7 日每个月的用户评论量情况，首先需要统计所涉及的时间范围，并删除时间不是 2020～2021 年的数据，然后使用 groupby 函数和 sum 函数对"评论时间"列进行分组并统计评论量，最后使用 plot 函数绘制折线图，如代码清单 12-2 所示。

代码清单 12-2　查看 2020 年 4 月 24 日至 2021 年 7 月 7 日每月的评论量

```
df['评论时间'] = df['评论时间'].astype(str)                    # 转换为字符串类型
time_target = ['2']
index_target = df['评论时间'].apply(lambda x: sum([i in x for i in time_target]) > 0)
df = df.loc[index_target, :]          # 时间列异常值处理，不是2020～2021年的时间数据行
df['评论时间'] = pd.to_datetime(df['评论时间'])               # 转换为时间类型
temp = df[['评论时间', '评论内容']]                          # 时间评论表
x = temp.groupby('评论时间')['评论内容'].count()            # 每个月的评论量
y = x.reset_index()                                       # 重置索引，为绘制折线图做准备
month=[]                                                  # 用于保存切取的年月
for i in range(len(y)):
    j=str(y.iloc[i,0])[0:7]
    month.append(j)
y['评论时间']=month
y = y.groupby('评论时间')['评论内容'].sum()                 # 按月份求评论数
y = y.reset_index()                                       # 重置索引
plt.figure(figsize=(12, 7))                               # 创建一个空白画布，画布的大小为12*7
plt.xticks(range(16),y['评论时间'])                         # 设置x刻度
plt.xticks(size='small', rotation=75, fontsize=13)        # rotation表示标签逆时针旋转60度，
                                                          # fontsize用于设置图例字体大小
```

```
plt.title('每月评论量统计图')
plt.xlabel('日期')                                              # 在当前图形中添加x轴标签
plt.ylabel('评论量')                                            # 在当前图形中添加y轴标签
plt.plot(y['评论时间'], y['评论内容'], c='black')   # 绘制折线图
plt.show()
```

---

* 代码详见：demo/code/01- 数据探索 .py。

运行代码清单 12-2，得到 2020 年 4 月 24 日至 2021 年 7 月 7 日共计 16 个月每个月的评论量变化情况，如图 12-3 所示。

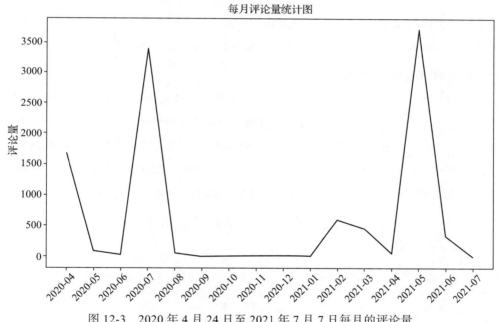

图 12-3　2020 年 4 月 24 日至 2021 年 7 月 7 日每月的评论量

根据事件发展及评论量随时间的变化趋势，将用户评论时间分为 5 个阶段，分别为初始期、爆发期、骤减期、再次爆发期和平稳期。

由图 12-3 可知，在初始期，即 2020 年 4 月至 6 月期间，评论量呈下降趋势，因为 7 月 23 日天问一号探测器发射前，用户只是听说了它要到火星执行探测任务的计划，相关的视频与报道很少，所以用户的评论量是逐渐减少的。

2020 年 6 月至 7 月为爆发期，这一时期天问一号处于"战备"阶段，它即将前往火星执行探测任务的消息迅速传播开来，民众对于此事件的期待值很高，某网站的相关新闻与视频逐渐丰富起来，因此用户评论量随时间的推移整体呈现递增的趋势，尤其是临

近 7 月与 7 月期间这两个时间段。

2020 年 7 月至 2021 年 4 月为骤减期，评论量从峰值骤降至 0 附近，此时天问一号处于前往火星的途中阶段，其间相关新闻报道与视频较少，热议声不高，虽然在 2021 年 2 月由于天问一号抵达火星附近引来了一些热议，但是幅度不大且维持时间较短，因此用户对相关事件的评论量随时间的推移整体呈现明显递减趋势，甚至评论量很多都没过百条。

2021 年 4 月至 2021 年 6 月为再次爆发期，这一时期由于 5 月火星车的着陆与 6 月科学影像图的公布两个事件，某网站的用户评论量随着时间的推移再次呈现明显递增趋势。

最后一个阶段是 2021 年 6 月之后，由于公布了科学影像图后很少甚至没有陆续的相关新闻报道，因此评论量随时间的推移逐渐减少，7 月只获取到了 2 条数据。

3. 获赞数排名前 10 的评论

本案例的数据集中有一个特征为点赞数，点赞是指其他用户同意该用户的评论观点，点赞数则是点赞这个行为的数量，点赞数越多意味着持有相同观点的人越多。为了解 2020 年 4 月 24 日至 2021 年 7 月 7 日天问一号发射与登陆前后相关视频下某网站用户文本评论中哪些评论获得的点赞数最多，即哪条评论的获赞数最多，以特征"点赞数"进行排序，并取其中排名前 10 的评论绘制柱形图，如代码清单 12-3 所示。

代码清单 12-3　绘制获赞数排名前 10 的评论的柱形图

```
import numpy as np
df1 = df
df1 = df1.replace(to_replace='-', value=np.nan)  # 空值替代特殊字符
df1 = df1.dropna(how='any')                       # 去空值处理
df1['点赞数'] = pd.to_numeric(df1['点赞数']).round(0).astype(int)
df1.sort_values(by="点赞数",axis=0,ascending=False,inplace=True) # 降序排序，替换原
                                                  # 数据框
df1.head()
labels=['第1名', '第2名', '第3名', '第4名', '第5名', '第6名', '第7名', '第8名', '第9
    名', '第10名']                               # 定义标签，作为x轴刻度
y1 = df1['点赞数'][:10]
plt.xlabel('评论获赞数排名')
plt.ylabel('评论获赞数')                          # 设置x、y轴标签
plt.title('评论获赞数排名前10的柱形图')           # 设置标题
plt.xticks(range(10), labels)                    # 设置x刻度
plt.bar(range(10), y1, width=0.5)                # 绘制柱形图
plt.show()
```

* 代码详见：demo/code/01-数据探索.py。

运行代码清单 12-3，得到评论获赞数排名前 10 的柱形图，如图 12-4 所示。

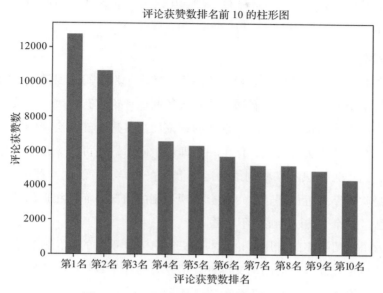

图 12-4　评论获赞数排名前 10 的柱形图

由图 12-4 可知，第 1 名与第 2 名的评论获赞数均超出了 10000，两条评论分别为"火星自古以来就是……抱歉走错了 [doge]"与"在？我到了，一切安好，大家放心"，均表达了对中国航天事业所取得的这一成就的肯定，对应获赞数分别为 12757 和 10669。第 3 名的评论为"《天问》是中国战国时期诗人屈原创作的一首长诗。全诗通篇是对天地、自然和人世等一切事物现象的发问，显示出作者沉潜多思、思想活跃、想象丰富的个性，表现出超卓非凡的学识和惊人的艺术才华，被誉为'千古万古至奇之作'"，该评论表达了对天问取名的赞誉，获赞数为 7700。除前 3 名外，第 4 名至第 10 名的获赞数相差不大。

12.2.4　文本预处理

由于在数据爬取过程中会产生部分内容缺失、内容重复和价值含量很低甚至没有价值的文本数据，如果将这部分数据引入分词、词频统计和模型训练等操作中，会影响后续的建模分析。同时，评论文本数据是由字符和字符串构成的短文本或长文本，与标准的数值型数据不同，不能进行常见的逻辑运算和统计计算。因此，为了处理起来更加方便，在进行统计分析和建模之前，需要进行文本预处理，包括数据清洗、中文分词、去除停用词等。

本案例主要从数据清洗、特殊字符处理、中文分词、去除停用词四个方面对数据进行文本预处理。

1. 数据清洗

数据清洗的主要目的是从业务和模型的相关需求出发，筛选出需要的数据。由于有些用户如果对某个评论持有相同看法，会直接复制该评论进行发表，导致出现不同用户的评论内容完全重复的现象，不处理重复的评论而直接进行建模会影响分析的效率，因此，需要对重复的评论进行去重，保留一条即可。同时，还可能会存在部分评论相似度极高的情况，这类评论只在某些词语的运用上存在差异，虽然此类评论也可归为重复，但若是直接删除文字相近的评论，可能会出现误删的情况，而且相近的评论也可能有不少有用的信息，去除这类评论显然不合适。

因此，为了保留更多的有用评论，本节只针对完全重复的评论进行去重，仅删除完全重复部分，以尽可能保留有用的文本评论信息。对评论数据进行去重，可以降低数据处理和建模过程的复杂度，如代码清单 12-4 所示。

代码清单 12-4　评论数据去重

```
import jieba
import re
import pandas as pd
import numpy as np
from PIL import Image                          # 导入图像处理的模块
from wordcloud import WordCloud, STOPWORDS     # 导入绘制词云图的模块
import matplotlib.pyplot as plt

df = pd.read_csv('../data/Comments.csv')
df_drop = df.drop_duplicates('评论内容', keep='first')   # 保留重复数据的第一条数据
print(df.shape)                               # 未删除重复数据的样本量
print(df_drop.shape)                          # 删除重复数据后的样本量
```

* 代码详见：demo/code/02- 文本预处理 .py。

运行代码清单 12-4，去重前评论量为 10380 条，去重后的评论量为 9314 条，去重前后的评论量相差较大，说明该数据集中的评论数据存在较多重复的现象，可能是因为有些用户在评论时复制了别人的评论。

2. 特殊字符处理

通过观察，发现数据中存在空格、制表符、字母等特殊字符，这些信息对于模型的

建模分析是无意义的，因此，需要先将这类特殊字符处理干净。对文本数据中的特殊字符进行处理，如代码清单 12-5 所示。

代码清单 12-5　处理数据中的特殊字符

```
df_clean = df.copy()        # 数据框复制
# 将遍历到的非文字、数字、转义符、天问一号、天问、胖5替换成空
df_clean['评论内容'] = df['评论内容'].astype('str').apply(lambda x:
re.sub('[^\u4E00-\u9FD5]|[0-9]|\\s|\\t|天问一号|天问1号|天问|胖5|时分', '', x))
# astype()函数可用于转化content的数据类型为str
# apply遍历每个值，与lambda表达式相结合
# re.sub替换所有的匹配项，返回一个替换后的字符串，如果匹配失败，返回原字符串
df_clean.head(5)            # 打印前5条数据
```

* 代码详见：demo/code/02- 文本预处理 .py。

运行代码清单 12-5 后，得到剔除特殊字符之后的数据，如表 12-2 所示，与处理前的原始数据进行对比，发现处理后的数据只保留了干净的文字，清洗工作初见成效。

表 12-2　剔除特殊字符之后的数据

评论时间	点赞数	评论内容	类　　别
2021/5/15	0	一年了着陆了着陆了给心心给心心	1
2021/5/15	0	已经着落	1
2021/5/15	0	一年了啊	1
2021/5/15	3	我国首次火星探测任务着陆火星于圆满成功	1
2021/5/15	2	着陆了	1

3. 中文分词

分词是文本信息处理的基础环节，是将句子切分成一个个词的过程。准确的分词处理可以极大地提高计算机对文本信息的识别理解能力。不准确的分词处理则会产生大量的噪声，严重干扰计算机的识别理解能力，并对后续的处理工作产生较大的影响。本案例使用 jieba 进行中文分词，基本步骤如下。

1）导入 jieba 库并建立一个辅助函数 chinese_word_cut，使用 jieba 工具中的 jieba. cut 函数进行分词。

2）调用函数 chinese_word_cut 完成对评论数据的分词。

3）查看分词后的效果。

使用 jieba 进行分词，如代码清单 12-6 所示。

代码清单 12-6　使用 jieba 进行分词

```
def chinese_word_cut(mytext):
    return jieba.lcut(mytext)        # cut_all参数默认为False，使用精确模式
df_clean['cutted_content'] = df_clean['评论内容'].apply(chinese_word_cut)
df_clean.cutted_content[:5]          # 输出前5条数据
```

* 代码详见：demo/code/02- 文本预处理 .py。

运行代码清单 12-6 后，得到分词后的数据，将其与分词前的数据进行对比，如表 12-3 所示。每一条评论内容均被分成一个个具有独立意义的词。

表 12-3　分词前后评论数据对比

分词前评论内容	分词后评论内容
一年了着陆了着陆了给心心给心心	['一年','了','着陆','了','着陆','了','给','心心','给','心心']
已经着落	['已经','着落']
一年了啊	['一年','了','啊']
我国首次火星探测任务着陆火星于圆满成功	['我国','首次','火星','探测','任务','着陆','火星','于','圆满成功']
着陆了	['着陆','了']

4. 去除停用词

停用词（Stop Word），词典中译为"电脑检索中的虚字、非检索用字"。在搜索引擎优化（Search Engine Optimization，SEO）中，为了节省存储空间和提高搜索效率，在索引页面或处理搜索请求时会自动忽略某些字或词，这些被忽略的字或词就被称为停用词。在分词过程中，停用词主要包括语气助词、副词、介词、连词等，如"的""地""得""我""你""他"等。因为它们的使用频率过高，会大量出现在文本中，在统计词频的时候会增加噪声数据量，所以需要去除这些停用词。

在 Python 中通常使用停用词表来去除停用词，常用的停用词表包括四川大学机器智能实验室停用词库、哈尔滨工业大学停用词表、中文停用词表和百度停用词表等。本案例采用哈尔滨工业大学停用词表 stopwordsHIT.txt 来去除停用词，将每一条评论中出现在停用词表中的词去掉，如代码清单 12-7 所示。

代码清单 12-7　去除停用词

```
def get_custom_stopwords(stop_words_file):
    # 以只读模式打开文件
    with open(stop_words_file, 'r', encoding='UTF-8') as f:
```

```
        stopwords = f.read()
    stopwords_list = stopwords.split('\n')
    custom_stopwords_list = [i for i in stopwords_list]
    return custom_stopwords_list

stop_words_file = '../data/stopwordsHIT.txt'
stopwords = get_custom_stopwords(stop_words_file)
df_clean['cutted_content'] = df_clean.cutted_content.apply(lambda x: [i for i
    in x if i not in stopwords])
df_clean['cutted_content'].head()
df_clean.to_excel('../tmp/data_clean.xlsx')   # 写入Excel
```

* 代码详见：demo/code/02- 文本预处理 .py。

运行代码清单 12-7 后，得到去除停用词后的数据，将其与去除停用词前的数据进行对比，如表 12-4 所示。

表 12-4　去除停用词前后评论数据对比

去除停用词前评论内容	去除停用词后评论内容
一年了着陆了着陆了给心心给心心	[' 一年 ',' 着陆 ',' 着陆 ',' 心心 ',' 心心 ']
已经着落	[' 已经 ',' 着落 ']
一年了啊	[' 一年 ']
我国首次火星探测任务着陆火星于圆满成功	[' 我国 ',' 首次 ',' 火星 ',' 探测 ',' 任务 ',' 着陆 ',' 火星 ',' 圆满成功 ']
着陆了	[' 着陆 ']

12.2.5　绘制词云图

词云图是进行文本结果展示的有利工具，它可以对文本数据分词后的高频词予以视觉上的强调，从而过滤掉绝大部分的低频词汇文本信息，使得阅读者一眼就可以获取到文本的主旨信息。

通过上述一系列文本数据预处理之后，对词语进行词频统计，再使用 wordcloud 模块中的 WordCloud 绘制词云图，将不同类型的评论分别进行可视化，在视觉上突出文本中出现频率较高的"关键词"。

1. 绘制评论数据的词云图

完成数据预处理后，可绘制词云图查看分词效果。这需要对词语进行词频统计，将词频降序排序，然后选择排名前 1000 的词，使用 wordcloud 模块中的 WordCloud 绘制词云图，查看分词效果。绘制评论数据的词云图，如代码清单 12-8 所示。

代码清单 12-8　绘制评论数据的词云图

```
def words_count():
    word_dict = {}
    for index, item in df_clean.iterrows():
        for i in item.cutted_content:
            # 统计数量
            if i not in word_dict:
                word_dict[i] = 1
            else:
                word_dict[i] += 1
    return word_dict
# 调用函数
words_count()


def wordcloud_plot(mask_picture='../data/p1.jpg'):
        plt.figure(figsize=(16, 8), dpi=1080)                    # 确定画布大小
        image = Image.open(mask_picture)                         # 打开轮廓图片
        graph = np.array(image)                                  # 像素矩阵
        wc = WordCloud(background_color='White',                 # 设置背景颜色
                       mask=graph,                               # 设置背景图片
                       max_words=1000,                           # 设置显示的最大字数
                       stopwords=STOPWORDS,                      # 设置停用词
                       font_path='./data/simhei.ttf',            # 设置字体格式
                       random_state=30)                          # 随机种子
        # 绘制0、1样本的词云图
        wc.generate_from_frequencies(words_count())              # 词频数据
        plt.imshow(wc)                                           # 绘图
        plt.axis("off")                                          # 去除坐标轴
        plt.show()                                               # 打印
# 调用函数绘图
wordcloud_plot()
```

*代码详见：demo/code/02- 文本预处理 .py。

运行代码清单 12-8 得到评论数据的词云图，如图 12-5 所示。

由图 12-5 可以看出，对评论数据进行预处理后，分词效果大致符合预期。其中火星、加油、星辰、成功等词出现的频率较高。因此，可以初步判断某网站用户对天问一号事件的评论中包含这些词的评论比较多。

2. 不同情感类型评论数据的词云图

绘制不同情感类型评论数据的词云图时，首先需要对不同情感类型的评论词语进行词频统计，将词频降序排序，然后选择前 1000 个词，使用 wordcloud 模块中的 WordCloud 绘制词云图，查看分词效果，最后调用函数 wordcloud_plote() 绘图，如代码清单 12-9 所示。

代码清单 12-9　绘制不同情感类型评论数据的词云图

```
# 词频统计，自编函数，参数为-1、0、1
def words_counte(labels=0):
    word_dict = {}
    for index, item in df_clean[df_clean['类别'] == labels].iterrows():
        for i in item.cutted_content:
            if i not in word_dict:
                # 统计数量
                word_dict[i] = 1
            else:
                word_dict[i] += 1
    return word_dict
# 调用函数
words_counte()
def wordcloud_plote(mask_picture='../data/p1.jpg'):
    p1 = plt.figure(figsize=(16, 8), dpi=1080)
    image = Image.open(mask_picture)
    graph = np.array(image)
    wc = WordCloud(background_color='White', mask=graph, max_words=2000,
        stopwords=STOPWORDS, font_path='../data/simhei.ttf', random_state=30)
    # 绘制-1、0、1样本的词云图
    for i in [-1, 0, 1]:
        p1.add_subplot(1, 3, i + 2)
        wc.generate_from_frequencies(words_counte(i))
        plt.imshow(wc)
        plt.axis('off')
        plt.show()
# 调用函数绘图
wordcloud_plote()
```

* 代码详见：demo/code/02- 文本预处理 .py。

图 12-5　评论数据的词云图

运行代码清单 12-9 得到不同情感类型评论数据的词云图，如图 12-6～图 12-8 所示。

图 12-6　负面评论数据的词云图

从图 12-6 可以看出，负面评论中否定词"不""失败"较多。

图 12-7　中性评论数据的词云图

从图 12-7 可以看出，中性评论中存在与"天问一号"不相关的词语，例如"系列""种菜"等。

图 12-8　正面评论数据的词云图

从图 12-8 可以看出，正面评论中出现较多的词语有"加油""成功""支持"等。

综上，负面评论大多不看好天问一号，认为探测任务会以失败告终。正面评论大多对天问一号探测任务表示支持，看好中国航天的发展。分词结果基本符合用户的评论情感。

12.2.6　使用朴素贝叶斯构建情感分析模型

朴素贝叶斯算法具有稳定的分类效率、对小规模的数据表现很好、能处理多分类任务、适合增量式训练等优点，也有在特征个数比较多或特征之间相关性较大时分类效果不好、分类决策错误率较高等缺点。本案例的目标为识别用户评论的情感类型是正面情感、负面情感还是中性情感，为三分类问题，因此采用朴素贝叶斯分类算法建立用户情感分析模型。在构建分类模型之前需进行文本向量化操作，划分数据集之后，使用 MultinomialNB 类构建多项式贝叶斯分类模型，最后，评价训练好的模型性能并应用模型识别评论的情感类型。

1. 朴素贝叶斯原理

贝叶斯分类是一类分类算法的总称，这类算法均以贝叶斯定理为基础，故统称为贝叶斯分类。贝叶斯定理解决了现实生活里经常遇到的问题，例如，已知某条件概率，如何得到两个事件交换后的概率，也就是已知事件 B 发生的条件下事件 A 发生的条件概率

$P(A\mid B)$，如何求得在事件 A 发生的条件下事件 B 发生的概率 $P(B\mid A)$。

（1）朴素贝叶斯算法流程

朴素贝叶斯分类分为三个阶段，其算法流程如图 12-9 所示。其中 $P(y_i)$ 为类别 y_i 的概率，$P(x\mid y_i)$ 为类别 y_i 下属于特征 x 的概率，$P(x\mid y_i)P(y_i)$ 则对应既属于类别 y_i 又属于特征 x 的概率。

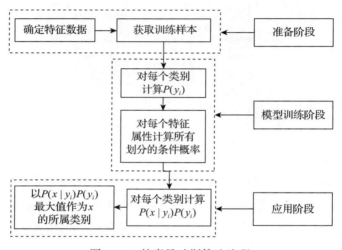

图 12-9　朴素贝叶斯算法流程

1）准备阶段。该阶段的输入是所有待分类数据，输出是特征属性和训练样本。其主要任务是根据具体情况确定特征属性，并对每个特征属性进行适当划分，然后由人工对一部分待分类项进行分类，形成训练样本集合。该阶段是整个朴素贝叶斯分类中唯一需要人工完成的阶段，其质量对整个过程有重要影响。分类模型的质量很大程度上由特征属性、特征属性的划分以及训练样本质量决定。

2）模型训练阶段。该阶段的输入是特征属性和训练样本，输出是分类模型。其主要任务是生成分类模型，计算每个类别在训练样本中出现的频率及每个特征属性划分对每个类别的条件概率，并记录结果。该阶段是机械性阶段，由程序自动计算完成。

3）应用阶段。该阶段的输入是分类模型和待分类项，输出是待分类项与类别的映射关系。其主要任务是使用分类模型对待分类项进行分类。该阶段同样是机械性阶段，由程序自动完成。

（2）朴素贝叶斯算法在文本分类中的应用

假设每个用户的购物评论就是一篇文档，识别出这篇文档属于哪种情感类型的评论就是分类的过程，其中情感类型为 { 正面评论，中性评论，负面评论 }。首先需要寻找某篇文档中文本的某些特征，然后根据这些特征将这篇文档归为某个类。

使用监督式机器学习方法进行文本分类。假设已经有分好类的 n 篇文档 (d_1, c_1), (d_2, c_2), $\cdots$, (d_n, c_n)，其中 d_i 表示第 i 篇文档，c_i 表示第 i 个类别。目标是寻找一个分类模型，这个分类模型需要实现的功能是当给它一篇新文档 d 时，它就输出 d 最有可能属于的类别 c。在此案例中，类别就是正面评论、负面评论和中性评论。

实现文本分类的模型有很多种，其核心都是如何从文本中抽取出能够体现文本特点的关键特征，抓取特征到类别之间的映射。词袋（Bag Of Words）模型就是一种用机器学习算法对文本进行建模时表示文本数据的方法，它不考虑文本中词与词之间的上下文关系，只考虑所有词的权重，权重与词在文本中出现的频率有关。如果给定一篇文档，则文档中每个单词出现的次数、某些单词出现的位置、单词的长度、单词出现的频率等就是该文档的特征，如果用词袋模型表示，则仅考虑这篇文档中单词出现的频率（次数），用每个词语出现的频率作为文档的特征（或者说用词语出现的频率来代表该文档）。

2. 构建情感分析模型

数据经过预处理之后，就进入使用模型算法处理的过程。本案例使用朴素贝叶斯算法，准备阶段包括确定特征属性（又称为文本向量化）和划分数据集，训练阶段使用多项式朴素贝叶斯（MultinomialNB）模型进行训练，然后进行模型评价。下面详细介绍前两个阶段。

（1）文本向量化

由于文本数据无法直接用于建模，因此需要将文本表示成计算机能够直接处理的形式，即文本向量化。使用词频文档矩阵对文本数据进行向量化，其中每一行表示一篇文档，列表示所有文档中的词，交叉项数值则为该词在这篇文档中出现的次数。

Python 的 sklearn 库包含许多可以实现文本数据统计的函数，其中 CountVectorizer 函数可以统计分词后的词频，TfidfTransformer 函数可以为每个词赋予不同的权重，以此来找到权重比较大的词，也就是重要的特征属性，这一步称为转化成 TF-IDF 权重向量。TF-IDF 是一种统计方法，用来评估一个词对一个文件集或一个语料库中的一份文件的重要程度。将评论文本转化成 TF-IDF 权重向量，即创建文档词语矩阵以转换成符合朴素贝叶斯算法的数据形式，如代码清单 12-10 所示。首先将经过文本预处理后得到的词转换成字符串，词语之间使用 join 函数以空格分隔，然后将评论和标签分开，最后使用 CountVectorizer 类通过 fit_transform() 方法将文本中的词语转换为词频矩阵，矩阵元

素 $a[i][j]$ 表示 j 词语在第 i 个评论中的词频，即各个词语出现的次数，通过 get_feature_names() 方法可以查看所有文本的关键词，通过 toarray() 方法可以查看词频矩阵的结果。

代码清单 12-10　将评论文本转化成 TF-IDF 权重向量

```
import pandas as pd
from sklearn.feature_extraction.text import CountVectorizer      # 文本特征提取
from sklearn.metrics import confusion_matrix, classification_report  # 机器学习评估
from sklearn.model_selection import train_test_split
from sklearn.naive_bayes import MultinomialNB                    # 导入机器学习NB算法

df_clean = pd.read_excel('../tmp/data_clean.xlsx')
df_clean = df_clean.iloc[:,[4,6,9,10]]                           # 只提取关键特征列
df_clean = df_clean.dropna(how='any')                           # 去空值
def join_words(words):
    return ' '.join(words)
df_clean['cutted_content'] = df_clean['cutted_content'].apply(join_words)
df_clean = df_clean.dropna(how='any')
df_clean.cutted_content.head()
# 把特征和标签拆开
X = df_clean[['评论时间','点赞数','cutted_content']]
y = df_clean['类别']
print(X.head())
print(y.head())                                                  # 输出前5条数据

# 生成评论词语矩阵1
# 文本特征提取方法。对于每一个训练文本，只考虑每个词语在该训练文本中出现的频率
vect = CountVectorizer(analyzer='char', token_pattern='(?u)\b\w+\b')
# 将文本中的词语转换为词频矩阵
term_matrix_1 = pd.DataFrame(vect.fit_transform(X.cutted_content).toarray(),
    columns=vect.get_feature_names_out())
# 先使用fit_transform方法进行模型训练，然后根据输入的训练数据返回一个转换矩阵
# get_feature_names_out(): 获取使用fit_transform方法处理后的数组中每个位置代表的意义
# toarray(): 将sparse矩阵转换成多维数组
term_matrix_1.head()

# 生成评论词语矩阵2
max_df = 0.8        # 去除超过这一比例的文档中出现的关键词（过于平凡）
min_df = 5          # 去除低于这一数量的文档中出现的关键词（过于独特）
def get_custom_stopwords(stop_words_file):
    # 以只读模式打开文件
    with open(stop_words_file, 'r', encoding='UTF-8') as f:
        stopwords = f.read()
    stopwords_list = stopwords.split('\n')
    custom_stopwords_list = [i for i in stopwords_list]
    return custom_stopwords_list
stop_words_file = '../data/stopwordsHIT.txt'
```

```
stopwords = get_custom_stopwords(stop_words_file)
vect = CountVectorizer(max_df=max_df, min_df=min_df, token_pattern='(?u)\\b[^\\
    d\\W]\\w+\\b', analyzer='char', stop_words=stopwords)
term_matrix_2 = pd.DataFrame(vect.fit_transform(X.cutted_content).toarray(),
    columns=vect.get_feature_names())
print(term_matrix_2.head())
```

* 代码详见：demo/code/03- 贝叶斯模型与评价 .py。

代码清单 12-10 使用了两种方法分别得到评论词语矩阵 1 和评论词语矩阵 2。第一种方法先使用默认参数建立一个 CountVectorizer 类的实例 vect，对于每一个训练文本，它只考虑每个词语在该训练文本中出现的频率，并通过 fit_transform() 方法计算各词语出现的次数，再通过 pandas 库转换为数据框 term_matrix。观察转化后的结果，发现特征词语较多，其中列数就是特征个数，有 2610 个。第二种方法则使用 CountVectorizer 类的参数设置。由于部分特征是无意义的，因此需要对 CountVectorizer 类的参数设置进行改进，这里共设置了 3 层特征词语过滤，分别是 max_df 与 min_df、token_pattern、stop_words，分别对应去除超过所设置比例的文档中出现的关键词（过于平凡）与去除低于所设置数量的文档中出现的关键词（过于独特）、设置过滤规则和设置停用词。赋值给 token_pattern 的字符串 "(?u)\\b[^\\d\\W]\\w+\\b" 是一个正则表达式。其中 "(?u)" 表示匹配中对大小写不敏感，"\b" 和末尾的 "\b" 表示匹配两个词语的间隔（可以简单理解为空格），[^] 表示对匹配项取反，"\d" 表示匹配数字，"\W" 表示匹配特殊字符（非字母、非数字、非汉字、非下划线），即 [^\\d\\W] 表示匹配非数字、非特殊字符，"\w+" 表示匹配一个或多个字母、数字、下划线或汉字，最终得到的特征数为 1401 个。相较于第一种方法，特征数减少了很多。

运行代码清单 12-10，两种方法得到的文档词语矩阵部分结果展示分别如表 12-5 与表 12-6 所示，矩阵的每一行表示一条评论，矩阵的列值表示该评论中出现该词的个数。

表 12-5　第一种方法的文档词语矩阵部分结果展示

		'	,	[	]	一	丁	七	万	丈	⋯
0	25	10	4	1	1	1	0	0	0	0	⋯
1	10	4	1	1	1	0	0	0	0	0	⋯
2	5	2	0	1	1	0	0	0	0	0	⋯
3	42	16	7	1	1	0	0	0	0	0	⋯
4	5	2	0	1	1	0	0	0	0	0	⋯
⋯	⋯	⋯	⋯	⋯	⋯	⋯	⋯	⋯	⋯	⋯	⋯

表 12-6　第二种方法的文档词语矩阵部分结果展示

	一	七	万	三	上	下	不	与	专	世	…
0	1	0	0	0	0	0	0	0	0	0	…
1	0	0	0	0	0	0	0	0	0	0	…
2	1	0	0	0	0	0	0	0	0	0	…
3	0	0	0	0	0	0	0	0	0	0	…
4	0	0	0	0	0	0	0	0	0	0	…
…	…	…	…	…	…	…	…	…	…	…	…

（2）划分数据集

划分数据集使用 train_test_split 函数，在默认模式下该函数对训练集和测试集的划分比例为 3 : 1。在本案例中设置参数 test_size（测试集大小）为 0.2，也就是设定训练集和测试集的划分比例为 4 : 1。设定参数 random_state（随机种子），其目的是在不同环境中保证随机数取值一致，以便验证模型的实际效果。将数据集划分为训练集和测试集，如代码清单 12-11 所示。

代码清单 12-11　将数据集划分为训练集和测试集

```
# 划分数据集
x_train, x_test, y_train, y_test = train_test_split(term_matrix_2, y, random_
    state=1, test_size=0.2)
# 设定random_state是为了在不同环境中保证随机数取值一致，以便验证模型的实际效果
print('训练集数据的形状: ', x_train.shape)
print('训练集标签的形状: ', y_train.shape)
print('测试集数据的形状: ', x_test.shape)
print('测试集标签的形状: ', y_test.shape)
```

*代码详见：demo/code/03- 贝叶斯模型与评价 .py。

运行代码清单 12-11，得到训练集数据与标签数据为 8304 条，测试集数据与标签数据为 2076 条。

（3）训练模型

接下来，利用向量化处理后生成的特征矩阵来训练模型。Python 的机器学习库 sklearn 提供了 3 个朴素贝叶斯分类算法，分别是高斯朴素贝叶斯（GaussianNB）、伯努利朴素贝叶斯（BernoulliNB）和多项式朴素贝叶斯（MultinomialNB）。这 3 种算法的适用场景不同，可以根据特征变量选择对应的算法。

高斯朴素贝叶斯适用于特征变量是连续变量且符合高斯分布的情况，如学生的成绩、物品的价格。

伯努利朴素贝叶斯适用于特征变量是布尔变量且符合 0/1 分布的情况，如在文档分类中特征单词是否出现。

多项式朴素贝叶斯适用于特征变量是离散变量且符合多项式分布的情况，在文档分类中特征变量体现为一个单词出现的次数或单词的 TF-IDF 值等。本案例涉及的特征变量是离散型的，因此采用多项式朴素贝叶斯分类模型。

使用 sklearn 库中 naive_bayes 模块的 MultinomialNB 类可以实现多项式朴素贝叶斯算法，对数据进行分类。MultinomialNB 类的基本使用格式如下。

```
class naive_bayes.MultinomialNB(alpha=1.0, fit_prior=True, class_prior=None)
```

MultinomialNB 类常用的参数及其说明如表 12-7 所示。

表 12-7　MultinomialNB 类常用的参数及其说明

参数名称	参数说明
alpha	接收 float，表示附加的平滑参数（Laplace/Lidstone），0 表示不平滑，默认为 1.0
fit_prior	接收 boolean，表示是不是学习经典先验概率，如果值为 False 则采用 uniform 先验，默认为 True
class_prior	接收 array-like, size (n_classes)，表示是否指定类的先验概率，若指定则不能根据参数调整，默认为 None

构建训练模型并进行分类预测，如代码清单 12-12 所示。

代码清单 12-12　构建训练模型并进行分类预测

```
model_nb = MultinomialNB().fit(x_train, y_train) # 构建多项式贝叶斯模型
res_nb = model_nb.predict(x_test)                # 模型预测
```

* 代码详见：demo/code/03- 贝叶斯模型与评价 .py。

运行代码清单 12-12 得到分类预测结果，如表 12-8 所示。

表 12-8　分类预测结果

index	cutted_content	类别	pre
10230	[' 征途 ',' 星辰 ',' 大海 ',' 加油 ']	1	1
1183	[' 终于 ',' 拯救 ',' 楼主 ']	0	0
3946	[' 留下 ', ' 足迹 ']	0	1
3501	[' 芜湖 ']	1	1
5466	[' 第一 ',' 热词 ',' 系列 ',' 知识 ',' 增加 ']	0	0
...	...	...	...

从表 12-8 可以看出，贝叶斯分类预测模型结果中大部分分类预测结果与真实类别一致，但也会出现少数分类预测结果与真实类别不一致（如索引为 3946 的记录）的情况，因此需要对模型性能进行评价。

12.2.7　模型评价

在分类模型评价的指标中，常见的有混淆矩阵（也称误差矩阵，Confusion Matrix）、ROC 曲线、AUC 3 种。其中，混淆矩阵是绘制 ROC 曲线的基础，也是衡量分类模型准确度的最基本、最直观、计算最简单的方法。分别统计分类模型归错类、归对类的观测值个数，然后将结果放在一个表里展示出来，这个表就是混淆矩阵。简单的二分类问题的混淆矩阵如表 12-9 所示。矩阵中的 TP 表示预测为 1，实际为 1，预测正确；FP 表示预测为 1，实际为 0，预测错误；FN 表示预测为 0，实际为 1，预测错误；TN 表示预测为 0，实际为 0，预测正确。

表 12-9　二分类问题的混淆矩阵

预测结果	实际结果	
	1	0
1	TP	FP
0	FN	TN

混淆矩阵统计的是个数，有时候面对大量的数据，仅凭算个数，很难衡量模型的优劣。因此混淆矩阵在基本的统计结果上又延伸了 4 个指标：准确率、精确率、召回率和 F1 值。准确率为预测正确的结果占总样本的百分比；精确率是指在一定实验条件下多次测定的平均值与真实值相符合的程度，用于表示系统误差的大小；召回率是广泛用于信息检索和统计学分类领域的度量值，用于评价结果的质量；F1 值又称为 F1-Score，综合考虑精确率与召回率。

本案例选用这 4 个指标来评价所构建的模型。因为本案例研究情感类别的识别，更关心负面评论的判别情况，所以在本案例中，召回率表示被正确分类的负面评论所占的比例，召回率越高，表示模型将负面评论误划分为正面评论的概率越低，模型效果越好；精确率主要关注的是被划分为负面评论的样本中实际为负面评论的样本所占的比例，精确率越高，模型分类效果越好。对构建好的模型进行评价，如代码清单 12-13 所示。

代码清单 12-13　模型评价

```
from sklearn.metrics import precision_score, recall_score, f1_score
from sklearn.metrics import accuracy_score
print('混淆矩阵如下:\n',confusion_matrix(y_test, res_nb))        # 混淆矩阵
classification_report(y_test, res_nb)                           # 结果报告
evaluate_accuracy = accuracy_score(y_test, res_nb)
print('准确率为%.2f%%:' % (evaluate_accuracy * 100.0))
evaluate_p = precision_score(y_test, res_nb, average='micro')
print('精确率为%.2f%%' % (evaluate_p * 100.0))
evaluate_recall = recall_score(y_test, res_nb, average='micro')
print('召回率为%.2f%%:' % (evaluate_recall * 100.0))
evaluate_f1 = f1_score(y_test, res_nb, average='micro')
print('F1 值为%.2f%%:' % (evaluate_f1 * 100.0))
print('多项式贝叶斯模型的性能报告: \n', classification_report(y_test, res_nb))
```

* 代码详见：demo/code/03- 贝叶斯模型与评价 .py。

　　运行代码清单 12-13 后，得到多项式贝叶斯模型的评价指标值及性能分析报告，分别如表 12-10 和表 12-11 所示，可以看出模型的准确率达到 69.17%。

表 12-10　多项式贝叶斯模型的评价指标值

模型	准确率 /%	精确率 /%	召回率 /%	F1 值 /%
多项式贝叶斯模型	69.17	69.17	69.17	69.17

表 12-11　多项式贝叶斯模型的性能分析报告

类别	精确率 / %	召回率 / %	F1 值 / %
−1	23	23	23
0	68	68	68
1	74	74	74

　　值得一提的是，这里使用的是代码清单 12-10 中第二种词频统计的方法，然后划分数据集，将常见或低频的关键词去掉，但这些关键词中也可能有能够充分表现评论的情感类型，如果特征数减少太多，一定程度上会影响模型的准确率等性能数值。使用代码清单 12-10 中第一种词频统计的方法，然后划分训练集，建立贝叶斯模型查看效果，并进行结果的比对，得到的模型评价指标值及性能分析报告分别如表 12-12 与表 12-13 所示，可以看出模型的准确率达到了 69.89%。

表 12-12　多项式贝叶斯模型的评价指标值

模型	准确率 / %	精确率 / %	召回率 / %	F1 值 / %
多项式贝叶斯模型	69.89	69.89	69.89	69.89

表 12-13　多项式贝叶斯模型的性能分析报告

类别	精确率 / %	召回率 / %	F1 值 / %
−1	23	12	15
0	68	69	69
1	73	75	74

12.2.8　模型优化

　　模型优化是在原有模型的基础上寻找一个改进的方向，可能根据此方向训练出的模型并不是最优的，但会比优化前的模型效果更佳。本节采取的优化方式是对特征数据做标准化处理。

1. 数据标准化

　　最初建立模型时直接选择了"评论时间""点赞数""类别"以及"cutted_content"4个特征，没有考虑时间列数据的特殊类型以及点赞数的数据差异问题，有可能对模型的效果产生一定的影响。为了让模型的效果更好，提高模型准确率与预测准确率，需要对特征中的"评论时间"和"点赞数"这两列内容进行数据标准化处理。

　　对于"评论时间"列，使用 pandas 模块下的 datetime 方法将其转换为时间类型，并进行字符串截取，保留年月日信息，如"2020-05-15"，使用 split 函数对其通过分隔符"-"进行字符串切片，形成新的三列，即"年""月""日"，最后将字符串内容进行合并得到新的一列内容，例如，时间"2020-05-15 00:00:00"经过处理后得到的数据为"20200515"。对于"点赞数"列，由于点赞数出现太多的数值 0，因此对数值进行统一的加 1 处理。之后统一日期与点赞数两列的数据级数，使用 sklearn 模块的 preprocessing 离差标准化方法做数据标准化处理，如代码清单 12-14 所示。

代码清单 12-14　数据标准化

```
import pandas as pd
df = pd.read_csv('./data/Comments.csv')
df['评论时间'] = df['评论时间'].astype(str)
time_target =  ['2']
index_target = df['评论时间'].apply(lambda x: sum([i in x for i in time_target]) > 0)
df = df.loc[index_target, :]        # 时间列异常值处理，不是2020～2021年的时间数据行
df['评论时间'] = pd.to_datetime(df['评论时间'])        # 转换为时间类型
temp = df[['评论时间', '评论内容']]                     # 时间评论表
re_time = []                                          # 用于保存截取的年月日
for i in range(len(temp)):
    j=str(temp.iloc[i,0])[0:10]                       # 字符串截取
```

```
        re_time.append(j)
temp['评论时间']=re_time
temp = temp.iloc[:,0]
z=[]
for i in temp:
    i=str(i).split("-",3)                    # 用split函数切分数据，定义好分隔符与切割份数
    z.append(i)
z = pd.DataFrame(z)
z.columns = list('年月日')
z['日期'] = z['年'].str.cat(z['月'].str)       # 字符串合并
z['日期'] = z['日期'].str.cat(z['日'].str)
z['点赞数'] = df['点赞数']
z = z.iloc[:,[3,4]]

# 离差标准化，之前做点赞数加1处理
from sklearn import preprocessing
import numpy as np
import pandas as pd
z = z.replace(to_replace='-', value=np.nan)  # 空值替代特殊字符
z = z.dropna(how='any')                       # 去空值处理
z['点赞数'] = pd.to_numeric(z['点赞数']).round(0).astype(int)     # 转换为整型
va = []
for i in z['点赞数']:
        i = i+1
        va.append(i)
va = pd.DataFrame(va,columns=['点赞数'])
z['点赞数'] = va['点赞数']
z = z.dropna(how='any')
min_max_scaler = preprocessing.MinMaxScaler()
z1 = min_max_scaler.fit_transform(z)
z1 = pd.DataFrame(z1)
z1 = z1.rename(columns={0:'日期',1:'点赞数'})                    # 更改列名
```

* 代码详见：demo/code/04- 模型优化 .py。

运行代码，得到的结果如表 12-14 所示，可以看出目标数据的范围均变成了 0～1。

表 12-14　日期与点赞数数据标准化

Index	日期	点赞数	Index	日期	点赞数
0	0.981328	0	5	0.981328	0.000078
1	0.981328	0	6	0.960615	0.000157
2	0.981328	0	7	0.951668	0.000549
3	0.981328	0.000235	8	0.951668	0.000235
4	0.981328	0.000157	9	0.951668	0

2. 模型训练与评价

经过数据标准化与异常值处理后，在得到的数据框中添加原始数据的"类别"与"cutted_content"两列，重新建立模型并进行模型评价，如代码清单 12-15 所示。

代码清单 12-15　模型训练与评价

```python
import pandas as pd
from sklearn.feature_extraction.text import CountVectorizer      # 文本特征提取
from sklearn.metrics import confusion_matrix, classification_report   # 机器学习评估
from sklearn.model_selection import train_test_split
from sklearn.naive_bayes import MultinomialNB        # 导入机器学习NB算法

df_clean = pd.read_excel('./tmp/data_clean.xlsx')
df_clean = df_clean.iloc[:,[9,10]]                   # 只提取关键特征列
z1 = z1.join(df_clean)
def join_words(words):
    return ' '.join(words)
z1['cutted_content'] = z1['cutted_content'].apply(join_words)
z1 = z1.dropna(how='any')
z1.cutted_content.head()
# 把特征和标签拆开
X = z1[['日期','点赞数','cutted_content']]
y = z1['类别']
print(X.head())
print(y.head())                                      # 输出前5条数据

# 生成评论词语矩阵1
# 文本特征提取方法。对于每一个训练文本，只考虑每个词语在该训练文本中出现的频率
vect = CountVectorizer(analyzer='char', token_pattern='(?u)\b\w+\b')
# 将文本中的词语转换为词频矩阵
term_matrix_1 = pd.DataFrame(vect.fit_transform(X.cutted_content).toarray(),
    columns=vect.get_feature_names_out())
# 先使用fit_transform方法进行模型训练，然后根据输入的训练数据返回一个转换矩阵
# get_feature_names_out()：获取使用fit_transform方法处理后的数组中每个位置代表的意义
# toarray()：将sparse矩阵转换成多维数组
term_matrix_1.head()

# 生成评论词语矩阵2
max_df = 0.8        # 去除超过这一比例的文档中出现的关键词（过于平凡）
min_df = 5          # 去除低于这一数量的文档中出现的关键词（过于独特）
stop_words_file = '../data/stopwordsHIT.txt'
def get_custom_stopwords(stop_words_file):
    # 以只读模式打开文件
    with open(stop_words_file, 'r', encoding='UTF-8') as f:
        stopwords = f.read()
    stopwords_list = stopwords.split('\n')
    custom_stopwords_list = [i for i in stopwords_list]
```

```
        return custom_stopwords_list
stopwords = get_custom_stopwords(stop_words_file)
vect = CountVectorizer(max_df=max_df, min_df=min_df, token_pattern='(?u)\\
    b[^\\d\\W]\\w+\\b', analyzer='char', stop_words=stopwords)
term_matrix_2 = pd.DataFrame(vect.fit_transform(X.cutted_content).toarray(),
    columns=vect.get_feature_names_out())
print(term_matrix_2.head())

# 划分数据集
x_train, x_test, y_train, y_test = train_test_split(term_matrix_1, y, random_
    state=1, test_size=0.2)
# 设定random_state是为了在不同环境中保证随机数取值一致，以便验证模型的实际效果
print('训练集数据的形状: ', x_train.shape)
print('训练集标签的形状: ', y_train.shape)
print('测试集数据的形状: ', x_test.shape)
print('测试集标签的形状: ', y_test.shape)

model_nb = MultinomialNB().fit(x_train, y_train)          # 构建多项式贝叶斯模型
res_nb = model_nb.predict(x_test)                         # 模型预测

from sklearn.metrics import precision_score, recall_score, f1_score
from sklearn.metrics import accuracy_score
print('混淆矩阵如下:\n',confusion_matrix(y_test, res_nb)) # 混淆矩阵
classification_report(y_test, res_nb)                    # 结果报告
evaluate_accuracy = accuracy_score(y_test, res_nb)
print('准确率为%.2f%%:' % (evaluate_accuracy * 100.0))
evaluate_p = precision_score(y_test, res_nb, average='micro')
print('精确率为%.2f%%' % (evaluate_p * 100.0))
evaluate_recall = recall_score(y_test, res_nb, average='micro')
print('召回率为%.2f%%:' % (evaluate_recall * 100.0))
evaluate_f1 = f1_score(y_test, res_nb, average='micro')
print('F1 值为%.2f%%:' % (evaluate_f1 * 100.0))
print('多项式贝叶斯模型的性能报告: \n', classification_report(y_test, res_nb))
```

* 代码详见：demo/code/04- 模型优化 .py。

运行代码清单 12-15，得到的分类预测结果如表 12-15 所示。

表 12-15　分类预测结果

index	cutted_content	类别	pre
3081	['以后','发射','不能','整个','空中','视角','大海','陆地','火箭','都','拍','进去','那种','坏','笑']	0	0
9361	['智慧结晶']	1	1
676	['太','需要','振奋人心','消息','加油','鼓掌','鼓掌','鼓掌']	1	1
8417	['呼','星星','眼']	0	0
6241	['祝融','名字','真的','好听','文化底蕴']	1	1
...	...	...	...

由前 5 行预测结果来看，大部分分类预测结果与真实类别一致，但也不乏分类预测结果与真实类别不一致的情况。同时，可得到模型评价指标值及性能分析报告，分别如表 12-16 和表 12-17 所示。

表 12-16　多项式贝叶斯模型的评价指标值

模型	准确率 / %	精确率 / %	召回率 / %	F1 值 / %
多项式贝叶斯模型	70.6	70.6	70.6	70.6

表 12-17　多项式贝叶斯模型的性能分析报告

类别	精确率 / %	召回率 / %	F1 值 / %
−1	20	8	11
0	69	72	70
1	74	75	74

可以看出模型的准确率达到 70.6%，其中对于标签类别为 −1（负面评论）的预测效果依旧很不理想，这与原始数据量较少、负面评论占比过低有一定关系，同时负面评论中很多并不是对天问一号事件本身的回应，而是对视频配乐、形式的评论，还有评论本身会联动以往的热门话题等因素，这些对于模型来说都可能产生不良的影响，从而降低模型性能效果。

12.3　上机实验

1. 实验目的
本上机实验有以下两个目的。

1）了解朴素贝叶斯分类算法在情感分析中的应用。

2）了解分类模型评价方法的应用。

2. 实验内容
本上机实验的内容包括以下两个方面。

1）将评论数据通过清洗、中文分词、去除停用词等操作处理成可以用于建模的数据。

2）编写 Python 程序，构建朴素贝叶斯分类模型对评论的情感类型进行分类。

3. 实验方法与步骤
本上机实验的具体方法与步骤如下。

1）通过可视化的方法分析不同情感类型的评论数量分布、每月评论量和获赞数排名前 10 的评论。

2）对评论数据进行清洗、特殊字符处理、中文分词、去除停用词和词云图分析。

3）对分词结果进行特征向量化，将数据集划分成训练集和测试集，构建朴素贝叶斯模型并进行分类。

4）通过混淆矩阵、准确率、精确率等评价指标对模型分类效果进行评价。

4. 思考与实验总结

通过本上机实验，我们可以对以下问题进行思考和总结。

1）使用不同的数据标准化方法，再使用朴素贝叶斯模型进行分类，分析不同的数据预处理方法对朴素贝叶斯模型的影响。

2）除了朴素贝叶斯算法，还有哪些分类算法可以用于情感分析？

12.4　拓展思考

本案例主要使用朴素贝叶斯算法构建分类模型，可以尝试使用其他文本分类模型，如 SVM、LSTM 等，并考虑使用模型融合技术，如 Bagging、Stacking 等，以提高分类准确率。

在预处理的过程中，可以考虑采用更有效的中文分词工具，如 HanLP 或 Bert，以提高分词效果。此外，可以尝试优化停用词表，使用更加契合评论内容的停用词表。针对文本向量化的步骤，除了使用词频作为特征外，还可以尝试使用词向量表示，如 Word2Vec 或 Bert 词向量，以增强文本语义信息的表达。另外，可以加入词性特征、句法特征等，丰富和扩展用于建模的文本特征，使得模型可以获取更多的信息用于分类。

在评价模型效果时，除了准确率、精确率、召回率等指标，还可以考虑使用 AUC、ROC 曲线等指标，使评估结果更加全面。除了对模型预测结果的分析外，还可以进行错误分析，深入挖掘不同类别评论的语义特征，为改进模型提供参考。

12.5　小结

本章的主要目的是通过朴素贝叶斯算法对某网站关于天问一号事件的相关视频下的用户评论文本数据进行情感类别预测。首先进行了数据探索与文本预处理，分析了每一类评论的基本特征，并建立了多项式朴素贝叶斯算法分类模型，然后通过准确率、精确率、召回率、F1 值 4 个指标对模型进行评价。

提 高 篇

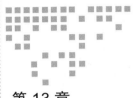

第 13 章

基于 TipDM 大数据挖掘建模
平台实现商超客户价值分析

在第 7 章中介绍了商超客户价值分析，本章将介绍如何使用 TipDM 大数据挖掘建模平台实现商超客户价值分析。相较于传统 Python 解释器，TipDM 大数据挖掘建模平台具有流程化、去编程化等特点，可以让不了解编程的用户也能使用数据分析技术。

13.1　平台简介

TipDM 大数据挖掘建模平台是由广东泰迪智能科技股份有限公司自主研发，面向大数据挖掘项目的工具。平台使用 Java 语言开发，采用 B/S（Browser/Server，浏览器 / 服务器）结构，用户不需要下载客户端，通过浏览器即可进行访问。平台具有支持多种语言、操作简单、用户无须具备编程语言基础等特点，以流程化的方式将数据输入 / 输出、统计分析、数据预处理、挖掘与建模等环节进行连接，从而实现大数据挖掘。平台界面如图 13-1 所示。

读者可通过访问平台查看具体的界面情况，操作方法如下。

1）搜索微信公众号"泰迪学社"或"TipDataMining"，关注公众号。

2）关注公众号后，回复"建模平台"，获取平台访问方式。

在介绍如何使用大数据挖掘建模平台实现项目分析之前，需要引入平台的几个概念，其基本介绍如表 13-1 所示。

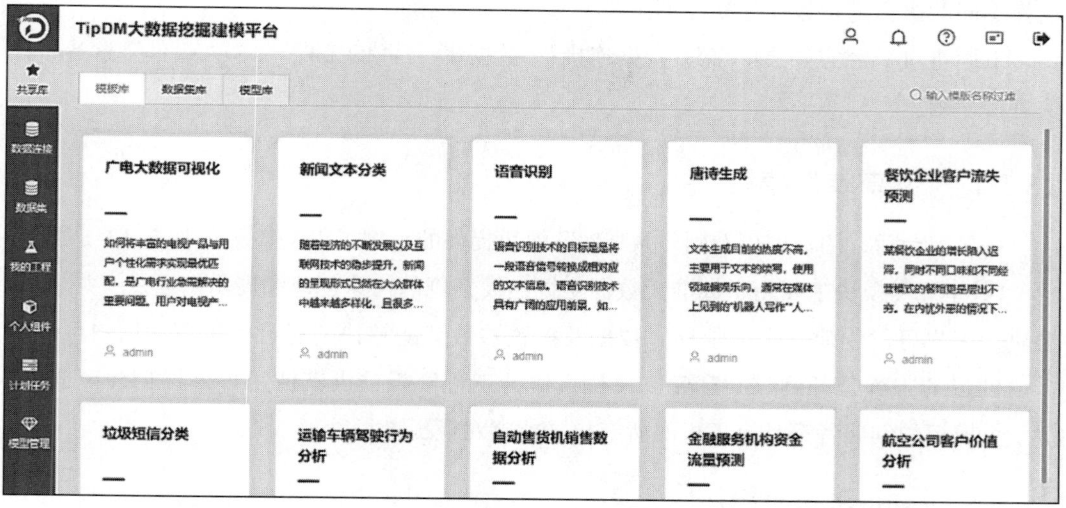

图 13-1 平台界面

表 13-1 大数据挖掘建模平台的概念及基本介绍

概念	基 本 介 绍
组件	将建模过程中涉及的输入 / 输出、数据探索、数据预处理、绘图、建模等操作分别进行封装，每一个封装好的模块称为组件 组件分为系统组件和个人组件 ● 系统组件可供所有用户使用 ● 个人组件由个人用户编辑，仅供个人用户使用
工程	为实现某一数据挖掘目标，将各组件通过流程化的方式进行连接，整个数据流程称为一个工程
参数	每个组件都有供用户设置的内容，这部分内容称为参数
共享库	用户可以将配置好的工程、数据集分别公开到模型库、数据集库中作为模板，分享给其他用户，其他用户可以使用共享库中的模板，创建一个无须配置组件便可运行的工程

TipDM 大数据挖掘建模平台主要有以下几个特点。

1）平台组件基于 Python、R 以及 Hadoop/Spark 分布式引擎，Python、R 以及 Hadoop/Spark 是常见的用于数据分析的语言或工具，高度契合行业需求。

2）用户可在没有 Python、R 或 Hadoop/Spark 编程基础的情况下，使用直观的拖曳式图形界面构建数据分析流程，无须编程。

3）平台提供公开可用的数据分析示例，实现一键创建、快速运行。支持挖掘流程每个节点的结果在线预览。

4）平台包含 Python、Spark、R 这 3 种工具的组件包，用户可以根据实际需求灵活选择不同的语言进行数据挖掘建模。

下面将对平台的"共享库""数据连接""数据集""我的工程""个人组件"这 5 个模块进行介绍。

13.1.1 "共享库"模块

登录平台后，用户即可看到"共享库"模块提供的示例工程（模板），如图 13-1 所示。

"共享库"模块主要用于标准大数据挖掘建模案例的快速创建和展示。通过"共享库"模块，用户可以创建一个无须导入数据及配置参数就能够快速运行的工程。用户可以将自己创建的工程公开到"共享库"模块，作为工程模板，供其他用户一键创建。同时，每一个模板的创建者都具有模板的所有权，能够对模板进行管理。

13.1.2 "数据连接"模块

"数据连接"模块支持从 Db2、SQL Server、MySQL、Oracle、PostgreSQL 等常用关系数据库中导入数据，导入数据时的"新建连接"对话框如图 13-2 所示。

图 13-2 "新建连接"对话框

13.1.3 "数据集"模块

"数据集"模块主要用于数据挖掘建模工程中数据的导入与管理，支持从本地导入任意类型的数据。导入数据时的"新增数据集"对话框如图 13-3 所示。

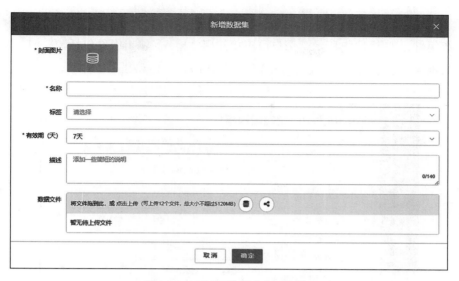

图 13-3　"新增数据集"对话框

13.1.4　"我的工程"模块

"我的工程"模块主要用于数据挖掘建模流程的创建与管理，工程示例流程如图 13-4 所示。通过单击"工程"栏下的 ⊞ （"新建工程"）按钮，用户可以创建空白工程并通过"组件"栏下的组件进行工程配置，将数据输入/输出、预处理、挖掘建模、模型评价等环节通过流程化的方式进行连接，达到数据分析与挖掘的目的。对于完成度高的工程，可以将其公开到"共享库"模块中，与其他使用者交流与学习。

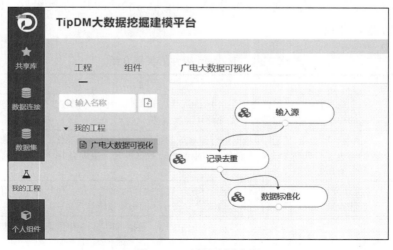

图 13-4　工程示例流程

在"组件"栏下，平台提供了输入/输出组件、Python 组件、R 语言组件、Spark 组件等系统组件，如图 13-5 所示，用户可直接使用。输入/输出组件包括输入源、输出源、输出到数据库等。下面具体介绍 Python 组件、R 语言组件和 Spark 组件。

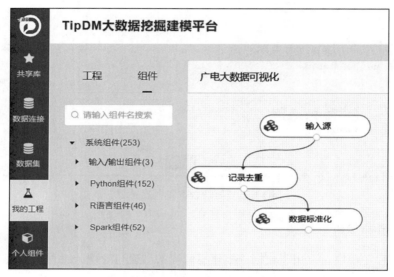

图 13-5　平台提供的系统组件

1. Python 组件

Python 组件包含 Python 脚本、预处理、统计分析、时间序列、分类、模型评价、模型预测、回归、聚类、关联规则、文本分析、深度学习和绘图共 13 类组件。Python 组件的类别介绍如表 13-2 所示。

表 13-2　Python 组件的类别介绍

类　　别	介　　　绍
Python 脚本	"Python 脚本"类组件提供一个 Python 代码编辑框。用户可以在代码编辑框中粘贴已经编写好的程序代码并直接运行，无须额外配置组件
预处理	"预处理"类组件提供对数据进行预处理的组件，包括数据标准化、缺失值处理、表堆叠、数据筛选、行列转置、修改列名、衍生变量、数据拆分、主键合并、新增序列、数据排序、记录去重和分组聚合等
统计分析	"统计分析"类组件提供对数据整体情况进行统计的常用组件，包括因子分析、全表统计、正态性检验、相关性分析、卡方检验、主成分分析和频数统计等
时间序列	"时间序列"类组件提供常用的时间序列组件，包括 ARCH、AR 模型、MA 模型、灰色预测、模型定阶和 ARIMA 等

（续）

类　　别	介　　绍
分类	"分类"类组件提供常用的分类组件，包括朴素贝叶斯、支持向量机、CART 分类树、逻辑回归、神经网络和 K 最近邻等
模型评价	"模型评价"类组件提供用于模型评价的组件，包括模型评价
模型预测	"模型预测"类组件提供用于模型预测的组件，包括模型预测
回归	"回归"类组件提供常用的回归组件，包括 CART 回归树、线性回归、支持向量回归和 K 最近邻回归等
聚类	"聚类"类组件提供常用的聚类组件，包括层次聚类、DBSCAN 密度聚类和 K-Means（即 k 均值）聚类等
关联规则	"关联规则"类组件提供常用的关联规则组件，包括 Apriori 和 FP-Growth 等
文本分析	"文本分析"类组件提供常用的对文本数据进行清洗、特征提取与分析的组件，包括情感分析、文本过滤、TF-IDF、Word2Vec 等
深度学习	"深度学习"类组件提供常用的深度学习组件，包括循环神经网络、Implici ALS 和卷积神经网络
绘图	"绘图"类组件提供常用的画图组件，可以用于绘制柱形图、折线图、散点图、饼图和词云图等

2. R 语言组件

R 语言组件包含 R 语言脚本、预处理、统计分析、分类、时间序列、聚类、回归和关联分析共 8 类组件。R 语言组件的类别介绍如表 13-3 所示。

表 13-3　R 语言组件的类别介绍

类　　别	介　　绍
R 语言脚本	"R 语言脚本"类组件提供一个 R 语言代码编辑框。用户可以在代码编辑框中粘贴已经编写好的代码并直接运行，无须额外配置组件
预处理	"预处理"类组件提供对数据进行预处理的组件，包括缺失值处理、异常值处理、表连接、表合并、数据标准化、记录去重、数据离散化、排序、数据拆分、频数统计、新增序列、字符串拆分、字符串拼接、修改列名等
统计分析	"统计分析"类组件提供对数据整体情况进行统计的常用组件，包括卡方检验、因子分析、主成分分析、相关性分析、正态性检验和全表统计等
分类	"分类"类组件提供常用的分类组件，包括朴素贝叶斯、CART 分类树、C4.5 分类树、BP 神经网络、KNN、SVM 和逻辑回归等
时间序列	"时间序列"类组件提供常用的时间序列组件，包括 ARIMA 和指数平滑等
聚类	"聚类"类组件提供常用的聚类组件，包括 K-Means 聚类、DBSCAN 密度聚类和系统聚类等
回归	"回归"类组件提供常用的回归组件，包括 CART 回归树、C4.5 回归树、线性回归、岭回归和 KNN 回归等
关联分析	"关联分析"类组件提供常用的关联规则组件，包括 Apriori 等

3. Spark 组件

Spark 组件包含预处理、统计分析、分类、聚类、回归、降维、协同过滤和频繁模式挖掘共 8 类组件。Spark 组件的类别介绍如表 13-4 所示。

表 13-4　Spark 组件的类别介绍

类　　别	介　　绍
预处理	"预处理"类组件提供对数据进行预处理的组件，包括数据去重、数据过滤、数据映射、数据反映射、数据拆分、数据排序、缺失值处理、数据标准化、衍生变量、表连接、表堆叠和数据离散化等
统计分析	"统计分析"类组件提供对数据整体情况进行统计的常用组件，包括行列统计、全表统计、相关性分析和重复值缺失值探索
分类	"分类"类组件提供常用的分类组件，包括逻辑回归、决策树、梯度提升树、朴素贝叶斯、随机森林、线性支持向量机和多层感知分类器等
聚类	"聚类"类提供常用的聚类组件，包括 K-Means 聚类、二分 K-Means 聚类和混合高斯聚类等
回归	"回归"类组件提供常用的回归组件，包括线性回归、广义线性回归、决策树回归、梯度提升树回归、随机森林回归和保序回归等
降维	"降维"类组件提供常用的数据降维组件，包括 PCA 降维等
协同过滤	"协同过滤"类提供常用的智能推荐组件，包括 ALS 组件、ALS 推荐和 ALS 模型预测
频繁模式挖掘	"频繁模式挖掘"类组件提供常用的频繁项集挖掘组件，包括 FP-Growth 等

13.1.5　"个人组件"模块

"个人组件"模块主要是为了满足用户的个性化需求。用户在使用过程中，可以根据自己的需求定制组件。目前平台支持通过 Python 和 R 语言定制个人组件。定制个人组件页面如图 13-6 所示。

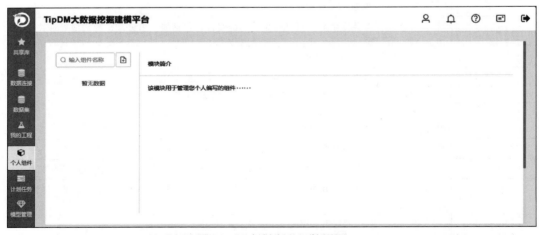

图 13-6　定制个人组件页面

13.2 快速构建数据挖掘工程

本节以商超客户价值分析案例为例，在 TipDM 大数据挖掘建模平台上配置对应工程，展示几个主要流程的配置过程。流程的具体配置和参数可通过访问平台进行查看。

在 TipDM 大数据挖掘建模平台上配置商超客户价值分析案例的总流程如图 13-7 所示，主要包括以下 4 个步骤。

1）抽取注册日期为 2021 年至 2023 年的会员消费数据。

2）对抽取的数据进行数据探索与处理，包括数据质量评估与预处理、可视化分析、相关性分析等操作。

3）基于改进的 RFM 模型——RFMPI，通过肘方法确定最佳聚类数量，并使用 K-Means 聚类算法进行客户分群。

4）针对模型结果进行分析，从而对不同价值的客户，采用不同的营销手段，提供定制化的服务。

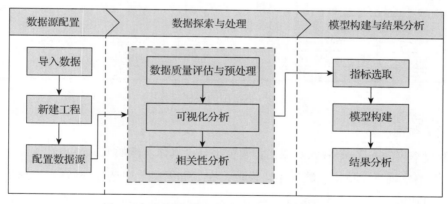

图 13-7 配置商超客户价值分析案例的总流程

在平台上配置案例得到的流程图如图 13-8 所示。

13.2.1 数据源配置

在 TipDM 大数据挖掘建模平台中配置数据源时需要先在"数据集"模块中导入案例数据，然后在"我的工程"模块中建一个空白的工程，通过"输入源"组件配置案例数据。

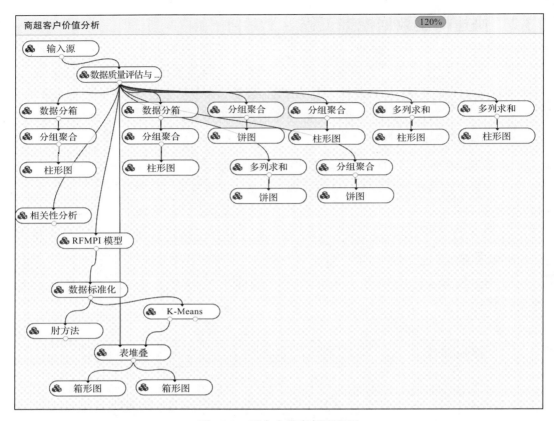

图 13-8　平台中的案例流程图

1. 导入数据

将案例数据导入 TipDM 大数据挖掘建模平台，具体步骤如下。

1）新增数据集。单击"数据集"模块，在"数据集"中选择"新增"，弹出"新增数据集"对话框。

2）设置新增数据集参数。在"名称"文本框中输入"商超客户价值分析数据集"，在"有效期（天）"中选择"永久"，单击"点击上传"链接选择"商超客户价值分析数据 .csv"文件，如图 13-9 所示，等到数据加载成功后，单击"确定"按钮，即可成功创建数据集。

3）预览数据。在创建完数据集后，可以通过单击"操作"列下的"◉"按钮预览导入的数据，如图 13-10 所示，在预览数据时，如果发现数据有乱码或者读取异常，可以通过调整"编码格式"或"分隔符"参数，并单击"预览"按钮重新进行渲染，如图 13-11 所示。

图 13-9　填写相关参数

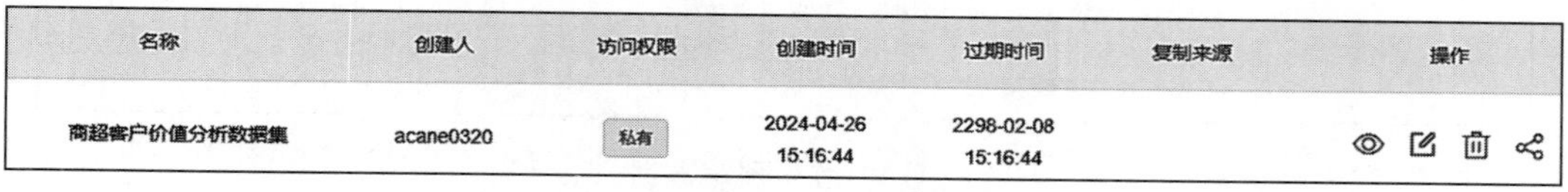

名称	创建人	访问权限	创建时间	过期时间	复制来源	操作
商超客户价值分析数据集	acane0320	私有	2024-04-26 15:16:44	2298-02-08 15:16:44		👁 ✏ 🗑 ⤴

图 13-10　查看创建的数据集

2. 新建空白工程

数据上传完成后，新建一个名为"商超客户价值分析"的空白工程。

1）新建空白工程。单击"我的工程"模块，单击 ➕ 按钮，新建一个空白工程。

2）在"新建工程"对话框中填写工程的相关信息，包括名称和描述，如图 13-12 所示。

3. 配置"输入源"组件

在"商超客户价值分析"工程中配置"输入源"组件，操作步骤如下。

1）拖曳"输入源"组件。在"我的工程"模块的"组件"栏中，搜索"输入源"，拖曳"输入源"组件至画布中。

2）配置"输入源"组件。单击画布中的"输入源"组件，然后单击画布右侧"参数配置"栏中的"数据集"框，并输入"商超客户价值分析数据集"，在弹出的下拉框中选择"商超客户价值分析数据集"，在"文件列表"中勾选"商超客户价值分析数据 _gbk.csv"，如图 13-13 所示。

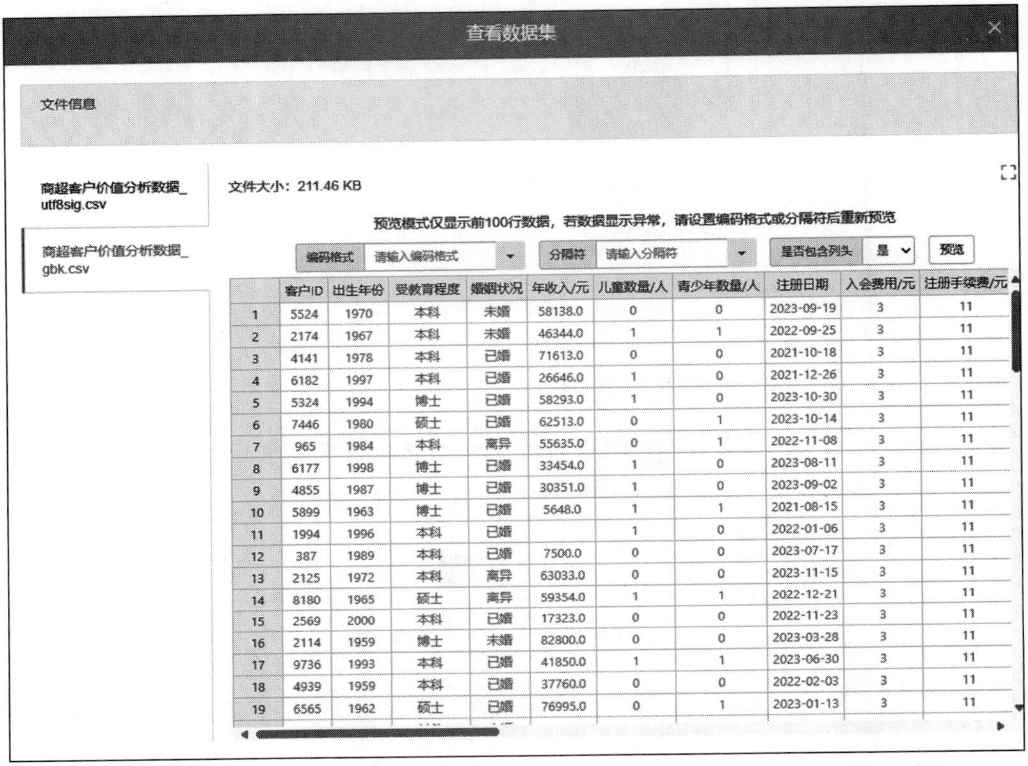

查看数据集
文件信息
商超客户价值分析数据_utf8sig.csv
商超客户价值分析数据_gbk.csv
文件大小：211.46 KB
预览模式仅显示前100行数据，若数据显示异常，请设置编码格式或分隔符后重新预览
编码格式 请输入编码格式
分隔符 请输入分隔符
是否包含列头 是
预览
客户ID 出生年份 受教育程度 婚姻状况 年收入/元 儿童数量/人 青少年数量/人 注册日期 入会费用/元 注册手续费/元
1 5524 1970 本科 未婚 58138.0 0 0 2023-09-19 3 11
2 2174 1967 本科 未婚 46344.0 1 1 2022-09-25 3 11
3 4141 1978 本科 已婚 71613.0 0 0 2021-10-18 3 11
4 6182 1997 本科 已婚 26646.0 1 0 2021-12-26 3 11
5 5324 1994 博士 已婚 58293.0 1 0 2023-10-30 3 11
6 7446 1980 硕士 已婚 62513.0 0 1 2023-10-14 3 11
7 965 1984 本科 离异 55635.0 0 1 2022-11-08 3 11
8 6177 1998 博士 已婚 33454.0 1 0 2023-08-11 3 11
9 4855 1987 博士 已婚 30351.0 1 0 2023-09-02 3 11
10 5899 1963 博士 已婚 5648.0 1 1 2021-08-15 3 11
11 1994 1996 本科 已婚 1 0 2022-01-06 3 11
12 387 1989 本科 已婚 7500.0 0 0 2023-07-17 3 11
13 2125 1972 本科 离异 63033.0 0 0 2023-11-15 3 11
14 8180 1965 硕士 离异 59354.0 1 1 2022-12-21 3 11
15 2569 2000 本科 已婚 17323.0 0 0 2022-11-23 3 11
16 2114 1959 博士 未婚 82800.0 0 0 2023-03-28 3 11
17 9736 1993 本科 已婚 41850.0 1 1 2023-06-30 3 11
18 4939 1959 本科 已婚 37760.0 0 0 2022-02-03 3 11
19 6565 1962 硕士 已婚 76995.0 0 1 2023-01-13 3 11

图 13-11　预览数据

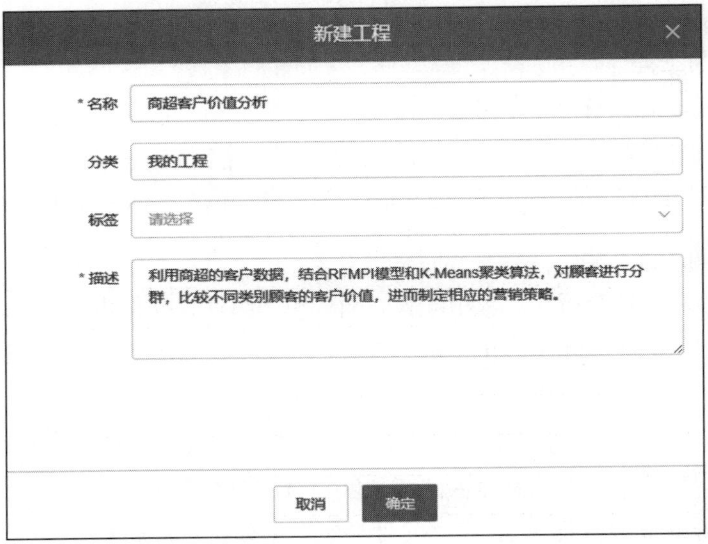

新建工程
* 名称 商超客户价值分析
分类 我的工程
标签 请选择
* 描述 利用商超的客户数据，结合RFMPI模型和K-Means聚类算法，对顾客进行分群，比较不同类别顾客的客户价值，进而制定相应的营销策略。
取消
确定

图 13-12　新建工程

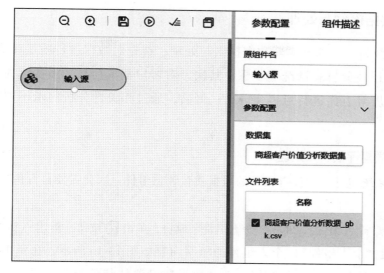

图 13-13　配置"输入源"组件

3）加载数据。鼠标右键单击"输入源"组件，选择"运行该节点"。运行完成后，可看到"输入源"组件变为绿色，如图 13-14 所示。

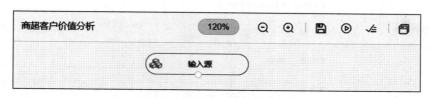

图 13-14　加载数据

4）查看日志。鼠标右键单击运行完成的"输入源"组件，选择"查看日志"，可看到"数据载入成功"信息，如图 13-15 所示，说明已成功将商超客户价值分析数据加载到平台上。

图 13-15　数据载入成功日志

13.2.2 数据探索与处理

本节将分为三个部分实现数据探索与处理：首先对数据进行质量评估与预处理，包括数据描述性分析和清洗等步骤；其次，对客户基本信息、消费行为、消费渠道和客户满意度等方面进行可视化分析；最后，通过相关性分析揭示不同变量之间的关联程度。

1. 数据质量评估与预处理

由于"系统组件"中没有相关的数据质量评估组件，因此需要自行构建组件。操作步骤如下。

1）新建"个人组件"。单击"个人组件"模块，单击 按钮，新建一个"个人组件"。

2）构建"个人组件"。个人组件的填写内容如图 13-16 所示，在弹出的对话框中填写"个人组件"的"组件名称"，为"数据质量评估与预处理"，"计算引擎"选择"Python"，然后填写该组件中运行的"组件代码"，如代码清单 13-1 所示。

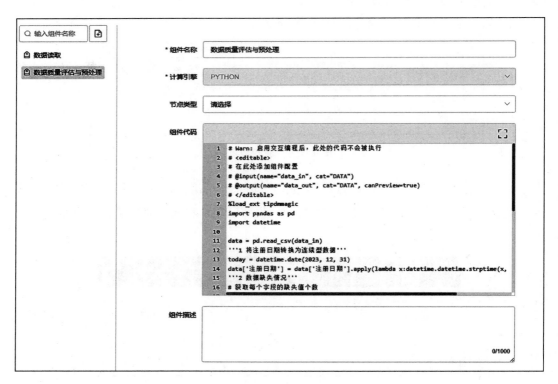

图 13-16　构建个人组件

代码清单 13-1　数据缺失值评估

```
# Warn: 启用交互编程后，此处的代码不会被执行
# <editable>
# 在此处添加组件配置
# @input(name="data_in", cat="DATA")
# @output(name="data_out", cat="DATA", canPreview=true)
# </editable>
%load_ext tipdmmagic
import pandas as pd
import datetime

data = pd.read_csv(data_in)
'''1 将注册日期转换为连续型数据'''
today = datetime.date(2023, 12, 31)
data['注册日期'] = data['注册日期'].apply(lambda x:datetime.datetime.strptime(x,
    '%Y-%m-%d').date())
'''2 数据缺失情况'''
# 获取每个字段的缺失值个数
info_missing = data.isnull().sum()
# 获取每个字段的最大值
info_max = data.max()
# 获取每个字段的最小值
info_min = data.min()
# 将结果合并成一个数据框
info_data = pd.concat([info_missing, info_max, info_min], axis=1)
info_data.columns = ['缺失值个数', '最大值', '最小值']

print(info_data)

# 处理缺失值
data = data.dropna()  # 删除包含缺失值的样本
'''3 数据预处理'''
data['年龄'] = 2023 - data['出生年份']
data['注册天数/天'] = data['注册日期'].apply(lambda x:(today - x).days)
data.drop(columns=['入会费用/元', '注册手续费/元'], axis=1, inplace=True)
data.to_csv(data_out, index=False, encoding='UTF-8')
```

3）配置"数据质量评估与预处理"组件。在构建完"数据质量评估与预处理"个人组件后，回到"我的工程"模块，在"组件"下选择"个人组件"，将"数据质量评估与预处理"组件拖曳到画布上，并且与"输入源"进行连接，如图 13-17 所示。

4）运行组件并查看运行结果。鼠标右键单

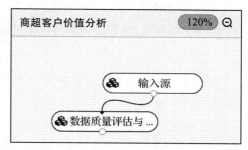

图 13-17　配置个人组件

击“数据质量评估与预处理”组件，选择“运行该节点”；运行完成后，鼠标右键单击该组件，选择“查看日志”，结果如图 13-18 所示。

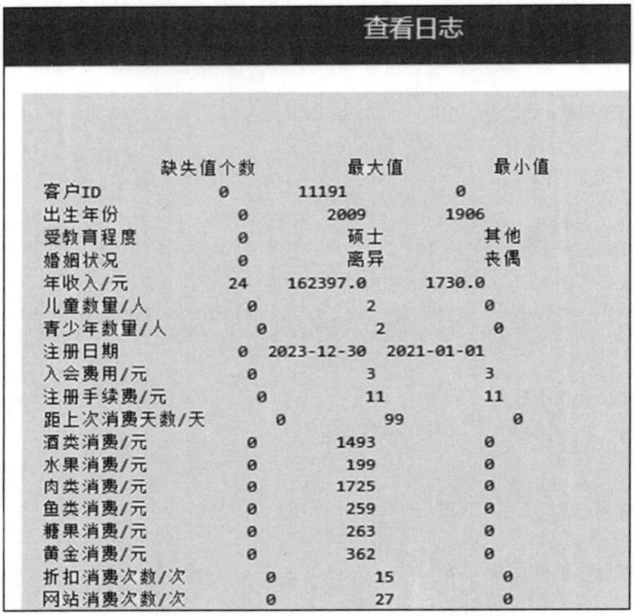

查看日志

	缺失值个数	最大值	最小值
客户ID	0	11191	0
出生年份	0	2009	1906
受教育程度	0	硕士	其他
婚姻状况	0	离异	丧偶
年收入/元	24	162397.0	1730.0
儿童数量/人	0	2	0
青少年数量/人	0	2	0
注册日期	0	2023-12-30	2021-01-01
入会费用/元	0	3	3
注册手续费/元	0	11	11
距上次消费天数/天	0	99	0
酒类消费/元	0	1493	0
水果消费/元	0	199	0
肉类消费/元	0	1725	0
鱼类消费/元	0	259	0
糖果消费/元	0	263	0
黄金消费/元	0	362	0
折扣消费次数/次	0	15	0
网站消费次数/次	0	27	0

图 13-18 查看组件运行结果

2. 可视化分析

可视化分析在分析客户基本信息、消费行为、消费渠道和客户满意度等方面的数据中起着关键作用。通过可视化分析，我们可以直观地了解客户群体特点、购买习惯、消费渠道偏好和客户满意度变化趋势，为制定营销策略和提升客户体验提供有力支持。

（1）客户年龄分布

绘制柱状图以分析商超客户的年龄情况，操作步骤如下。

①数据分箱

a）拖曳“数据分箱”系统组件至画布中，连接“数据质量评估与预处理”组件与“数据分箱”组件。

b）配置“数据分箱”组件。单击“数据分箱”组件，将分箱列设置为“年龄”，分箱区间设置为“[0,10,20,30,40,50,60,70,80,90,100,110]”，分箱区间标签设置为“[‘0-9

岁’，‘10-19 岁’，‘20-29 岁’，‘30-39 岁’，‘40-49 岁’，‘50-59 岁’，‘60-69 岁’，‘70-79 岁’，‘80-89 岁’，‘90-99 岁’，‘100 岁 -109 岁’]”，如图 13-19 所示。

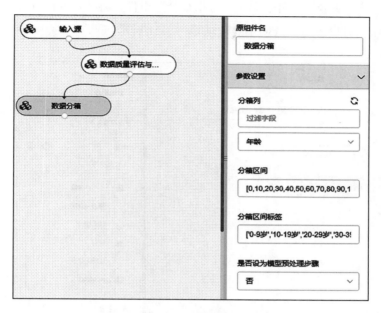

图 13-19　配置“数据分箱”组件

c）运行组件并查看运行结果。鼠标右键单击“数据分箱”组件，选择“运行该节点”；运行完成后，鼠标右键单击该组件，选择“查看日志”，结果如图 13-20 所示。

查看日志

数据分箱区间：[0,10,20,30,40,50,60,70,80,90,100,110]

分箱区间标签：['0-9岁','10-19岁','20-29岁','30-39岁','40-49岁','50-59岁','60-69岁','70-79岁','80-89岁','90-99岁','100岁-109岁']

进行分箱处理后的数据

	客户ID	出生年份	受教育程度	婚姻状况	年收入/元	儿童数量/人	青少年数量/人	注册日期	距上次消费天数/天	酒类消费/元	...	第一次促销	第二次促销	第三次促销	第四次促销	第五次促销	最近一次促销	是否投诉	年龄	注册天数/天	new年龄
0	5524	1970	本科	未婚	58138	0	0	2023-09-19	58	635	...	0	0	0	0	0	0	1	53	103	50-59岁
1	2174	1967	本科	未婚	46344	1	1	2022-09-25	38	11	...	0	0	0	0	0	0	0	56	462	50-59岁
2	4141	1978	本科	已婚	71613	0	0	2021-10-18	26	426	...	0	0	0	0	0	0	0	45	804	40-49岁
3	6182	1997	本科	已婚	26646	1	0	2021-12-26	26	11	...	0	0	0	0	0	0	0	26	735	20-29岁

图 13-20　查看“数据分箱”组件运行结果

②分组聚合

a）拖曳"分组聚合"系统组件至画布中，连接"数据分箱"组件与"分组聚合"组件。

b）配置"分组聚合"组件。单击"分组聚合"组件，将特征列设置为"年龄""new 年龄"，将分组主键设置为"new 年龄"，如图 13-21 所示。

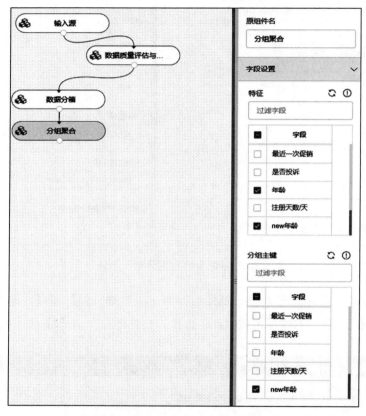

图 13-21　配置"分组聚合"组件

c）运行组件并查看运行结果。鼠标右键单击"分组聚合"组件，选择"运行该节点"；运行完成后，鼠标右键单击该组件，选择"查看日志"，结果如图 13-22 所示。

③柱形图

a）拖曳"柱形图"系统组件至画布中，连接"分组聚合"组件与"柱形图"组件。

b）配置"柱形图"组件。单击"柱形图"组件，将 X 轴设置为"new 年龄"，Y 轴设置为"年龄"；单击"画布大小"，将"宽度"设置为"600"，"高度"设置为"400"；单击"样式设置"，将"标题"设置为"客户年龄分布柱形图"，如图 13-23 所示。

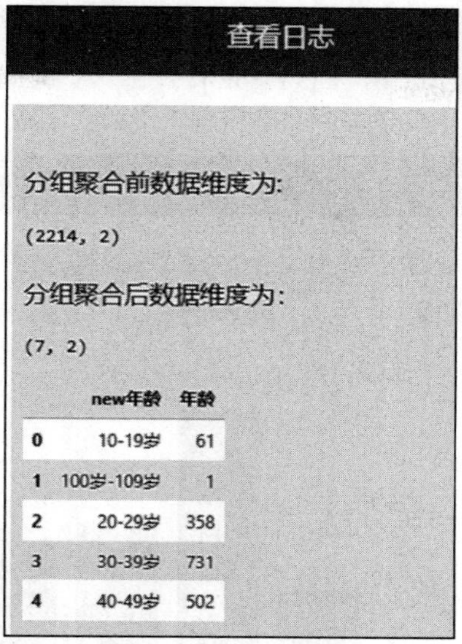

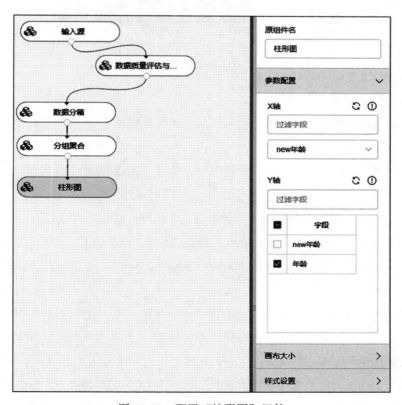

图 13-22　查看"分组聚合"组件运行结果

图 13-23　配置"柱形图"组件

c）运行组件并查看运行结果。鼠标右键单击"柱形图"组件，选择"运行该节点"；运行完成后，鼠标右键单击该组件，选择"查看日志"，结果如图 13-24 所示。

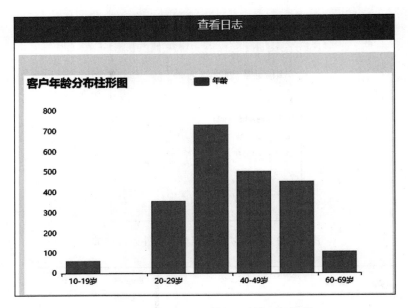

图 13-24　查看"柱形图"组件运行结果

（2）客户年收入

绘制柱状图以分析商超客户的年收入情况，操作步骤如下。

①数据分箱

a）拖曳"数据分箱"系统组件至画布中，连接"数据质量评估与预处理"组件与"数据分箱"组件。

b）配置"数据分箱"组件。单击"数据分箱"组件，将分箱列设置为"年收入 / 元"，分箱区间设置为"[0,30000,60000,90000,120000,150000,180000]"，分箱区间标签设置为"['0-30000'，'30000-60000'，'60000-90000'，'90000-120000'，'120000-150000'，'150000-180000']"。

c）运行组件并查看运行结果。鼠标右键单击"数据分箱"组件，选择"运行该节点"；运行完成后，鼠标右键单击该组件，选择"查看日志"，结果如图 13-25 所示。

②分组聚合

a）拖曳"分组聚合"系统组件至画布中，连接"数据分箱"组件与"分组聚合"组件。

b）配置"分组聚合"组件。单击"分组聚合"组件，在"字段设置"中，将特征列设置为"年收入 / 元""new 年收入 / 元",将分组主键设置为"new 年收入 / 元";在"参数设置"中将"聚合函数"设置为"计数"。

c)运行组件并查看运行结果。鼠标右键单击"分组聚合"组件,选择"运行该节点";运行完成后,鼠标右键单击该组件,选择"查看日志",结果如图 13-26 所示。

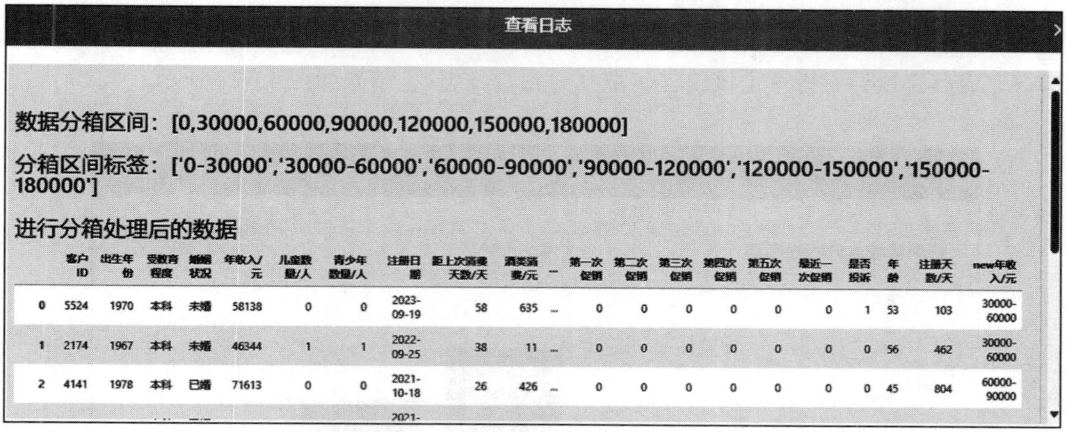

图 13-25　查看"数据分箱"组件运行结果

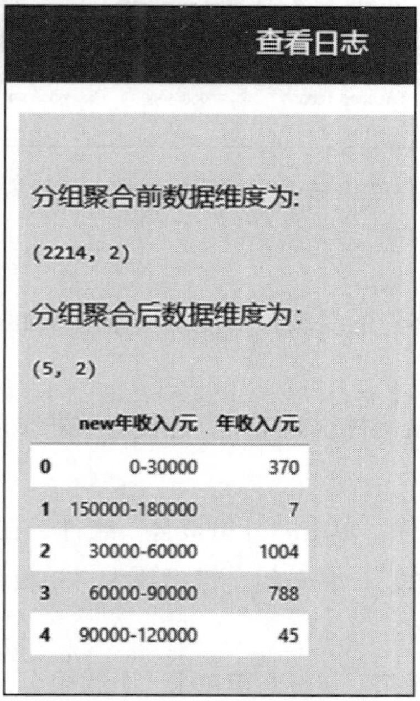

图 13-26　查看"分组聚合"组件运行结果

③柱形图

a）拖曳"柱形图"系统组件至画布中，连接"分组聚合"组件与"柱形图"组件。

b）配置"柱形图"组件。单击"柱形图"组件，将 X 轴设置为"new 年收入 / 元"，Y 轴设置为"年收入 / 元"；单击"画布大小"，将"宽度"设置为"600"，"高度"设置为"400"；单击"样式设置"，将"标题"设置为"客户年收入分布柱形图"。

c）运行组件并查看运行结果。鼠标右键单击"柱形图"组件，选择"运行该节点"；运行完成后，鼠标右键单击该组件，选择"查看日志"，结果如图 13-27 所示。

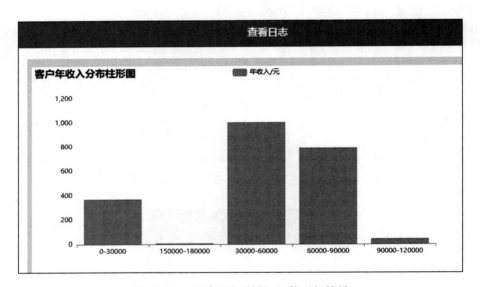

图 13-27　查看"柱形图"组件运行结果

（3）客户受教育程度

绘制柱状图以分析商超客户的受教育情况，操作步骤如下。

①分组聚合

a）拖曳"分组聚合"系统组件至画布中，连接"数据质量评估与预处理"组件与"分组聚合"组件。

b）配置"分组聚合"组件。单击"分组聚合"组件，在"字段设置"中，将特征列设置为"客户 ID""受教育程度"，将分组主键设置为"受教育程度"；在"参数设置"中，将"聚合函数"设置为"计数"。

c）运行组件并查看运行结果。鼠标右键单击"分组聚合"组件，选择"运行该节点"；运行完成后，鼠标右键单击该组件，选择"查看日志"，结果如图 13-28 所示。

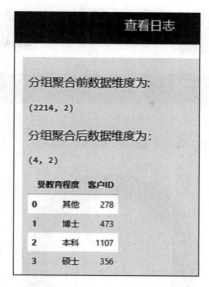

图 13-28　查看"分组聚合"组件运行结果

②饼图

a）拖曳"饼图"系统组件至画布中，连接"分组聚合"组件与"饼图"组件。

b）配置"饼图"组件。单击"饼图"组件，将 X 轴设置为"受教育程度"，Y 轴设置为"客户 ID"；单击"画布大小"，将"宽度"设置为"600"，"高度"设置为"400"；单击"样式设置"，将"标题"设置为"客户学历分布圆环图"，如图 13-29 所示。

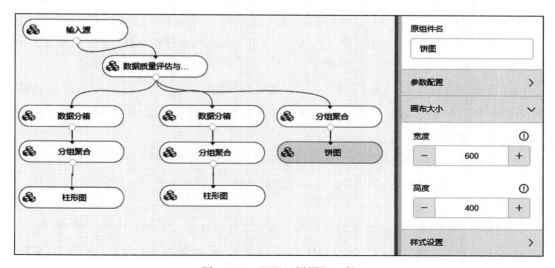

图 13-29　配置"饼图"组件

c）运行组件并查看运行结果。鼠标右键单击"饼图"组件，选择"运行该节点"；运行完成后，鼠标右键单击该组件，选择"查看日志"，结果如图 13-30 所示。

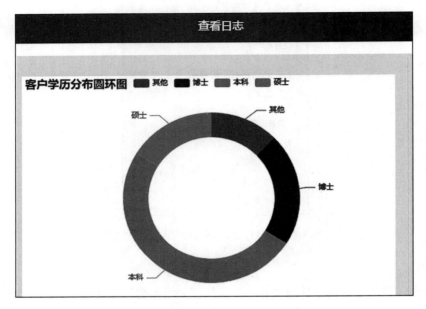

图 13-30　查看"饼图"组件运行结果

（4）客户婚姻状况

绘制柱状图以分析商超客户的婚姻状况，操作步骤如下。

①分组聚合

a）拖曳"分组聚合"系统组件至画布中，连接"数据质量评估与预处理"组件与"分组聚合"组件。

b）配置"分组聚合"组件。单击。"分组聚合"组件，在"字段设置"中，将特征列设置为"客户 ID""婚姻状况"，将分组主键设置为"婚姻状况"；在"参数设置"中将"聚合函数"设置为"计数"。

c）运行组件并查看运行结果。鼠标右键单击"分组聚合"组件，选择"运行该节点"；运行完成后，鼠标右键单击该组件，选择"查看日志"，结果如图 13-31 所示。

②柱形图

a）拖曳"柱形图"系统组件至画布中，连接"分组聚合"组件与"柱形图"组件。

b）配置"柱形图"组件。单击"柱形图"组件，将 X 轴设置为"婚姻状况"，Y 轴设置为"客户 ID"；单击"画布大小"，将"宽度"设置为"600"，"高度"设置为"400"；

单击"样式设置"，将"标题"设置为"客户婚姻状况柱形图"。

c）运行组件并查看运行结果。鼠标右键单击"柱形图"组件，选择"运行该节点"；运行完成后，鼠标右键单击该组件，选择"查看日志"，结果如图 13-32 所示。

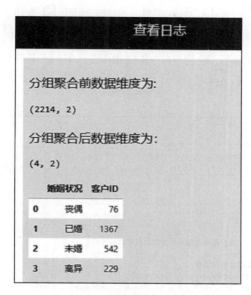

图 13-31　查看"分组聚合"组件运行结果

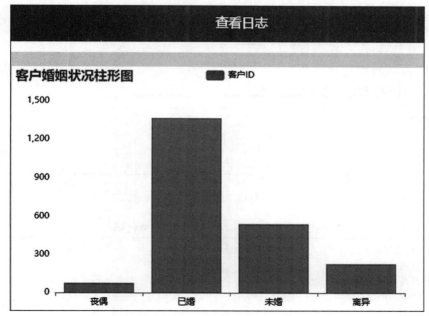

图 13-32　查看"柱形图"组件运行结果

（5）品类消费情况

①多列求和

使用个人组件实现多列求和，操作步骤如下。

a）新建"个人组件"。单击"个人组件"模块，单击 ➕ 按钮，新建一个"个人组件"。

b）构建"个人组件"。个人组件填写内容如图 13-33 所示，在弹出的对话框中将"个人组件"的"组件名称"设置为"多列求和"，"计算引擎"设置为" Python"，然后填写该组件中运行的"组件代码"，如代码清单 13-2 所示。

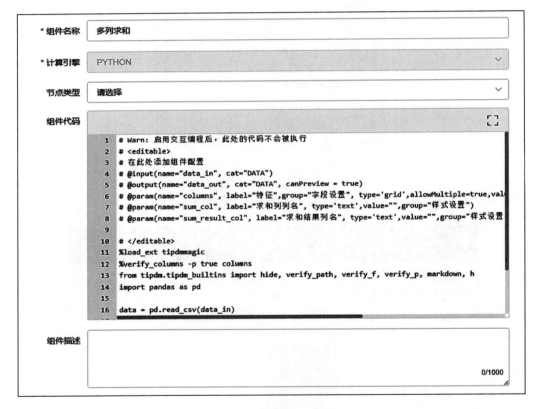

图 13-33　构建个人组件

代码清单 13-2　"多列求和"组件代码

```
# Warn：启用交互编程后，此处的代码不会被执行
# <editable>
# 在此处添加组件配置
# @input(name="data_in", cat="DATA")
# @output(name="data_out", cat="DATA", canPreview = true)
```

```
# @param(name="columns", label="特征",group="字段设置", type='grid',allowMultipl
    e=true,valueFrom='data_in',description='勾选需要求和的特征列')
# @param(name="sum_col", label="求和列列名", type='text',value="",group="样式设置")
# @param(name="sum_result_col", label="求和结果列名", type='text',value="",group="
    样式设置")

# </editable>
%load_ext tipdmmagic
%verify_columns -p true columns
from tipdm.tipdm_builtins import hide, verify_path, verify_f, verify_p, markdown, h
import pandas as pd

data = pd.read_csv(data_in)
category = data.iloc[:,columns].sum(axis=0)
category = category.reset_index().rename(columns={'index': sum_col})
category.columns = [sum_col, sum_result_col]
category.show()
category.to_csv(data_out, index=False)
```

c）配置"多列求和"组件。在构建完"多列求和"个人组件后，回到"我的工程"模块，在"组件"下选择"个人组件"，将"多列求和"组件拖曳到画布上，并且与"数据质量评估与预处理"进行连接。在"字段设置"中，将特征列设置为"酒类消费 / 元""水果消费 / 元""肉类消费 / 元""鱼类消费 / 元""糖果消费 / 元""黄金消费 / 元"；在样式设置中设置"求和列列名"为"消费品类"，设置"求和结果列名"为"消费金额 / 元"，如图 13-34 所示。

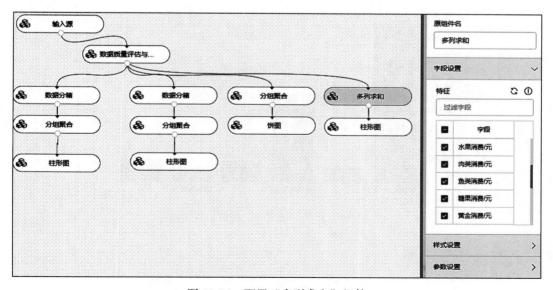

图 13-34　配置"多列求和"组件

d）运行组件并查看运行结果。鼠标右键单击"多列求和"组件，选择"运行该节点"；运行完成后，鼠标右键单击该组件，选择"查看日志"，结果如图 13-35 所示。

②柱形图

a）拖曳"柱形图"系统组件至画布中，连接"多列求和"组件与"柱形图"组件。

b）配置"柱形图"组件。单击"柱形图"组件，将 X 轴设置为"消费品类"，Y 轴设置为"消费金额 / 元"；单击"画布大小"，将"宽度"设置为"600"，"高度"设置为"400"；单击"样式设置"，将"标题"设置为"品类消费柱形图"。

c）运行组件并查看运行结果。鼠标右键单击"柱形图"组件，选择"运行该节点"；运行完成后，鼠标右键单击该组件，选择"查看日志"，结果如图 13-36 所示。

图 13-35　查看"多列求和"组件运行结果

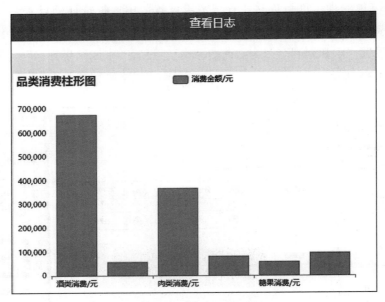

图 13-36　查看"柱形图"组件运行结果

（6）参与促销情况

①多列求和

a）拖曳"多列求和"系统组件至画布中，连接"数据质量评估与预处理"组件与"多列求和"组件。

b）配置"多列求和"组件。单击"多列求和"组件，在"字段设置"中，将特征列设置为"第一次促销""第二次促销""第三次促销""第四次促销""第五次促销""最近一次促销"；在样式设置中将"求和列列名"设置为"促销场次"，"求和结果列名"设置为"参与人数 / 人"。

c）运行组件并查看运行结果。鼠标右键单击"多列求和"组件，选择"运行该节点"；运行完成后，鼠标右键单击该组件，选择"查看日志"，结果如图 13-37 所示。

②柱形图

a）拖曳"柱形图"系统组件至画布中，连接"多列求和"组件与"柱形图"组件。

图 13-37　查看"多列求和"
组件运行结果

b）配置"柱形图"组件。单击"柱形图"组件，将 X 轴设置为"促销场次"，Y 轴设置为"参与人数 / 人"；单击"画布大小"，将"宽度"设置为"600"，"高度"设置为"400"；单击"样式设置"，将"标题"设置为"参与促销人数柱形图"。

c）运行组件并查看运行结果。鼠标右键单击"柱形图"组件，选择"运行该节点"；运行完成后，鼠标右键单击该组件，选择"查看日志"，结果如图 13-38 所示。

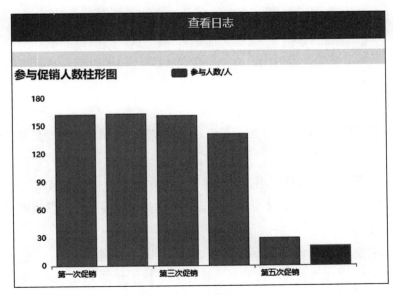

图 13-38　查看"柱形图"组件运行结果

（7）消费渠道

①多列求和

a）拖曳"多列求和"系统组件至画布中，连接"数据质量评估与预处理"组件与"多列求和"组件。

b）配置"多列求和"组件。单击"多列求和"组件在"字段设置"中，将特征列设置为"网站消费次数/次""App消费次数/次""商店消费次数/次"；在样式设置中将"求和列列名"设置为"消费渠道"，"求和结果列名"设置为"消费渠道人数"。

c）运行组件并查看运行结果。鼠标右键单击"多列求和"组件，选择"运行该节点"；运行完成后，鼠标右键单击该组件，选择"查看日志"，结果如图13-39所示。

②饼图

a）拖曳"饼图"系统组件至画布中，连接"多列求和"组件与"饼图"组件。

b）配置"饼图"组件。单击"饼图"组件，将X轴设置为"消费渠道"，选择Y轴设置为"消费渠道人数"；单击"画布大小"，将"宽度"设置为"600"，"高度"设置为"400"；单击"样式设置"，将"标题"设置为"消费渠道人数占比饼图"。

图13-39　查看"多列求和"组件运行结果

c）运行组件并查看运行结果。鼠标右键单击"饼图"组件，选择"运行该节点"；运行完成后，鼠标右键单击该组件，选择"查看日志"，结果如图13-40所示。

（8）客户满意度

①分组聚合

a）拖曳"分组聚合"系统组件至画布中，连接"数据质量评估与预处理"组件与"分组聚合"组件。

b）配置"分组聚合"组件。单击"分组聚合"组件，在"字段设置"中，将特征列设置为"客户ID""是否投诉"，将分组主键设置为"是否投诉"；在"参数设置"中将"聚合函数"设置为"计数"。

c）运行组件并查看运行结果。鼠标右键单击"分组聚合"组件，选择"运行该节点"；运行完成后，鼠标右键单击该组件，选择"查看日志"，结果如图13-41所示。

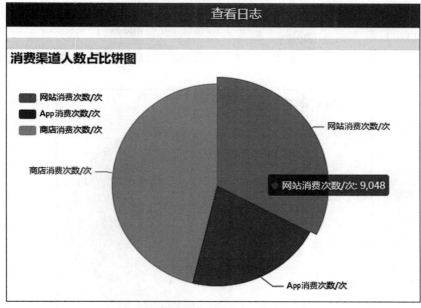

图 13-40　查看"饼图"组件运行结果

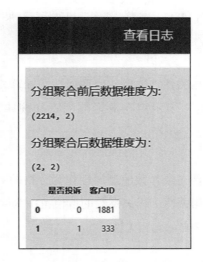

图 13-41　查看"分组聚合"组件运行结果

②饼图

a）拖曳"饼图"系统组件至画布中，连接"分组聚合"组件与"饼图"组件。

b）配置"饼图"组件。单击"饼图"组件，将 X 轴设置为"是否投诉"，Y 轴设置为"客户 ID"；单击"画布大小"，将"宽度"设置为"600"，"高度"设置为"400"；

单击"样式设置"，将"标题"设置为"投诉情况占比饼图"。

　　c）运行组件并查看运行结果。鼠标右键单击"饼图"组件，选择"运行该节点"；运行完成后，鼠标右键单击该组件，选择"查看日志"，结果如图13-42所示。

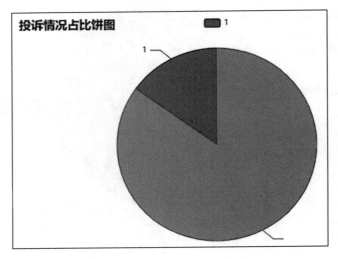

图 13-42　查看"饼图"组件运行结果

3. 相关性分析

　　客户信息之间存在一定相关性，选取数值型属性，计算相关性并绘制热力图，以发现不同变量之间的关联程度，揭示潜在的影响因素和规律，为后续属性综合提供依据。具体步骤如下。

　　（1）相关性计算

　　在处理客户信息之前，首先选择数值型属性作为分析的对象。然后，使用皮尔逊相关系数计算每对属性之间的相关性。相关系数的取值范围为 –1 到 1，其中 1 表示完全正相关，–1 表示完全负相关，0 表示无相关性。

　　（2）绘制相关性热力图

　　使用系统组件绘制相关性热力图，操作步骤如下。

　　1）拖曳"相关性分析"系统组件至画布中，连接"数据质量评估与预处理"组件与"相关性分析"组件。

　　2）配置"相关性分析"组件。单击"相关性分析"组件，将特征列设置为"年收入/元""酒类消费/元""水果消费/元""肉类消费/元""鱼类消费/元""糖果消费/元""黄

金消费 / 元""折扣消费次数 / 次""网站消费次数 / 次""App 消费次数 / 次""商店消费次数 / 次""上月网站访问次数 / 次""年龄""注册天数 / 天"，如图 13-43 所示。

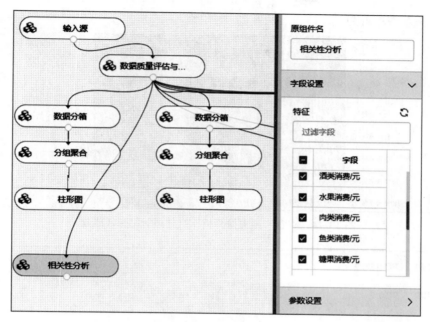

图 13-43　配置"相关性分析"组件

3）运行组件并查看运行结果。鼠标右键单击"相关性分析"组件，选择"运行该节点"；运行完成后，鼠标右键单击该组件，选择"查看日志"，结果（部分）如图 13-44 所示。

13.2.3　模型构建与结果分析

本节将分三部分实现模型构建与结果分析：首先选取和构建合适的指标建立 RFMPI 模型用于聚类；其次，根据商超客户的五个指标数据，对客户进行聚类分组；最后，结合业务需求对每个客户群体进行特征分析，深入分析每个客户群体的购买行为、消费偏好、忠诚度等数据。

1. 指标选取

使用个人组件构建 RFMPI 模型，操作步骤如下。

1）新建"个人组件"。单击"个人组件"模块，单击 🔁 按钮，新建一个"个人组件"。

2）构建"个人组件"。个人组件填写内容如图 13-45 所示，在弹出的对话框中将"个人组件"的"组件名称"设置为"RFMPI 模型"，"计算引擎"设置为"Python"，然后填写该组件中运行的"组件代码"，如代码清单 13-3 所示。

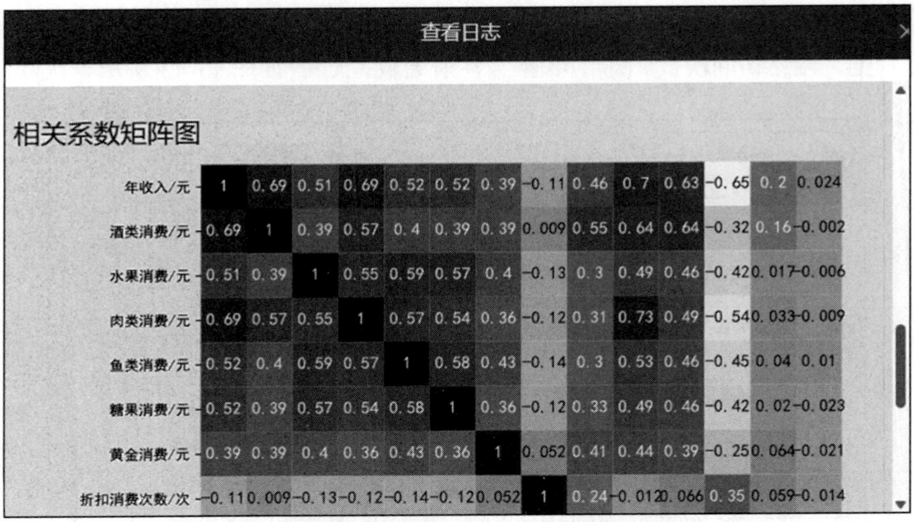

图 13-44　查看"相关性分析"组件运行结果（部分）

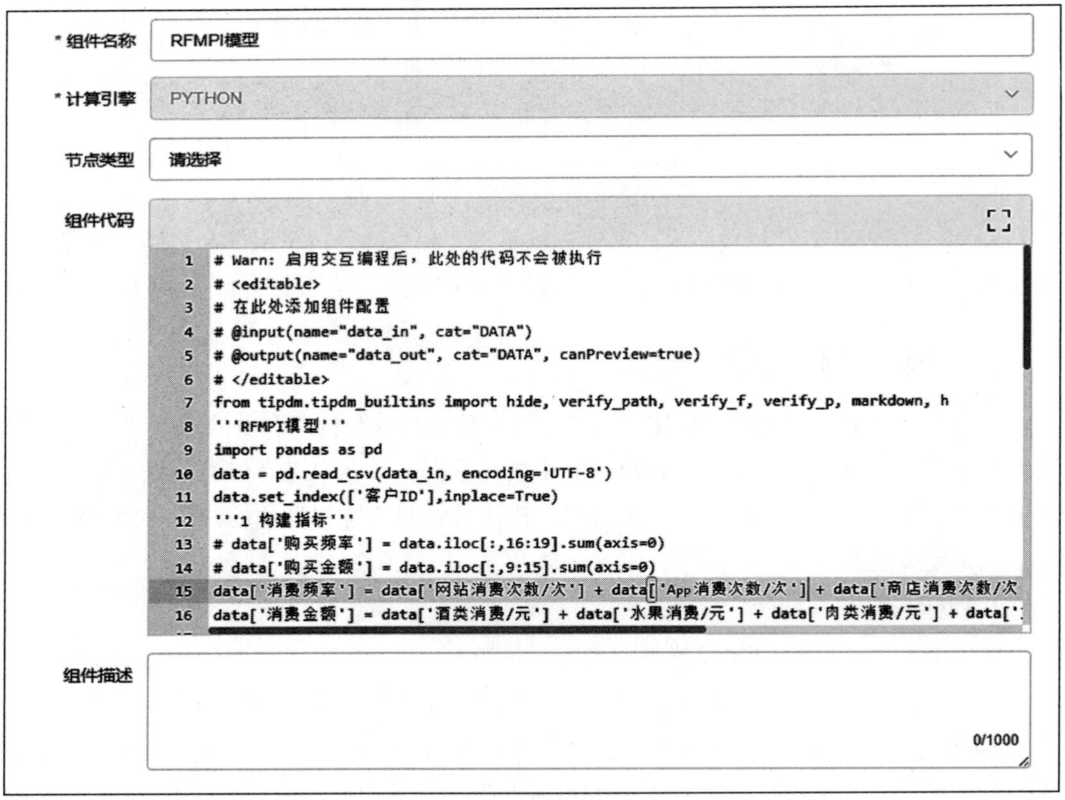

图 13-45　构建个人组件

代码清单 13-3　RFMPI 模型构建

```
# Warn：启用交互编程后，此处的代码不会被执行
# <editable>
# 在此处添加组件配置
# @input(name="data_in", cat="DATA")
# @output(name="data_out", cat="DATA", canPreview=true)
# </editable>
from tipdm.tipdm_builtins import hide, verify_path, verify_f, verify_p,
markdown, h
'''RFMPI模型'''
import pandas as pd
data = pd.read_csv(data_in, encoding='UTF-8')
data.set_index(['客户ID'],inplace=True)
'''1 构建指标'''
data['消费频率'] = data['网站消费次数/次'] + data['App消费次数/次'] + data['商店消费次数/次']
data['消费金额'] = data['酒类消费/元'] + data['水果消费/元'] + data['肉类消费/元'] +
    data['鱼类消费/元'] + data['糖果消费/元'] + data['黄金消费/元']
data['儿童数量'] = data['儿童数量/人'] + data['青少年数量/人']
data['促销次数'] = data['第一次促销'] + data['第二次促销'] + data['第三次促销'] +
    data['第四次促销'] + data['第五次促销'] + data['最近一次促销']
def calculate_discount_ratio(row):
    if row['消费频率'] != 0:
        return row['折扣消费次数/次'] / row['消费频率']
    else:
        return 0
data['折扣消费比例'] = data.apply(calculate_discount_ratio, axis=1)

data = data[data['折扣消费比例']<=1]

RFMPI = data[['距上次消费天数/天','消费频率','消费金额','折扣消费比例','年收入/元']]
RFMPI.columns = ['消费时间','消费频率', '消费金额','折扣消费比例','年收入']
'''2 指标排名'''
rp_labels = range(4, 0, -1)
fm_labels = range(1,5)
r_quartiles = pd.qcut(RFMPI['消费时间'], 4, labels = rp_labels)
RFMPI = RFMPI.assign(R = r_quartiles.values)
f_quartiles = pd.qcut(RFMPI['消费频率'], 4, labels = fm_labels)
RFMPI = RFMPI.assign(F = f_quartiles.values)
m_quartiles = pd.qcut(RFMPI['消费金额'], 4, labels = fm_labels)
RFMPI = RFMPI.assign(M = m_quartiles.values)
p_quartiles = pd.qcut(RFMPI['折扣消费比例'], 4, labels = rp_labels)
RFMPI = RFMPI.assign(D = p_quartiles.values)

def join_RFMPI(x):
    return str(int(x['R'])) + str(int(x['F'])) + str(int(x['M'])) + str(int(x['D']))

RFMPI['RFMPI_Segment'] = RFMPI.apply(join_RFMPI, axis=1)
RFMPI['RFMPI_Score'] = RFMPI[['R','F','M','D']].sum(axis=1)
RFMPI.show()
RFMPI.to_csv(data_out, encoding='UTF-8')
```

3）配置"RFMPI 模型"组件。在构建完"RFMPI 模型"个人组件后，回到"我的工程"模块，在"组件"下选择"个人组件"，将"RFMPI 模型"组件拖曳到画布上，并且与"数据质量评估与预处理"连接，如图 13-46 所示。

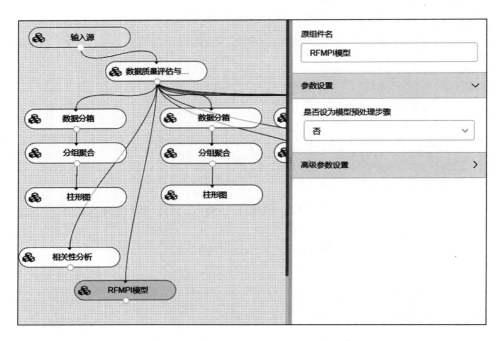

图 13-46　配置"RFMPI 模型"组件

4）运行组件并查看运行结果。鼠标右键单击"RFMPI 模型"组件，选择"运行该节点"；运行完成后，鼠标右键单击该组件，选择"查看日志"，结果如图 13-47 所示。

2. 模型构建

（1）数据标准化

使用系统组件进行数据标准化操作。

①拖曳"数据标准化"系统组件至画布中，连接"RFMPI 模型"组件与"数据标准化"组件。

②配置"数据标准化"组件。在"字段选择"中将"特征"列设置为"消费时间""消费频率""消费金额""折扣消费比例""年收入"；在"参数设置"中将"标准化方式"设置为"极差标准化"，如图 13-48 所示。

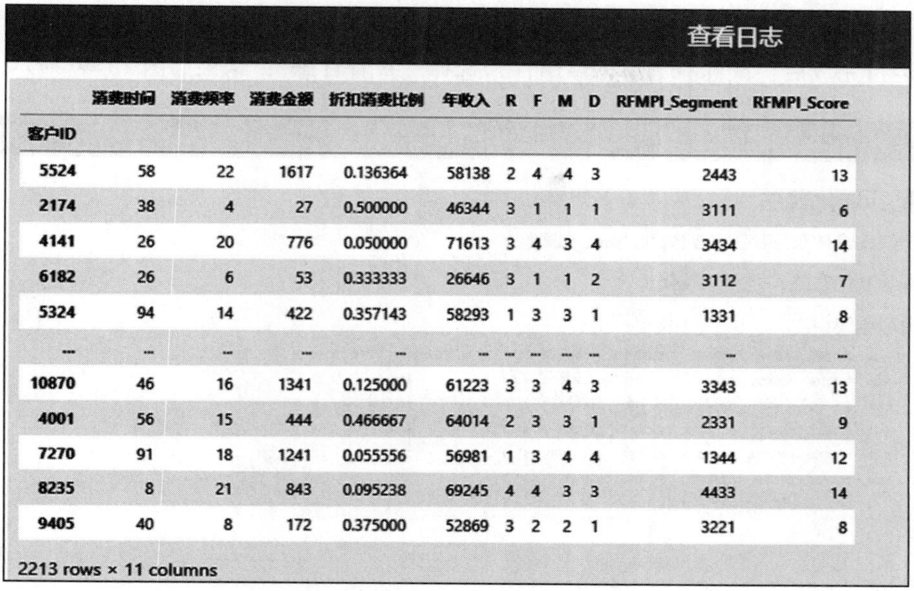

客户ID	消费时间	消费频率	消费金额	折扣消费比例	年收入	R	F	M	D	RFMPI_Segment	RFMPI_Score
5524	58	22	1617	0.136364	58138	2	4	4	3	2443	13
2174	38	4	27	0.500000	46344	3	1	1	1	3111	6
4141	26	20	776	0.050000	71613	3	4	3	4	3434	14
6182	26	6	53	0.333333	26646	3	1	1	2	3112	7
5324	94	14	422	0.357143	58293	1	3	3	1	1331	8
...	...	...	...	...	...	...	...	...	...	...	...
10870	46	16	1341	0.125000	61223	3	3	4	3	3343	13
4001	56	15	444	0.466667	64014	2	3	3	1	2331	9
7270	91	18	1241	0.055556	56981	1	3	4	4	1344	12
8235	8	21	843	0.095238	69245	4	4	3	3	4433	14
9405	40	8	172	0.375000	52869	3	2	2	1	3221	8

2213 rows × 11 columns

图 13-47　查看 "RFMPI 模型" 组件运行结果

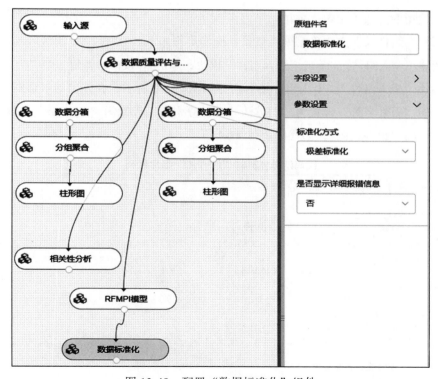

图 13-48　配置 "数据标准化" 组件

③运行组件并查看运行结果。鼠标右键单击"数据标准化"组件，选择"运行该节点"；运行完成后，鼠标右键单击该组件，选择"查看日志"，结果如图13-49所示。

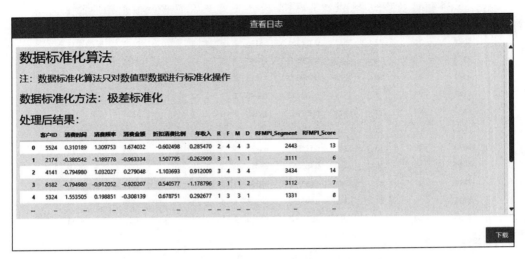

图 13-49　查看"数据标准化"组件运行结果

（2）使用肘方法确定聚类数量

使用个人组件及肘方法确定聚类数量，操作步骤如下。

①新建"个人组件"。单击"个人组件"模块，单击 ➕ 按钮，新建一个"个人组件"。

②构建"个人组件"。个人组件填写内容如图13-50所示，在弹出的对话框中将"个人组件"的"组件名称"设置为"肘方法"，"计算引擎"设置为"Python"，然后填写该组件中运行的"组件代码"，如代码清单13-4所示。

代码清单 13-4　"肘方法"组件代码

```
# Warn: 启用交互编程后，此处的代码不会被执行
# <editable>
# 在此处添加组件配置
# @input(name="data_in", cat="DATA")
# @output(name="data_out", cat="DATA", canPreview=true)
# </editable>
from sklearn.cluster import KMeans
import numpy as np
import pandas as pd
import matplotlib.pyplot as plt
plt.rcParams['font.sans-serif']=['SimHei']
plt.rcParams['axes.unicode_minus'] = False

'''使用肘方法确定聚类数量'''
from scipy.spatial.distance import cdist
```

```
data_k = pd.read_csv(data_in, encoding='utf-8')

# 定义聚类数量的范围
k_values = range(1, 10)
distortions = []
# 计算每个聚类数量对应的簇内误差平方和
for k in k_values:
    kmeans = KMeans(n_clusters=k)
    kmeans.fit(data_k)
    distortions.append(sum(np.min(cdist(data_k, kmeans.cluster_centers_, 'euclidean'),
        axis=1)) / data_k.shape[0])
# 绘制肘部曲线
plt.figure(figsize=(9,5))
plt.plot(k_values, distortions, 'bx-')
plt.xlabel('聚类数量/个',fontsize=15)
plt.ylabel('簇内误差平方和',fontsize=15)
plt.xticks(fontsize=15)
plt.yticks(fontsize=15)
plt.title('肘方法',fontsize=15)
plt.tight_layout()
plt.show()
```

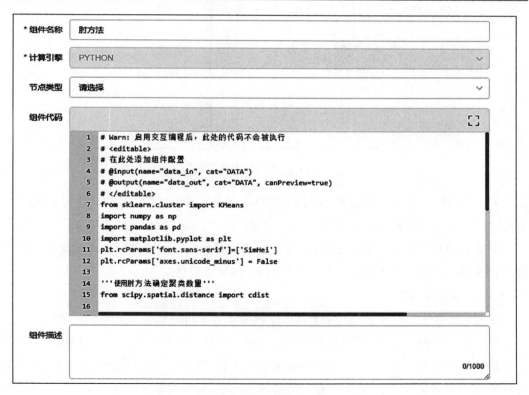

图 13-50　构建个人组件

③配置"肘方法"组件。在构建完"肘方法"个人组件后，回到"我的工程"模块，在"组件"下选择"个人组件"，将"肘方法"组件拖曳到画布上，并且与"数据标准化"连接，如图 13-51 所示。

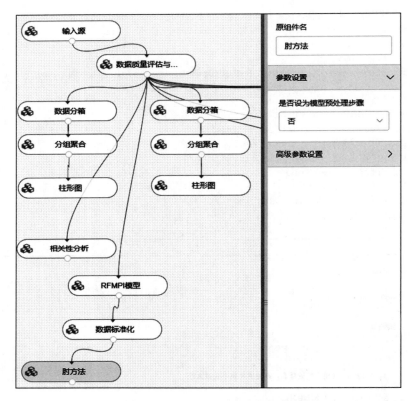

图 13-51　配置"肘方法"组件

④运行组件并查看运行结果。鼠标右键单击"肘方法"组件，选择"运行该节点"；运行完成后，鼠标右键单击该组件，选择"查看日志"，结果如图 13-52 所示。

由图 13-52 可知，当聚类数量 k 取 4 时，折线开始出现明显减缓，即增加更多聚类数对 SSE 的改善效果开始递减。因此，4 为最佳的聚类数量。

（3）K-Means 聚类

使用系统组件中的 K-Means 聚类将数据聚为 4 个不同的类别，操作步骤如下。

①拖曳"K-Means"系统组件至画布中，连接"数据标准化"组件与"K-Means"组件。

②配置"K-Means"组件。在"字段选择"中将"特征"列设置为"消费时间""消费频率""消费金额""折扣消费比例""年收入"；在"基础参数"中将"聚类数"设置为"4"，"最大迭代次数"设置为"100"，如图 13-53 所示。

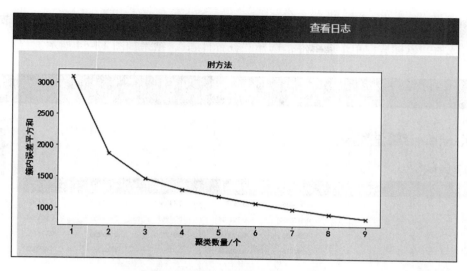

图 13-52　查看"肘方法"组件运行结果

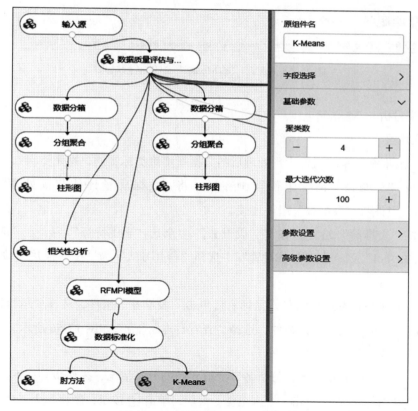

图 13-53　配置"K-Means"组件

③运行组件并查看运行结果。鼠标右键单击"K-Means"组件，选择"运行该节点"；运行完成后，鼠标右键单击该组件，选择"查看日志"，结果如图 13-54 所示。

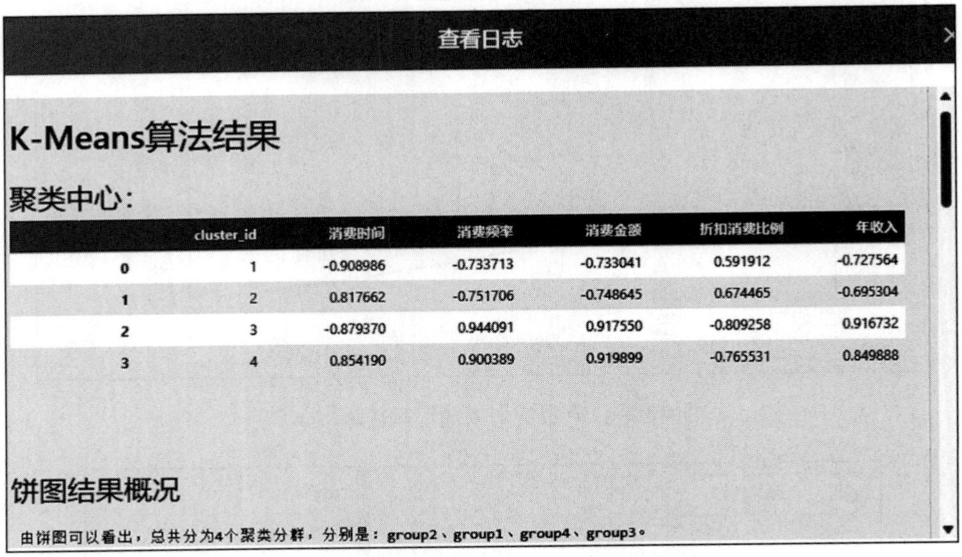

图 13-54 查看"K-Means"组件运行结果

3. 结果分析

（1）表堆叠

使用"表堆叠"系统组件为预处理后的数据新增聚类标签列，操作步骤如下。

①拖曳"表堆叠"系统组件至画布中，将"数据质量评估与预处理"组件和"K-Means"组件与"表堆叠"组件连接。

②配置"表堆叠"组件。在"字段设置"中全选"表 1 特征"列，在"表 2 特征"中选择"add_col"列；在"参数设置"中选择"合并方式"为"按列合并"，如图 13-55 所示。

③运行组件并查看运行结果。鼠标右键单击"表堆叠"组件，选择"运行该节点"；运行完成后，鼠标右键单击该组件，选择"查看日志"，结果如图 13-56 所示。

（2）客户群年龄

使用个人组件绘制箱形图，分析各客户群年龄的分布情况，操作步骤如下。

①新建"个人组件"。单击"个人组件"模块，单击 🔳 按钮，新建一个"个人组件"。

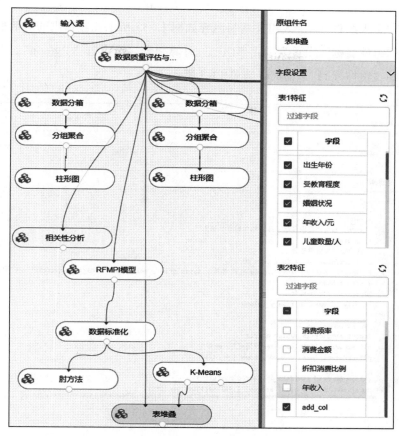

图 13-55　配置"表堆叠"组件

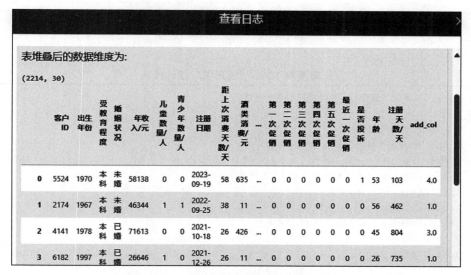

图 13-56　查看"表堆叠"组件运行结果

②构建"个人组件"。个人组件填写内容如图 13-57 所示，在弹出的对话框中将"个人组件"的"组件名称"设置为"箱形图"，"计算引擎"设置为"Python"，然后填写该组件中运行的"组件代码"，如代码清单 13-5 所示。

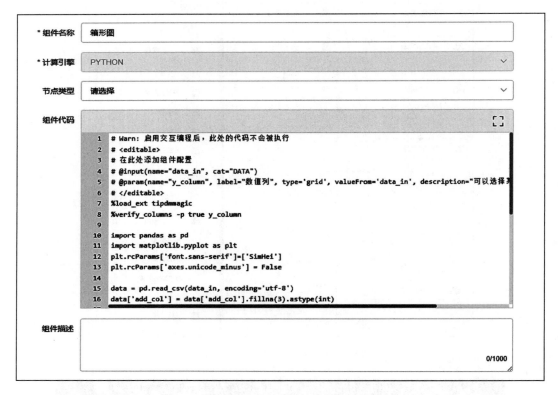

图 13-57　构建个人组件

代码清单 13-5　"箱形图"组件代码

```
# Warn：启用交互编程后，此处的代码不会被执行
# <editable>
# 在此处添加组件配置
# @input(name="data_in", cat="DATA")
# @param(name="y_column", label="数值列", type='grid', valueFrom='data_in',
    description="可以选择某列内容作为数值展示")
# </editable>
%load_ext tipdmmagic
%verify_columns -p true y_column

import pandas as pd
```

```
import matplotlib.pyplot as plt
plt.rcParams['font.sans-serif']=['SimHei']
plt.rcParams['axes.unicode_minus'] = False

data = pd.read_csv(data_in, encoding='utf-8')
data['add_col'] = data['add_col'].fillna(3).astype(int)
y_column = data.columns[y_column[0]]

category = data['add_col'].value_counts()
# 按照类别进行分组
grouped_data = [data[data['add_col'] == category][y_column] for category in data['add_
    col'].unique()]
# 创建箱形图
plt.figure(figsize=(8,6))
plt.boxplot(grouped_data, labels=data['add_col'].unique())
# 添加标题和标签
plt.xticks(fontsize=15)
plt.yticks(fontsize=15)
plt.title(f'各客户群{y_column}箱形图',fontsize=15)
plt.xlabel('类别',fontsize=15)
plt.ylabel(y_column,fontsize=15)
# 显示箱形图
plt.tight_layout()
plt.show()
```

③配置"箱形图"组件。在构建完"箱形图"个人组件后，回到"我的工程"模块，在"组件"下选择"个人组件"，将"箱形图"组件拖曳到画布上，并且与"表堆叠"进行连接，左键单击"箱形图"组件，在"参数配置"中，将"数值列"设置为"年龄"，如图 13-58 所示。

④运行组件并查看运行结果。鼠标右键单击"箱形图"组件，选择"运行该节点"；运行完成后，鼠标右键单击该组件，选择"查看日志"，结果如图 13-59 所示。

（3）客户群年收入

操作步骤同（2），其中步骤①、②可省略，在步骤③的"参数配置"中，将"数值列"设置为"年收入 / 元"，步骤④同（2）。运行组件并查看运行结果，结果如图 13-60 所示。

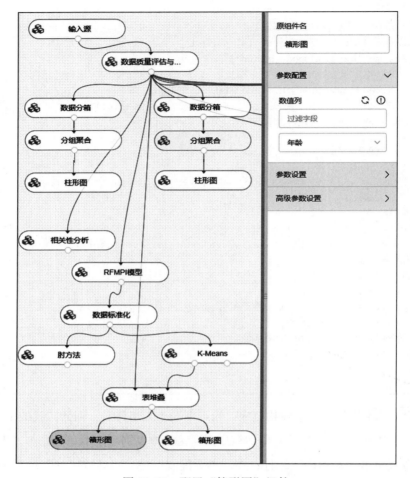

图 13-58 配置"箱形图"组件

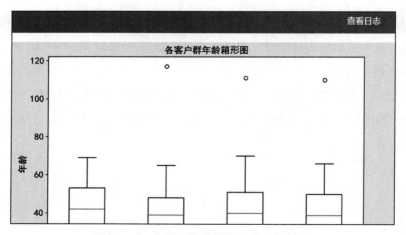

图 13-59 查看"箱形图"组件运行结果

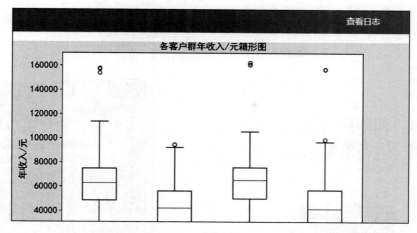

图 13-60 查看"箱形图"组件运行结果

13.3 小结

本章简单介绍了如何在 TipDM 大数据挖掘建模平台上配置商超客户价值分析案例的工程，从数据输入、数据预处理到数据建模，向读者展示了平台流程化的思维，使读者加深了对数据挖掘流程的理解。同时，平台去编程、拖曳式的操作，可以让没有 Python 编程基础的读者轻松构建数据挖掘流程，从而达到数据分析与挖掘的目的。